U0386323

阅读　你的生活

# 光

## 从万物之始到量子时代的灿烂史

布鲁斯·沃森（Bruce Watson） 著
钮跃增 代晨阳 译

# LIGHT

## A Radiant History from Creation to the Quantum Age

中国人民大学出版社
·北京·

致我的母亲

她对万事万物的兴趣堪称最伟大的天赋

# 序

我们吃光，通过我们的皮肤吸食它。

——詹姆斯·特里尔（James Turrell），光与空间艺术家

伽利略（Galileo）十分困惑。在他见证了别人不曾见过的奇妙之光的一生走向尽头的时候，这位伟大的科学家承认了他的失败。自从一位朋友给了他几块意大利人称之为“日光海绵”的石头之后，已经过去了几十年。这几块石头既能吸收阳光，又能发出柔和的绿色光芒，它们让伽利略确信，亚里士多德（Aristotle）对光的认识是错误的——光不是一个温暖、飘渺的元素，而是可能像月亮一样冰冷，像水一样有形。但光究竟是什么？

经过多年研究，伽利略已经学会如何反射和折射光线，以及如何让观察者通过望远镜看到两小时航程外的船只，从而让他们感到惊喜万分。他用望远镜遥望夜空，成了观察到木星的卫星和月球上火山的第一人。后来，他首次设计了光速测试实验，提出将提灯灯

光反射到托斯卡纳区（Tuscany）的小山顶上。由于注意力被其他实验和试验所吸引，他从来没有真正开展过这项实验，但他一直在探索光。在去世前不久，双目失明、衰弱多病的他坦承自己多么渴望一个答案。尽管因为"异端学说"而被软禁在家，但他说，他愿意承受更严厉的监禁，哪怕生活在牢房里，除了面包和水之外一无所有，只要在这一天来临时，他能了解光的真相。

事实是，人类历史上最出色的"侦探"经过长达三千年的调查，仍未能揭开光的神秘面纱。我们出生时最先看到的是光，将死时最后看到的也是光，它就像我们的脸庞一样熟悉。有些曾在死亡边缘上挣扎过的人看见了温暖的光，他们发誓说，光能带领我们走进来世。"画就是光。"意大利大画家卡拉瓦乔（Caravaggio）如是说。每天，光都画出一幅覆盖整个地球的壁画，慢慢将我们推向黎明。自从宇宙大爆炸以后，光一直大出风头。对于无数科学家、哲学家、诗人、画家、神秘主义者以及曾为日出惊叹不已的人来说，光简直就是一场演出。

"如果地球上有魔法，"自然主义者洛伦·艾斯利（Loren Eiseley）写道，"它就藏在水里。"光就是宇宙的魔法师，它驱散黑暗，让世界重现，它用响亮的前奏曲迎来每一天，然后将它的魔杖挥向大地，将光芒投向湖泊和海洋。每晚，光的魔法又让星辰栩栩如生。伽利略从未想到，透过望远镜，人们能看到光穿过土星的行星环，形成蟹状或马头状的气体云，形成大星系的螺旋，从新生的恒星中迸发出来。光同时间一样可靠、从不间断，明天，它依然会在人们的欢呼中再次出现，随后演出谢幕，微弱、闪烁的观众席灯光继而亮起。我们就像飞蛾一样被它吸引，离了它便无法生存。"当黑夜降临时，万物都陷入深深的沮丧之中，"心理学家卡尔·荣格

(Carl Jung) 写道，“每个灵魂对光都有一种无法言表的渴望。”

但什么是光？我们杰出的侦探们从中找出了什么意义？它是神？是真理？还是只是能量？自人类产生好奇心之时起，这些就一直是人类生存的核心问题。人类寻找答案的种种努力，为光书写出了一部灿烂的历史。在人类意识中，光最先出现在创世神话中，这些神话正是在火堆或火把的光芒下诞生的。从《圣经·创世记》(*Genesis*) 中不朽的名句“要有光”，到冰岛史诗《埃达》(*Edda*) 中神将火星抛进黑暗中，光在每个创世神话中都是主要元素。当光被创造出来以后，它逐渐成了一个奥秘，深深吸引着从古希腊到中国的无数哲学家。光是原子还是闪光的幻象？正如使徒保罗（Apostle Paul）所说，我们是否都是“光之子”？圣贤们刚刚给光下了结论，它就又蒙上了神秘的面纱，提出了新的问题和意义。

光是耶稣（“我就是世界的光”）。不，它是安拉——“天地之光”。不，它是佛——无边光佛（Buddha of Boundless Light）、无碍光佛（Buddha of Unimpeded Light）、无对光佛（Buddha of Unopposed Light）① ……它是灵感——内心之光。它是爱（“她眼中的光”）。它是性——神圣的交媾，佛教密宗认为，这种交媾能使性器官充满光。它是希望，是思想，是救赎（“看见光明”）。但丁（Dante）的天堂是充满“纯洁之光的天国”。莎士比亚（Shakespeare）玩弄它：“本想找光，反而失去了光。”失明的诗人弥尔顿（Milton）着迷于它：“美哉，神圣的光，上天的初生儿！”卡拉瓦

---

① 在佛教中，阿弥陀佛被称为“光中极尊，佛中之王”，也被称为“无量光佛，无边光佛，无障光佛，无对光佛，炎王光佛，清净光佛，欢喜光佛，智慧光佛，不断光佛，难思光佛，无称光佛，超日月光佛”，因为这十二种名号都带有“光”字，所以阿弥陀佛又被称为“十二光佛”，这个“光”代表智慧的意思。——译者注

乔和伦勃朗（Rembrandt）将光当作穿透黑暗的利剑，弗美尔（Vermeer）让它流过窗户，贝多芬（Beethoven）将它当成法国号的号声，海顿（Haydn）则喜欢交响乐队的闪光。同时，普通人也会提到自由之光、黎明之光、理性之光、生命之光……

然而，有关光的起源的初期理论引起了激烈的争论。最早的哲学家们为光争论不休——它是眼睛还是物体发出的？教徒们争论，光是上帝的化身还是他的使者？还有光的女仆——颜色，它是物体固有的还是眼睛感知的？有的人在争论不休，而有的人则在庆祝各种光明的节日，从犹太教的光明节（Hanukkah）和中国的冬至，到印度的排灯节（Diwali）和琐罗亚斯德教[①]的诺鲁孜节（Zoroastrian Nowruz）。同时，太阳丝毫不考虑科学或者宗教，照样绕着地球东升西落，从来不会让驻足欣赏它的人们失望。

从万物之始到量子时代，光的轨迹告诉我们，这个奇迹已经失去了部分光彩。从前我们说“不可思议的光”，而现在我们发现光变得廉价、便捷，我们不仅可以在每户人家和每个办公室见到它，而且也可以在每个人的手掌和口袋里看到它。从前，人造光只有为数不多的宝贵源头——蜡烛、灯笼和火把。而如今，照明已成为一个价值 1 000 亿美元的产业，自行车头盔、钥匙链、淋浴头、电子阅读器、智能手机、平板电脑等各种各样的设备都能射出光。光已经成为最万能的工具，被用来治疗视网膜脱落，读取条形码，播放 DVD。液晶显示器发出的光让我们看到精彩的万维网，穿过光纤电缆的光传来了世界各地的信息。可以说，我们已经把光变得像呼吸

① 在基督教诞生之前在中东最有影响的宗教，是古代波斯帝国的国教，也是中亚等地的宗教。它是摩尼教之源，在中国称为祆教、火祆教、拜火教。——译者注

一样平常，像笔记本电脑一样精确。

但曾经有一段时期，光明向黑暗发起了英勇的战斗。那时，夜空还未被城市的灯光点亮，蜡烛还不是浪漫的新奇事物，光还是一切温暖和安全的源头。人类历史上的绝大部分时间，每次日出都很隆重，每次满月都让黑夜变得不那么可怕。当人们措手不及时——在漆黑的树林里，在发出回响的街头，甚至在灯光闪烁不定或熄灭的家中——光就是生命。解开光的秘密需要一串不同寻常的钥匙——好奇，坚持，平面镜，棱镜和透镜。几个世纪以来，当世界各地的文明轮番提问和回答这些问题的时候，这串钥匙从古希腊传到中国，再传到巴格达，从中世纪的法国传到意大利，然后又传了回去。当这串钥匙传到艾萨克·牛顿（Isaac Newton）手中时，他的答案流传到了全世界，解开了我们仍然在探索的奥秘。

我们对光不断地认识，记录了人类思想的发展，从宗教到世俗，从迷信到科学。只要光还是神，神的化身就会在每天早上出现。几千年过去了，只有少数好奇的人认为光并不那么神圣。到了17世纪，科学革命让好奇心占了上风。当开普勒（Kepler）将光视为物理定律的对象，当伽利略向我们展示如何收集光，当牛顿将光分成不同的颜色，光就走下了神坛。狂想结束了，魔法遇到了暗夜。

有些人敏锐地感觉到了这一点。威廉·布莱克（William Blake）厌恶牛顿，他呼唤“落下的光”重新升起。其他浪漫主义者也在交响乐、油画和诗歌里歌颂光，但科学家们还在继续探索。跳跃的光束穿过黑暗的房间，人们最初用“烛光”[①] 来测量它，后

① 发光强度单位最初是用蜡烛来定义的，单位为烛光。1948 年第九届国际计量大会上决定采用处于铂凝固点温度的黑体作为发光强度的基准，同时定名为坎德拉，曾一度称为新烛光。——译者注

来又有了流明、瓦特和焦耳。它们使神圣的光辉变得暗淡，激起了有关光的新争论——光是微粒还是波？即使爱因斯坦把这个问题变得更加复杂，即使今天的科学家们在光学实验室中创造出种种奇迹，光依然在表演。成千上万的人聚集在巨石阵（Stonehenge）迎接夏至。各种光明节照亮了柏林、芝加哥、香港、根特、阿姆斯特丹、里昂……对光的解剖——微粒和光——是科学课堂上永远的主题，但是，没有任何公式能够使太阳或月亮黯然失色，没有任何棱镜能够与彩虹比肩。

光试图调解科学与人文、宗教与怀疑以及数学与文学之间的争斗。就像阳光一样——诚如梭罗（Thoreau）写的，“夕阳反射在济贫院的窗上，像在富户人家窗上一样光亮”，这部灿烂的历史照亮了所有热爱光的人。无论是牛顿和但丁这样的天才、宗教和经文的雄辩，还是《古兰经》(*Quran*)、《奥义书》(*Upanishads*) 和《圣经》的信仰，它都同样垂青。对于虔诚的光的信徒，我要问的不是“谁”而是“为什么”研究光。为什么这些信徒倾心于光？他们的信仰为人类意识增添了什么？对于光的学生，我要问的不是“什么”而是“怎么”。科学家们是怎么确定光的性质、驯服光的力量的？对于那些将光奉为缪斯的人，我只要求他们像初次那样来理解和看待光。

然而，撰写这部历史的原动机既不是试验，也不是雄辩，而是敬畏。故事在黎明接近时开始，漫长的黑夜正在结束，破晓临近，一道光从东方的地平线升起。美哉，神圣的光——是微粒，是波，是奇迹。

# 目录

# 第一部分

光明的居所从何而至？黑暗的本位在于何处？

——《圣经·约伯记》38：19

# 第一章

# “此光将至”——创世之谜与第一道光

愿经纱是清晨的白光，

愿纬纱是傍晚的红光，

愿流苏是飘落的雨丝，

愿边饰是不变的彩虹，

为我们织出一件明亮的衣服。

——特瓦族，《天空织机之歌》(*Song of the Sky Loom*)

不论是什么天气、什么时间，夏日的阳光总是早早地来到英格兰的索尔兹伯里平原。日出之前，广阔的苍穹泛着灰白色的光，继而变成白色、橙红色，接着又变成黄色。在伦敦西部 70 英里[①]外，

① 1 英里约合 1.61 千米。——译者注

光湮没了山丘，在高山草甸一样广袤、平滑的一片绿色上蔓延。在这片广阔的平原上，古人记述光，向它致敬，感受它的力量。在这里，光的漫长历史被镌刻在石头上。

大多数夜晚，当汽车和卡车在四车道的A303公路上行驶时，司机们很少会注意路边的影子，索尔兹伯里平原举世闻名的花岗岩在黑暗中兀自独立，星星在头顶上旋转，月亮几乎不会引起注意。但这个夜晚不同寻常。虽然天空仍然黑暗、阴沉，但两万左右的人已聚集在巨石阵，他们蜂拥在巨石周围，在遥远的泛光灯的光芒中起舞。这群人形形色色，有的是异教徒，穿着连“嬉皮士”这个词都无法形容的装束，他们在脸上涂上油彩，穿着飘逸的长袍，整夜打鼓、歌唱，彻夜不停；有的是新德鲁伊教士——男人留着浓密胡须、穿着白色束腰外衣，女人戴着用树叶做成的花冠、穿着用花朵装饰的连衣裙——展示着新古代的智慧；还有成千上万的大学生或时间充裕的游客，他们听说在这个特殊的早晨，在这个特殊的地方，黎明将无比神奇。

尽管我们身处在一个泛光灯的时代，但在巨石阵，每年夏至俨然就是光的伍德斯托克音乐节（Woodstock）①。每年6月20日，刚刚日落，人群就开始从“停车场”涌入，聚集在这些巨石周围。随着暮色渐暗，夜晚降临，音乐在半暗的巨石间穿过，雷鬼音乐②与鼓声混合在一起。到了午夜，狂欢者或吹泡泡，或在狂喜中伸展双臂。在人群的边缘，欢乐的铁环不断旋转。魔杖发出的光，在各

① 伍德斯托克音乐节，又译作“胡士托音乐节”，在美国纽约州北部城镇伍德斯托克附近举行，是世界上最著名的系列性摇滚音乐节之一。——译者注

② 雷鬼音乐是一种由斯卡和洛克斯代迪音乐演变而来的牙买加流行音乐，已发展成为欧美摇滚乐主流中的一种重要的载体。——译者注

种帽子上闪烁，从大礼帽到墨西哥帽。人类的快乐在这里似乎显而易见。光明来了，忘记战争、贫穷、饥饿和绝望，光明就要来了。

手表和手机显示现在的时间是凌晨三点三十分，头顶的天空上布满了星星，北斗七星继续旋转，夜晚滚滚向前。人群被巨大的石块包围着，伴着鼓声转动。小群人吟唱、欢呼；孤独的舞者旋转、滑行。渐渐地，这些光的奴隶开始缩成一团取暖、消磨时间，他们不禁开始怀疑，黎明是否还会来临。到了四点，东方的地平线逐渐变成宝蓝色，云朵浮现，像搁架一样堆积起来——粉红色的上面是白色，白色的上面是灰白色。人群中的人数明显有所增加。在巨石上方，天空慢慢变得苍白，星星一个接一个地熄灭。所有的眼睛都盯着东方，聚焦在一抹明亮的黄色上。人们举起手迎接黎明，压抑已久的呼喊声响起。地平线似乎正朝这个方向前进，就好像爱德华·艾斯特林·卡明斯（E. E. Cummings）的诗里写的：“这是太阳的生日”。这时，地球黑色的天际线显出黄色的轮廓，吸引人们纷纷转头，等待，等待。最后，到了四点五十二分，一道光芒冲破地平线。太阳照亮了石头，扫过它们的表面，捕捉到每张仰起的脸庞。喧嚣的欢呼声响起。光明！光明来了！在夏至这一天，光明再一次如期降临巨石阵，四千多年来始终如此。

正如没有人知道巨石阵是何人所建一样，光的创造也是一个未解之谜。第一道光是如何产生的？是什么神明或自然之力扳动了这个开关？是否存在让宇宙本身引以为傲的开场号角？上个世纪，科学已经阻止了这种浪漫的想象，宇宙大爆炸理论用质子和夸克取代了原始的奇迹。然而，当巨石阵的建造者看到光明回归时，便认为没有必要解释它的起源。像所有民族的人们一样，他们已经有了创世故事。正如所有创世故事一样，光就是它的前序。

由于所有的善都来自光明，而大部分的恶都产生于光明不在位之时，原始人类并不研究光——而是崇拜光。我们遥远的祖先用神话和奇迹来解释光的诞生。黑夜就是他们的缪斯。在夜晚，整个部落围在火堆前，编织着比钻石还要美妙的创世故事。在某些故事里，巨人在地球上徘徊。在有的故事里，创世者独自坐在“空虚、混沌”的宇宙中。创世故事总是预设在黑暗中发生——“黑暗，令人目眩的黑暗”，“黑暗之中的黑暗”，“深渊上一片黑暗”。当时间还未开始时，任何事情似乎都有可能发生。狗会说话；女人会从天上掉下来；孩子被劈成两半；第一道光来自神的眼睛、牙齿、腋窝，甚至呕吐物。

关于起源的神话同任何故事一样重要。著名神话学者约瑟夫·坎贝尔（Joseph Campbell）说，神话是“社会的梦想”。而卡尔·荣格的弟子玛丽-路易斯·冯·弗朗兹（Marie-Louise von Franz）写道，创世神话是“所有神话中最深刻、最重要的”，因为它们揭示了“人类认识世界的意识起源”。

每个人都知道一个创世故事，无论它是以“起初”狼人或太阳女开头。每个孩子都想听一个创世故事。许多文化中有不止一个创世故事，使得创世神话的数量超过了地球上所有民族的数量。神话学家将这么多的创世神话分成了五类。(1) 地球潜水者：神潜行在黑暗的海洋下，挖出了第一块陆地；(2) 世界父母：男神和女神生出了所有的生命；(3) 无中生有[①]：神“无中生有”地创造了宇宙；(4) 突现：最初的人类从下界来到人间；(5) 宇宙蛋：一颗原始的蛋孵出了一位神，神从这颗蛋里获得万物。

---

① 原文为拉丁文“Ex Nihilo”，意为“无中生有”。——译者注

在这五类神话中，光占有一个特殊的地位。在创世神话中，动植物的诞生是一件混乱的事，涉及泥土和黏液、谋杀和乱伦、罪恶和救赎。但光的创造被普遍视为恩赐。在祖尼人的神话中，最初的人从阴间变成闪耀的光。俄耳甫斯的一首希腊赞美诗描述了“不断播撒的光彩，纯洁、神圣的光”。在芬兰的创世传说中，一颗叫凯莱维拉（Kalevala）的蛋破了：

> 碎片都变得可爱。
> 从它下部的碎片，
> 升起高高在上的天穹；
> 它上部的蛋黄，
> 变成了太阳的明亮光彩；
> 它上部的蛋清，
> 变成了如此明亮的月亮；
> 无论这个蛋多么斑驳，
> 它现在成了天上的星星……

创造第一批人的神常常心存疑虑，从而导致神话中一连串的洪水和错误，但没有任何原始神话描述过第二道光。远在它流入哥特式大教堂或使红宝石发出第一道红光之前，光就是完美无瑕的。在印度的《奥义书》中，每次原始的日出都带来“欢呼声和咆哮声”。西非的科诺人将鸟叫声视为曙光。在《圣经·创世记》1：4中，“上帝看见光是好的”。完美无瑕的第一道光让创造得以实现，就像在今天的世界中每一个黎明都会有新的创造一样。

巨石阵日出前三小时，黎明已经降临在坦桑尼亚的奥杜威峡谷（Olduvai Gorge）。不像英格兰的索尔兹伯里平原，奥杜威——最古老的人类祖先的家园，被崎岖的孤峰包围，在夜幕开始淡去很久后仍看不见太阳。在这个炎热的峡谷以及周围的山谷中，最初的人类思索着光的起源。在这里，最早的创世神话是一个用斯瓦希里语讲述的故事："在时间开始之前，世界上只有神。神从未降生，也永远不会死去。他如果想要什么，只需要对它说：'有！'它就有了。所以神说：'要有光！'然后就有了光……"

就像东非本身一样，这个故事也深受《古兰经》的影响，《古兰经》讲述了真主六天创世的故事，涉及阿丹、厄娃和乐园。要寻找更早的创世故事，不妨沿着光一路向西，深入欧洲人曾称之为"黑暗之心"的区域。从奥杜威出发，黎明只需一个小时就可以穿过深蓝色的维多利亚湖，进入刚果地区茂密的丛林中。这里的布霜果部落居民讲述着本巴神（Bumba）的故事。创世始于某一天，本巴独自在黑暗的海洋上痛苦地挣扎。他的肚子似乎要爆裂了，恶心，剧痛，本巴感到他的肠子开始变空。最后，在巨大的呻吟声和闪光中，本巴"吐出了太阳"。阳光洒在水面上，海洋干涸，露出了陆地。本巴爬上干燥的大地，俯身在地上，又吐出了月亮和星星。在它们的光芒下，这位呕吐不止的神又吐出了豹子、鳄鱼、乌龟、鱼和人。

布霜果族的这个神话是众多"无中生有"型故事中的一个，在这类故事中，光来自神的身体。第一个男人和第一个女人可能来自泥或木头，但光的完美表明它具有神性。如果呕吐物听起来太土，不妨考虑一下牙齿。在南太平洋的吉尔伯特群岛上，马伊纳人讲述着那·阿雷安神（Na Arean）的故事，他坐在"一块虚无地飘浮着的云"上，一天，当那·阿雷安沉思时，一个小人突然从他的额头跳出来。"你是我的思想。"那·阿雷安说。这位神和他的思想一直在黑暗中，直到这个小人失足从云上跌落。那·阿雷安猛地从下颌拔出一颗中空的牙齿，将它插入他用泥土所造的大地上，于是——地上便有了光。在其他地方的创世神话中，光从神的腋窝下发出（喀拉哈里沙漠的布希曼人），或在神笑的时候照亮宇宙（埃及北部）。然而，光最常见的来源还是神的眼睛。

有一个中国故事讲的是伟大的造物主盘古。他浑身是毛，还长着角状的长牙。他是一个巨人，身子每天增长一丈，他活了一万八千年，用他可怕的身体创造了宇宙。盘古的眼泪变成长江，呼出的气变成风，骨头变成石头，声音化成雷鸣。当中国人仰望天空时，他们看到盘古的左眼在白天闪耀，他的右眼在夜晚发出光芒。古代的埃及人也认为光有着类似的来源。在尼罗河上下，有关人类起源的故事各不相同，但大多数人一致认为，是太阳神拉（Ra）创造了光。“我睁开眼睛，就有了光明。”拉宣称道。只要拉的眼睛睁着，到处都是日光。“当他的眼睛闭上，黑暗就会降临。”和许多将光视为生命的文化一样，埃及人也认为地平线下蛰伏着魔鬼。一条名为阿佩普（Apep）的蛇（有时是龙）是拉不共戴天的死敌，每天夜晚，他将阳光夺走，并与拉彻夜战斗。尼罗河上的黎明不仅意味着光明和温暖，也代表着胜利——拉又一次占了上风。

发源于神的光是创造的种子。然而，有些文化认为，光太过飘渺，根本没有起源。乌龟、蛇、第一个男人和第一个女人是最初创造出来的，但很多创世神话都是在光的照耀下展开的，它始终都像是宇宙的镀光框。由于光明无处不在，需要解释的反而应该是黑暗。

和巨石阵的情况一样，黎明也占领了南太平洋上的班克斯群岛。在白色的沙滩上，在蓬松的云层下面，天空被海洋包围。阳光冲洗着南纬13度的班克斯群岛，在这里，全年的日照时间几乎没有变化。无论在哪座岛屿周围，都可以看到太阳每天早晨如时在海面上升起，每天黄昏照常从海面上落下。或许无处不在的阳光恰恰解释了为什么班克斯群岛的居民相信黑夜曾经永远不会降临。

班克斯群岛的创世神话是围绕着卡特神（Qat）展开的。他从迸裂的石头中出生——有些人说这块石头仍然矗立在某个村子里，然后开始创造世界。他用木头雕刻出了人类，接着又创造了雨林、海滩、火山、珊瑚礁、猪、火和雨。卡特唯一不能创造的一样东西是黑暗。“从来只有光，”卡特的兄弟们抱怨道，“你能做点什么吗？”但光从不间断，直到卡特听到了一个新词。好像在邻近的托雷斯群岛，有种叫作“黑夜”的东西降临了。为了让他的兄弟们满意，卡特乘着独木舟出发了，他要去换回一些“黑夜”。他横跨大海，到达了托雷斯群岛，在那里，他用一只猪换了一点黑夜和几只公鸡，然后就回家了。没过几小时，班克斯群岛上方的天空就开始变暗了。卡特的兄弟们吓坏了。

“是什么东西遮住了天空？”

“是黑夜，”卡特说，“躺下来，安静吧。”

卡特的兄弟们躺下来，很快就困了。

“我们要死了吗？”

“只是睡觉。”

黑夜可能永远持续下去，但对公鸡来说并不是这样。当它们开始打鸣的时候，卡特抓起一块尖锐的石头，划破了天空。就像从前的每天早晨一样，阳光重新回到了班克斯群岛。

黎明从这些岛屿向西移动，穿过大海，一小时后到了澳大利亚内陆。在这片红岩沙漠上，原住民们讲述着梦幻时代（Dreamtime）

的故事，这种存在状态从创世起无限延续。长者们说，当梦幻时代开始时，太阳永远不会落下。梦幻时代的人几乎被烤焦烧瞎，他们想寻求解脱。最终，一位叫作诺拉利（Norralie）的神施展了符咒："太阳，太阳，燃烧你的木头，燃烧你的内部物质，然后落下吧。"从此以后，太阳每晚都会消失，让内陆地区凉爽下来。

在印加人、玛雅人和几个美洲本土民族的神话中也满是永不消逝的光。然而，光并非一直处于它一直所处的恰当地位。对于生活在幽暗中的第一个民族——加利福尼亚州中部的米沃克人来说，唯一的光来自东方，据说那里是太阳女的家。米沃克人想得到自己的光，所以派狼人去接太阳女。狼人发现她正坐着，穿着用鲍鱼贝壳做成的衣服，闪闪发光。然而，太阳女不愿挪动半步，所以几个米沃克人走过来，把她绑起来带回了家，好分享她的光。在类似的故事中，几个爱斯基摩民族也讲述着一只鸟在黑暗的穹顶上啄破了一个洞后才出现的光，或者骗子乌鸦将太阳打包送走后才出现的光。亚利桑那州的尤马人寻找光的旅程容易一些。他们的造物主朝拇指上吐了一口唾沫，把一部分黑暗的天空擦亮，光就射了出来。

有关第一道光的故事在部落中口耳相传，在这些故事中，第一道光能照射到最远的地方。当文字在美索不达米亚出现，然后又传播到中国和印度后，全世界的几大宗教便开始将它们的神话书写在羊皮纸或石碑上。它们光芒四射的颂词与所有有关人类创造的故事一样不朽。

没有天上的光能像印度恒河平原上的黎明一样主宰地球。在圣城瓦拉纳西（Varanasi），蜡烛夜复一夜地漂浮在漆黑的河流上，发出柔和的琥珀色光芒。油灯发出的光在恒河两岸的拱门和塔楼墙下闪烁。随着日出临近，光逐渐蔓延到这座古老的城市——也被称为“光之城”——上方。现在，数百人朝着东方的地平线沐浴和鞠躬，黄色蔓延成橙色，橙色变成红色。突然，一轮微微发亮、跳动、迸发的太阳冲出地平线，将它的发光投射到水面上，又开启了灼热的一天。

在形形色色的印度经书中，《吠陀经》（*Vedas*）是全世界最古老的圣经，它汇集了无数相互重合的创世故事。所有故事一致认为，世界的创造在黑暗中开始，正如《黎俱吠陀》（*Rig Veda*）中的记述：“黑暗笼罩在黑暗中”。穿透这片漆黑的第一道光有许多来源。有些人说是万能的生主（Prajapati）——后来称之为梵天（Brahma）创造了光明和黑暗，他呼了一口气，让提婆（Devas，即“光明之神”）照亮了天空。在其他故事中，天神们将原人普鲁沙（Purusa）当成祭品，他的身体化成了宇宙，他的思想变成了月亮，他的眼睛变成了太阳。印度经典中汇集了各种各样的创世故事原型，从大地潜水者到无中生有，从宇宙蛋到世界父母。但在每个故事中，光总能带来单纯的喜悦。在对黎明的诸多赞歌中，《梨俱吠陀》写道：“这道光即将降临，它是所有光中最美的；从中产生的将是无比灿烂的光亮……”

恒河上的太阳在照亮印度教圣地的同时，也照亮了佛教寺庙，东方地平线的剪影投射在它们的沙堡佛塔上。这片平原上的佛及其信徒们感觉到太阳的温暖就在他们体内，于是认为光既来自天空，又来自灵魂。佛教经文很少提及创世，对造物主更是只字未提。最初，佛认为宇宙永远在膨胀和收缩，从而形成一个生命之轮——一个出生、死亡与再生不断循环的轮回。当被问及是谁创造了这个轮回，佛答道：“比丘们啊，不可思议的是，在众生诞生之初，并不存在这个轮回。”但佛教对光的起源无比确定——它由心而生。

“当这样的时刻来临时，”佛告诉他的信徒们，“经过很长的一段时间后，世界迟早会收缩。当世界收缩时，众生大多生活在光音天（Abhassara Brahma）[①] 中。天人们住在那里，靠意念生活，以喜悦为食，能自己发光，可以在空中移动，无比美好，就像这样生活很长一段时间。”自己发光，内心之光熠熠夺目，没有太阳、月亮和星星，这些天人飘浮在一个被他们自己照亮的世界里，佛将这个世界称为“光天”。经过“很长的另一段时间”以后，这些发光的天人被“像水一样、可口的土壤”所包围。人们尝了尝新鲜的土壤，发现它像蜜一样甜，于是开始大把大把地享用。“结果，他们自我发出的光不见了……月亮和太阳出现了，黑夜和白天区分开了，周和月出现了，年和季也出现了。”生于这样的世界里，由于没有了光，我们被太阳和月亮——被我们自己曾经发出的光——所吸引。在弥尔顿之前的两千年里，佛的光天就是失乐园。

世界各地的经文中包含了无数有关第一道光的故事，但用六天创造了世界的神只有一位。《创世记》大约可以追溯到公元前600年，它的开篇几行被人们不断传唱着，在地下墓穴和大教堂里，在安静的角落里，甚至绕月飞行的宇航员，都在传唱它。

> 起初神创造天地。
> 地是空虚混沌，渊面黑暗；
> 神的灵运行在水面上。
> 神说：“要有光”，就有了光。
> 神看光是好的，就把光暗分开了……

---

① 佛教术语。色界天二十二层天第八层，属二禅天。因此天无声音，天人以光为语，以光代音，故称光音。——译者注

从圣经时代到达尔文时代，是《创世记》定义了西方文化中的第一道光。它的名句“要有光”激发了无数艺术家、作曲家、诗人、作家、学者和圣徒的灵感。这句话的拉丁语译文“Fiat lux”是数十所高校的校训。当代学者们围绕着《创世记》以及它的起源、伦理和意义争论不休。不同译者翻译的大部分内容都不同，但从钦定本到标准修订版，再到新钦定版，对这句话的翻译都是一致的。每个版本的译文都是：“要有光。”

《创世记》中的第一道光无中生有，既神秘又神圣。它可能只是诸多光中的一道，但它有一个重要的特点。其他原始的光都来自太阳、月亮或星星，或者来自代表这些东西的神。但在这里，在开篇结束时，我们发现光并不是由太阳或月亮创造的。上帝用他的一句话创造了光，接着又创造了天和地。直到创世第四天，上帝才造了“两个大光，大的管昼，小的管夜”。有的人认为，这是无神论者公开嘲笑真正的信徒上当了的“好时机”，而这样的时机可能还有很多。

就像上帝将光与暗分开一样，《创世记》将光与产生它的天体分开，让光成为一种自然的力量。即使“大的光”躲在云后或者“小的光”移动到地球远端，这种自然的光依然填补着创世故事。《创世记》认为，光不仅仅是太阳、月亮和星星的总和。不要把光视为一种能量——这可能需要几个世纪的科学研究去揭开它的本质，而要像《创世记》一样，将光视为宇宙的本质。上帝创造了它，看它是好的，将它与暗分开，直到三天后（你上当了!）他才觉得是时候创造太阳和月亮了。如果换成更务实的上帝，他恐怕会先创造光体，正如《创世记》中的记述，“可以分昼夜，作记号，定节令、日子、年岁”。但这位上帝的光是一个工具，是创世的第一个工具。

将神话与行为联系在一起是有风险的，它其实是一个鸡生蛋还是蛋生鸡的问题。究竟是文化行为在按照神话进行，还是神话在解释文化行为？争论永无休止。但通过接受一个将光与日月区分开的创世故事，西方世界（包括伊斯兰教）或许可以解放自我，将光作为一个实体而不仅仅是一种灵感来研究。人类学家布罗尼斯瓦夫·马林诺夫斯基（Bronislaw Malinowski）写道："这个词一方面与一个部落的神话和宗教故事存在着紧密的联系，另一方面又与他们的宗教仪式、道德行为、社会组织甚至实践活动密不可分。"对马林诺夫斯基和许多其他神话学家来说，神话"不仅仅是一个故事，更是现实生活"。虽然这种联系不是确定的，但正如《创世记》中的描述，只有在那些相信神不会发光或劈开天空，而是简单地说一句"要有光"的文化中，创世第一天所创造的光才能得到最全面的审视。

光迸发出来，照亮全球。种种原始神话表明，光既从内部又从外部进入人类意识。有些文化深信光来自神的身体，有的文化则认为光是令人愉快的，它的创造就像笑声和歌曲一样怡人。但所有的第一道光，尽管远隔大陆、重洋和沙漠，都受到人们的崇敬和敬畏，在很大程度上都是神秘的。《梨俱吠陀》中问道：

> 有没有下界？
> 有没有上界？
> 那里有无数的种子和力量；
> 下面是能量，上面是冲动。
> 谁真的知道？谁能在这里宣布？
> 它从何处诞生，这种射气又在哪里？

这些完全虚构但又让人们完全相信的答案开启了人类走出黑暗的漫长旅程。

# 第二章

## “所谓的光”——从古希腊到中国的早期哲学家

“你一定意识到即使在有颜色的情况下，眼睛也看不到任何东西，除非还有一个东西……”

“您是指什么东西呢?”

“你们所谓的光。”

——柏拉图，《理想国》(*Republic*)

和那些后来站在他们肩膀上的后辈一样，光的第一批研究者是一群有着求知欲的人。其中一个人坚持认为，宇宙是由水构成的，磁铁也有灵魂。另一个人则自称是神，并通过跳进埃特纳火山(Mount Etna) 来证明这一点。据传说，最后人们只发现了他的一只凉鞋。有人谈到一辆能穿越白天与黑夜之门的战车，它是靠纯光来驾驭的。也有人通过曲面镜将光照到小棍子上，在它们燃烧起来时欢呼不已。还有很多人不愿吃豆子。

尽管其他人认为光是神圣的，但这些早期的研究者坚持认为，光是可以研究的。他们说，光不是神。"这种射气在哪里呢?"《梨俱吠陀》中问道。有些人提出，光来自眼睛。不，它来自看到的物体。眼睛。物体。眼睛……对于一些人而言，这个争论并不重要，但这种世俗的论调使得人们能够在接下来的两千年里发现光的各种真相。

亚里士多德将他们称为"自然派哲学家"（phusikoi）或"自然的学生"。"物理学"这个词来自希腊语，在它的范畴下，对光的研究仍在继续。亚里士多德写道，自然派哲学家的追求是了解"可见物的成因"以及"万物由什么构成"。在这个时期——耶稣降生前的五六百年，除了《圣经》之外几乎没有任何记载，万事万物都需要解释。西方的第一批哲学家分散在风吹日晒的地中海小岛上，就像印度和中国最早的哲学家一样，他们开始建构已知的世界。有些哲学家从解释灵魂开始，有的哲学家则思考我们为什么活着，是否应该相信我们的感觉，除了神的旨意之外，还有什么能解释自然现象。他们力图解释的第一个现象就是光。

当然，光是由射线或者原子构成的。它一定创造了一种光泽，使得某种看不见的物质在眼睛与物体之间逐渐扩散。一个问题引出另一个问题，但有一点似乎是确定的：不像声音，只需要通过大声呼喊，让它穿过一个场地，任何人都能测出它的传播速度，光并不会"行走"。声音会在撞击和碎裂时暂停，但光并不存在这样的延迟，甚至在睁开眼和看到星星之间也没有任何延迟。光一定是即时的。即使那些不计较"万物由什么构成"的人也为它着迷。画家惊叹于颜色和阴影的神奇。治疗师切开动物的眼睛，惊叹于视力的神奇。天文学家记录了“纯粹、灿烂的阳光”和“圆睁着眼睛的月亮的鬼斧神工”。逐渐地，通过一次又一次的研究，神圣的创造之光终于满足了人类的好奇心。

光似乎是即时的，而它最早的理论传播速度却和帆船一样缓慢。古希腊对光最早的猜想和他们最后一本光学教科书之间相隔了七百年，与但丁的神圣之光和量子理论之间的间隔一样。在这七百年时间里，太阳升起落下了25万次，使光成了一种自然的二元对立——热与冷，雄与雌，光与暗。大部分光的思考者都求助于创世神话。古希腊诗人赫西俄德（Hesiod）在他的《神谱》（*Theogony*）中讲述了卡俄斯（Chaos）的故事，他出生于黑暗之中，与厄洛斯（Eros）交配，生下了黑夜之神厄瑞玻斯（Erebus）和光与空气之神埃忒耳（Aether，下文还有更多关于埃忒耳的故事）。盲诗人荷马（Homer）醉心于对光的描述，所以《伊利亚特》（*Iliad*）和《奥德赛》（*Odyssey*）中充满了“神灵光芒万丈的显现”，如宙斯（Zeus）的闪电长矛，还有雅典娜（Athena）通过“光之路”走下奥林匹斯山。荷马口中的英雄们戴着耀眼的头盔，或者出现在闪闪发光的云彩下。荷马式的光辉以及“有玫瑰色手指的黎明”便是整个古希腊对光的认识，这种认识一直持续到公元前600年左右。接着，随着无中生有型故事的兴起，如《创世记》中的创世故事，少数有好奇心的人开始认为光不再是神圣的。

在今天的土耳其沿海，最早的古希腊哲学家——前苏格拉底哲学家通过仰望天空来审视光。公元前585年的泰勒斯（Thales）如此着迷于光，以至于有一次他在凝望天空、预测日食时跌进井中。尽管现代学者们质疑这个传说，但泰勒斯认识到，月光是反射的日光。虽然神得到了应有的认可，但对光的解释完全可以摆脱神。经过一个世纪的辛勤探索后，阿那克萨戈拉（Anaxagoras）开始了研究。当被问及他生下来的目的是什么时，他回答道：“为了思考太阳、月亮和天空。”他说，太阳是一团燃烧的铁，燃烧的碎片可能会落下。因为这一观点，阿那克萨戈拉遭到审判，被定罪、流放。或许所有事物都需要解释，但应该有个限度。又过了几十年之后，光又吸引了另外一个学者，他对自己和“可见物的成因”都一样痴迷。

在西西里岛（Sicily）的南岸，在荷马口中“酒色的大海”之上，是古希腊的西部边缘。意大利城市阿格里真托（Agrigento）坐落在宝库废墟后的一座山丘上，教堂、广场和红瓦屋顶在这里随处可见。没有做过功课的游客有时会在西西里岛惊讶地发现古希腊的废墟，阿格里真托的神殿之谷［Valle dei Templi，有一年平安夜，我在这里凝望着柱子上的俄里翁（Orion）①，就这样过了一夜］留存着古希腊曾经的荣耀。在棕榈树和橄榄树的点缀下，这座棕褐色调的城市绵延了几个街区。缩小版的帕特农神庙（Parthenon）——朱诺（Juno）、赫拉克勒斯（Heracles）、宙斯和伏尔甘（Vulcan）的神庙——在这附近拔地而起。倒塌的屋顶把建筑变成了露天的。破损的台阶，凹凸不平的铺路石，整个街区都随着时间而荒废了。就是在这里，在他称之为“伟大的、黄褐色的阿克拉噶斯（Acagras）”，哲学家恩培多克勒（Empedocles）第一次提出了这个问题：所谓的光是什么？

尽管恩培多克勒的作品仅留下一些片段，但关于他的传说暗示这位最早的光的研究者行为古怪：穿着紫色长袍、系着金色腰带在

① 古希腊神话中一位年轻英俊的巨人，死后被宙斯化为天上的猎户座。

大街上大步行走；留着一头长发；告诉他的崇拜者他曾化身为灌木、鸟和鱼，并宣称这一世他是一位先知或者可能是神。有关恩培多克勒的故事传遍了地中海地区。他曾让一个女人起死回生，通过弹奏七弦竖琴让一个杀人犯平静下来，用兽皮堵住了山口，从而挡住了七级以上的大风，还曾跳进火里，但毫发无损。如今，学者们怀疑跳进埃特纳火山的就是他，这也完全有可能。但这些奇闻逸事掩盖了他对自然和人类的见地。

“唉，可怜的凡人，”恩培多克勒写道，“不开心的人，生于矛盾和折磨中的人……我现在就是这样的一个人，是一个见拒于神的亡命者和流浪儿，因此我就把我的指望寄托于无情的斗争中。”恩培多克勒认为，斗争构成了自然的另一种对立，它的反面是爱，两者为争夺对地球的控制权而展开拉锯战。然而，公元前435年恩培多克勒去世后，这种古希腊阴阳学说的信奉者很快就消失了。影响力更加持久的是他提出的自然四大元素：土、气、火和水。恩培多克勒说，光就是火，它来自眼睛。

> 当人们计划出行并准备火光时，
> 闪烁的光穿过冬夜，
> 填满整个灯笼，而灯笼能挡住所有的风，
> 大风吹起时，灯笼不让光被吹灭，
> 而光能穿透到外面，因为它的质地更细密，
> 它总是不知疲倦地照亮大地。

有些学者从这个片段中看出更多的是比喻，而不是科学，也有的学者坚持认为，恩培多克勒将光定义为眼睛中的火，它“被关在眼角膜中”，被水状的液体——“在体内环流的深层水”保护着。

就像从灯笼里射出的光一样，眼睛将它的火焰投向物体。但后来，柏拉图在宣称光流入眼睛时也引用了恩培多克勒的话。那么，光究竟来自眼睛还是物体呢？到了公元前 410 年，在一种常见的视觉现象的启发下，又诞生了一种新的理论。

灰尘微粒飘浮在阳光中，浮动着，舞动着。这些灰尘对于物质以及它们在其中游动的光有什么启示呢？或许地球上的一切物体，从普通的桌子到最高的山峰，都是由不可分割的小块——原子构成的。提出这一理论的哲学家留基伯（Leucippus）很快就用它来解释光。他在公元前 5 世纪写道，所有物体都能放射极细小的光粒，其形状和释放它们的物体相同，这些颗粒能创造一种模像，进入人的眼睛。哲学家伊壁鸠鲁（Epicurus）在一封信中解释了这一点(是的，这些人写的信也跟光有关)。“这些影像或图像的形状和我们看到的实体相同，但质地极细小……”伊壁鸠鲁写道，“我们称之为幻象（eidola）。”幻象闪闪发光，像幽灵一样，它证明光不可能是眼睛中的火。“外物，”伊壁鸠鲁继续写道，“不会通过介于它们和我们之间的空气媒介、光线……或者进入眼睛或大脑而在我们身上留下颜色和形状。”到了公元前 400 年，幻象理论流传到了雅典。

在古希腊的整个黄金时代（公元前 480—前 323 年），雅典人都崇拜光。每个清晨，他们都要感谢黎明女神厄俄斯（Eos），有时也会感谢光的信使晨曦之星（Phosphoros），罗马人称之为启明星(Lucifer)，而我们称之为金星（Venus）。每到傍晚，橄榄油灯就照亮了雅典人的家。出生、婚礼和丧葬总是伴随着精心的火把庆典，每四年，沿街慢跑的火炬则预示着奥林匹克运动会的开始。甚至沉迷于神话和礼仪中的古希腊人也思考过光反复无常的行为。玻璃杯中的勺子在水位线处似乎弯曲了。厚玻璃让物体看起来更大。

彩虹来来去去。除了那些没有别的事可做只能思考光的好奇者，还有谁能解释这些奇迹呢？

柏拉图并不关心光。作为柏拉图学园的创办者、亚里士多德的老师和苏格拉底对话的解读者，他只是简明扼要地谈过这个问题。眼睛还是物体？在他的对话《蒂迈欧篇》（*Timaeus*）中，柏拉图试图脚踏两条船。哲人蒂迈欧说，神在人的眼睛中放了一种特别的火，一种不会燃烧的火。“这种火和我们身上的纯火是同类，因而它可以像河流一样平滑、紧凑地流入眼睛。”蒂迈欧设想，白天，眼睛发出的光与万物反射的光相会。但到了夜晚，眼睛发出的光无法与反射的光相会。无法看见东西，我们就只能睡觉，这时我们的梦就会被藏在眼睑后的那种特别的火照亮。

在柏拉图的《理想国》中，苏格拉底只将光当作一个比喻。与自然派哲学家的理论相反，他用“你们所谓的光”来唤醒知识、荣耀和善良。对于苏格拉底，知识和无知之间的差别就是在白天看得见和在晚上只能摸索的差别。“人的灵魂就好像眼睛一样。”苏格拉底继续说道，“当他注视被真理与实在所照耀的对象时，它便能知道它们并了解它们，显然是有了理智。但是，当它转而去看那暗淡的生灭世界时……”为了进一步阐释他的观点，苏格拉底对光做了一个影响深远的比喻。让我们想象有一个洞穴，有一些人从小住在这个洞穴里，头颈和腿脚都绑着，只能看到墙上的影子。当其中有一人被解除了桎梏，来到阳光照射的世界，由于眼花缭乱，他会认为外面的这个世界是不真实的，只有时间能让他理解这一切。当他回到洞穴中，把这一切告诉其他人，根本没有人会相信他。但这个人已经不是当初的那个他了，他在“可以看见的世界里发现了光明之主，在知识分子中发现了理性和真理的直接源头”。著名的洞穴之喻点亮了将光与知识永远联系起来的蜡烛，这根蜡烛很快就传到了柏拉图最有名的学生手中。

亚里士多德嘲笑前人对光的所有解释。作为最好争论的自然派哲学家，他提出了一个本来能够解决光来自眼睛还是物体的争论的问题。如果眼睛能够放出光，“为什么眼睛无法在黑暗中看见东西呢？……概括来说，眼睛通过产生它的东西看见物体，这是一个不合理的概念”。这些都是比喻和猜测，亚里士多德如是说。光既不是火或原子，也不是闪闪发光的幻象。光是一种“活动——透明物体的活动”，它能在空气中开辟出一条道路，好让影像通过。“与其说视力来自眼睛并被反射，不如说只要空气还是一体的，它就受到形状和颜色的影响。”给光下了定义之后，亚里士多德就开始探索它的华丽表现——木棍击打水面时发出的闪光，月亮周围的晕圈，以及脑袋被打时为什么会“看到星星”。一个问题接着一个问题。如果光来自物体，又是什么把光线传入眼睛？

自然派哲学家知道，声音会在空气中激起波纹，所以光也一定会在眼睛和物体之间的什么东西中激起波纹。“当媒介作用于感觉系统时，视觉就产生了……”亚里士多德推论道，“剩下的问题就是对它发挥作用的媒介了，所以必然存在某种媒介；事实上，如果中间的空间是空虚的，不仅不可能产生精准的视觉，而且根本没有东西能被看见。”亚里士多德为这种媒介选择了一个在古希腊渊源颇深的名字——“以太”（aether）。

着紫色长袍的恩培多克勒定义了四大元素——土、气、火和水，而亚里士多德加入了第五大元素——以太。这个名字来自埃忒耳——希腊的光、光明或纯气之神（取决于来源）。亚里士多德坚信，由于自然痛恨真空，所以天堂和星星之间的所有空间里肯定充满透明、流畅、完美的以太。有了这个定义，古希腊和俄亥俄州克利夫兰外的地下室（1887 年，以太的存在最终将在这里被证伪）之间广袤的时空里肯定同样充满以太。终结了以太猜想的实验将为光征服 20 世纪铺平道路。而在这之间的一千年里，人们一直认为被抹去了首字母“a”的以太（ether）对光是必不可少的，就像光对生命本身必不可少一样。

无论是来自神灵还是由以太传播的，光都是所有自然现象中最平等的。不像土地或者水——有的地方稀缺，而有的地方充裕，光在整个地球上的分布都是平等的。就像在手电筒光线下旋转的沙滩球一样，地球表面均匀地被光照亮。在云层的遮蔽下，太阳可能不会像光临墨西哥那样经常光临莫斯科，由于地球是倾斜的，随着季节的变化，白天会缩短或延长。只有在某一年，全球白昼的总时长都是一样的，自狼人抓住太阳女、本巴吐出太阳或者上帝创造光以后一直如此。因此，全世界范围内有关光的发现彼此相似一点也不奇怪，奇怪的是它们之间的差异。

灰尘微粒飘浮在阳光中，浮动着，舞动着。在古希腊人认为世界是由原子组成的之前二百年，灰尘启发印度人产生了相同的理论。公元前 4 世纪，来自印度最早的科学学派——胜论派（Vaisheshika）的一名匿名观察者写道：“在阳光中看到的微尘是可感知的最小的量，作为一种物质和效应，它一定是由比它本身小的东西构成的……而这个东西又是由更小的东西组成的，这个更小的东西就是原子。”《胜论经》（*Vaisheshika sutra*）中并未提及光来自眼睛还是物体的问题，只是根据它的特性给光下了定义：“光是有色的，能照亮其他物质，它给人的感觉是热的——这些是它的特性。”《胜论经》将光和热视为“一种物质”，提出了两种光——

“明光或暗光”，一种是可以看见的，另一种只能感觉到。“火既可以看到，又能感觉到。热水的热可以感觉到，但看不到；月光可以看到，但感觉不到。视线既看不到，也感觉不到。”地面上的光像泥土，天上的光“像水”，两者结合在一起，就形成了金子，金子的“主要成分是光……与土壤颗粒结合在一起，才能变成固体”。

印度人与西方的思想是一样的，而中国人则截然相反。当前苏格拉底时期的希腊人为光争论不休时，中国人则在探究阴影。

- 景，二光夹一光，一光者景也。
- 景，木柂，景短大。木正，景长小。
- 景，光之人煦若射。下者之人也高，高者之人也下。足敝下光，故成景于上……

这些观察来自《墨经》，它主要研究了空间、时间、几何、逻辑、“兼爱”和光。公元前4—前2世纪，实用的《墨经》补充了儒家和道家深奥的智慧。孔子和苏格拉底一样，都喜欢比喻——“与其诅咒黑暗，不如燃起蜡烛”。墨家对蜡烛、镜子和第一台针孔照相机进行了试验。试验了各种各样的物体后，他们发现了不同的光源和镜子前的阴影现象。他们将木杆插在地上，探究影子的缩短和延长，因了解了光如何玩弄黑暗而感到欣喜。墨家知道光如“飞矢”一样，但他们并不关心这支箭是由眼睛还是物体射出的。相反，通过中国人思想至今仍有的特点——整体分析，他们思考了光对整个人体的影响，研究了光对智（“理解”或“智慧”）和心（支配感官知觉的器官）的影响。

到了公元前220年，中国人已经有了古希腊人对光的一切认识，甚至比他们的认识还多。接着，秦朝建立了，结束了数百年的政治动乱。《墨经》是被焚烧的诸多经典之一。在一个更加注重“内心之光”而非眼睛或者物体之光的文化中，几乎没有人去翻查它的余烬。关心对立和平衡的道家与儒家认为光明和黑暗是不可分的，不能单独来研究。道家学派的庄子抨击这类研究：“无形者，数之所不能分也；不可围者，数之所不能穷也。”庄子得出的结论是，和无限的知识一样，光和阴影是永远不能掌握的。到了公元2世纪，有些中国人开始谈及“窗户上的光尘”，即希腊人和印度人注意到的浮尘，但中国人将它比作金子、蒸汽和人体的能量——气。自然的光继续像照耀地球上的其他地方那样平等地照耀着中国，但在接下来的几个朝代里，它迎来的只有比喻而非测量。《易经》中说：“一阴一阳之谓道。”中国人在内观时，古希腊人正在建造全世界最明亮的光塔。

公元前331年，亚历山大大帝开始规划一座配得上他名字的城市。亚历山大的辅佐者用大麦粉在埃及地中海沿岸的广阔平原上铺出了街道。在这座新城市的一边将建起太阳之门，在另一边则是月亮之门。在距海岸一英里远的一座名为法洛斯（Pharos）的小岛上，将建起一座灯塔。尽管任何一座灯塔上的普通光线都能向船只发出险滩的警告信号，但亚历山大灯塔还是一块石头一块石头地建起来了，建到了100英尺[①]高，300英尺高，450英尺高，像一座40层的建筑一样壮观，成为全世界第二高的建筑，仅次于埃及的大金字塔。然后又有了拱门、露台和青铜雕刻。燃烧的火炉发出的光反射在灯塔顶上的大镜子上，几英里外都能看到。

法洛斯岛的灯光所及远不止它的光线，它还象征着全世界最大

① 1英尺约合0.305米。——译者注

的学习中心，其人口多达50万——是古雅典的两倍，亚历山大港所包含的光比世界上任何城市都多。在它的太阳之门和月亮之门之间，是人类文明史上的第一座博物馆，许多的宫殿和神庙，还有一座据说承载了所有已有知识的图书馆。亚历山大港的灯光吸引了前基督时代最优秀的思想家。在这里，埃拉托色尼（Eratosthenes）利用正午的影子来计算地球的周长——其误差不超过2%。在这里，早在哥白尼（Copernicus）之前，阿里斯塔克（Aristarchus）就提出了日心说。第一台蒸汽机是在这里发明的，最早的医学解剖以及《旧约全书》（*Old Testament*）最早的翻译也是在这里进行的。在这里，在法洛斯岛的灯光下，希腊人将光带进了数学领域。

我们对欧几里得（Euclid）的了解很少，但这个名字在世界各地的教室里依然在回响。欧几里得在亚历山大港写成的《几何原本》（*Elements*）仍然是现代几何学的基础。公元前300年左右，欧几里得将他的几何定理运用到了光上，建立了光学。后来对光的所有研究都可以追溯到欧几里得这句简单的开篇陈述：“光从眼睛里呈直线流出。”光来自眼睛，但他并没有进一步探究它的来源。忘了幻象、颗粒和以太吧。欧几里得的《光学》（*Optica*）将光视为角、射线和点，就像一支箭。在一个比一个更复杂的58个命题中，这位几何学之父用几何图形来表示光。欧几里得写道，光的射线形成圆锥体，每个圆锥体的大小决定了空间感和深度感。不在视觉锥体范围内的物体不能被看到。欧几里得用一个证明来支持每个陈述，证明的最后一句话总是：“这就是我们希望证明的。”虽然我不建议将欧几里得的《光学》当作睡前读物，但它通过图形勾勒出了光的种种运动，而这些图形就像是未折叠的日本折纸（origami）。

欧几里得的《光学》为我们这个时代最灿烂的光奠定了基础。

智能手机的背光，用来蚀刻硅片的激光，所有这些使人眼花缭乱的光都说明——没有欧几里得，这一切都不可能发生。这位几何学家还研究了反射镜。表示“反射镜”这个词的希腊语单词是“katoptron”，欧几里得将这个词扩展为“catoptrics”——反射光学。在《反射光学》(*Catoptrics*) 一书中，他计算了折纸般的光线从反射面反射出来的轨迹。从这部专著中产生了一条几乎人人都知道的光学定理：入射角（入射光线与反射面法线的夹角）等于反射角。就像从混凝土地面上弹起的球，光线从反射面反射的角度与它入射的角度是一样的。以 47.35°角将光线投向反射镜，且反射镜为平面，则反射光线也以 47.35°角反射。但曲面镜如何反射光，为什么曲面镜的反射光这么烫呢?

中国人发现，凹透镜可以将光聚为“中心的火”。古希腊人发现了同样的现象，他们利用凹透镜来引火，包括点燃奥林匹克火炬。为了激起热情和“你的惊讶”，数学家戴可利斯（Diocles）写了《论燃烧镜》(*On Burning Mirrors*）一书。在这部冗长的著作中，他计算了凹透镜以什么精确的角度反射阳光才能“点燃庙里的火，使祭物燃烧起来，这样才能让人们清楚地看到作为祭祀品的受害者如何被烧死”。

但是，历史上将光作为引火物的最著名的例子或许并未真正发生过。公元前 214 年，罗马大军围困了西西里岛东部边缘的一座城郭——锡拉库扎（Syracuse)。锡拉库扎用了大量的投石器和弓箭来反击。根据古希腊传说，聪明的阿基米德（Archimedes）设计了远程石弩，可以发射原木大小的投射物的机械“蝎尾”，以及一种可以将船只从水面上吊起的巨型吊机。据传说，阿基米德教士兵如何用大反光镜或者盾牌来反射阳光。然而，光，神圣的光真的点燃了罗马战船吗?

近年来，人们复制了自罗马时代以来就一直被盛赞的阿基米德之光。有些人宣称他们用反射镜或盾牌反射阳光，成功点燃了模型船，也有的根本没有见到烟。由于缺乏确切的证据，2005年，探索频道的《流言终结者》(*Mythbusters*)节目主持人亲自进行了试验，他们先将300面反射镜粘在一块三合板上，这块板子十分笨重，必须用叉车才能吊起来。他们将光瞄准旧金山湾里一艘5英尺长的木船，阳光闪烁不定，最终全部集中于这艘船。温度不断上升——100华氏度[①]，200……260……270……但最高温度停在了280华氏度——并不足以点燃木头。传说破灭了。2010年，奥巴马总统提议《流言终结者》再次试验“阿基米德之光”，这次利用“人力”。带着总统下达的任务，这个节目的主持人集合了500名中学生，给了他们每人一块2英尺×4英尺的反射镜，开启了“光的启示录”(raypocalypse)。但无论这些学生如何瞄准，目标木船的温度都没接近点燃船帆所需的410华氏度。传说再次破产。几年后，《光学与光子学新闻》(*Optics and Photonics News*)杂志分析了对阿基米德之光的各种试验。专栏作者斯蒂芬·R.威尔克(Stephen R. Wilk)提出，如果将反射镜准确地排列起来，阳光的温度就能轻易实现阿基米德的目标。但在激烈的战斗中，要瞄准移动的船只，战斗还必须在中午发生，在这种情况下，阳光远不及接二连三的箭头致命。但是，将光作为一种武器的梦想(或者噩梦)仍然持续了下来——不论是在传说中、科幻小说中，还是在五角大楼的战略计划中。

到了基督时代，亚历山大灯塔已经成了世界七大奇迹之一。大

---

① 1华氏度约合−17.2摄氏度。——译者注

约公元160年，在它的灯光下，光的早期研究者中的最后一个点燃了古希腊人曾点燃的火炬。

在他距离亚历山大港不远的家中——仍在法洛斯岛的视野范围内，克罗狄斯·托勒密（Claudius Ptolemy）写出了他的巨著《天文学大成》（*The Almagest*）。这本书中的均轮（planetary cycle）和本轮（epicycle）推广了地心说的概念，而这一概念一直占主导地位，直至文艺复兴后期。但在亚历山大港巨大的图书馆中的某个地方，托勒密也研读了欧几里得的《光学》。过了400多年，这本有关光学的第一本书需要更新了。欧几里得认为光线呈圆锥体向外传播。他提出，在场地对面看到的图片会变模糊，因为像箭一样散射的光线飞过了这些图片。托勒密意识到了其中的错误，如果光线错过了远处的物体，这些物体“应该［像马赛克］一样呈碎片，而不是连续不断的”，星星也会变得看不见，因为从眼睛射出的光线经过远距离的传播，将完全绕过它们。托勒密对光的观察更精密。他写道，正如“温度和加热器的关系”，光线会随着距离变弱，让远处的物体变得模糊。

托勒密和前苏格拉底学派的意见一致，都认为光——一种“视觉流”——来自眼睛。为了追踪它的轨迹，他制造了第一个光学工具——折光器。托勒密利用这块刻了360°标记的铜盘，证明了欧几里得的定理“入射角等于反射角”。他用日本折纸似的图形描绘了这些角度，然后开始研究折射。自荷马时代起，古希腊人就已经发现光通过玻璃会发生折射，这种现象发生在工匠和皇帝们使用的原始眼镜中——尼禄（Nero）将一块绿宝石做成了单片眼镜的形状。但这些最早的眼镜粗糙又不规则，只能将光聚成斑点和光环，或者使光线简单地发生倾斜。有了折光器，托勒密开始计算精确的折射角度，以便于控制光。他的计算从四年级的学生如今仍然在做的一项实验开始。

把一枚硬币丢进空玻璃杯里，在手边放一杯水，将杯子举到齐眼的高度，直到看不见硬币，慢慢地往杯子里加水，随着水平面的升高，又能看到硬币了，它的像折射到了杯子的边缘。这项熟悉的实验来自托勒密的《光学》(*Optics*) 第三卷。为了计算折射角，托勒密将他的铜盘放在一个空碗里，并向碗里加水，并使眼睛与铜盘高度相齐，通过逐渐倾斜的视角来计算折射角。从高出水面 10°的角度来看，光线弯曲了 8°。再高出 10°，折射角就增加到 15°。托勒密就这样测量了每 10°的折射角。但他利用的是算术法，而不是三角法，因此计算出的角度大部分是错误的。直到 1 000 年后，一位阿拉伯科学家利用类似的折光器和正弦函数，终于才算对了折射角。

和欧几里得、戴可利斯以及中国的墨家一样，托勒密也研究了凸透镜和凹透镜。他注意到，凸面让物体的像变小，但凹面则复杂得多——在一定距离使像倒立，经过焦点时再将像正立（不妨用刮脸镜来试一下）。经过艰苦实验得出的 95 条定理，托勒密发现了凸透镜的成像规律。但和前人一样，他也无法抗拒光和一般民俗的关系。在《天文学大成》的姊妹篇《占星四书》(*Tetrabiblos*) 中，托勒密解释了阳光和月光对季节、气候以及动植物生长的影响。尽管提出了一些伪科学，但托勒密是第一个把光带进实验室的人。结果，他向全世界奉上了五本光学著作，但全世界却对它们置之不理。

"它太过全面，需要极深的技术知识才能理解，"历史学家 A. 马克·史密斯写道，托勒密的《光学》"几乎在问世的同时就被束之高阁了"。法洛斯岛的灯光照进了基督时代。托勒密的《天文学大成》在天文学中首屈一指，但很少有人关心他的《光学》，更不用说把一枚硬币丢进一杯水里。

和今天的博士生一样，光的第一批研究者也探究了不断变窄的小众领域。然而，解释了他们的发现之后，我们发现他们远远走在了人类文明前列。亚里士多德说："光的本性存在于不受限制的透明体中，可以清楚地看到，当透明体处于确定的物体中……"托勒密说："假设 ABG 为凸透镜上的一段圆弧，其圆心为 D，假设 E 为眼睛，让可见物体在眼睛两侧的 H 点和 Z 点……"在公元的前几个世纪，每个知识分子都懂天文学、哲学、几何学和地理学，但几乎没人了解早期的光学。直到又过了 1 000 年，光学才开始比肩光在其信徒心目中留下的奇迹。在公元的前一千年，光即使不是神，也依然是他最神圣的外衣——一件自称为世界之光的人轻易就披上的外衣。

# 第三章

## “神的恩赐”——千年的神圣之光

歌唱远方的天生之光。

——《梨俱吠陀》

到了公元 3 世纪中叶，先知和圣人像征服部落一样席卷了美索不达米亚（Mesopotamia）。琐罗亚斯德教寺庙里永恒的火焰和新的信仰，被沙漠里的风裹挟着，吹进了底格里斯河（Tigris）与幼发拉底河（Euphrates）之间的新月沃土（Fertile Crescent）。曼达派教徒（Mandeans）崇拜光明之王。密特拉教教徒（Mithraists）希望通过吸入光进入天堂。还有各种各样的异端派别：巴比伦教（Babylonian）、诺斯替教派（Gnostic）以及死于十字架上的“世界之光”的信徒。所以，公元 253 年的一天，当得知又一位先知在宣扬他的天堂时，波斯帝国的沙赫①便邀请这位“光明使者”来到他底格里斯河畔的花园。

波斯人一直将花园等同于天堂，而沙赫的花园里栽满了棕榈树和蕨类植物，围墙严严实实地挡住了沙漠，更是值得这样的对比。这位蓄着山羊胡须的、自称为摩尼（Mani）的先知来到这青葱的草木之间，便开始大谈他的信仰。沙赫打断了他。“在你所颂扬的天堂里，”沙赫问摩尼，“有没有我这样的花园？”先知的回答关乎信仰，但他这个魔术似的故事很快就传开了。沙赫在他被耀眼的太阳所环绕的王冠上看到了神。神就是光，摩尼说，我们所有人体内都有光。先知讲述了黑暗王国如何进犯神的光明王国，以及两个王国的战争如何决定地球命运的故事。当他的花园发出光芒时，沙赫昏倒在地。当摩尼把他唤醒时，沙赫催促这位光明使者赶快去传道。在不到一代人的时间里，摩尼的“光明之神”就传到了印度和罗马。

在基督诞生后的一千年里，尽管希腊自然派哲学家的理论被忽略和遗忘了，但光成了一切神圣的象征。从最小的异端派别到最强大的宗教，光改变了异教徒的信仰，让虔诚的信徒相信他们见过神的面貌。在一个血腥的、渴望找到意义的世界里，让光变成“事物”存在太多的风险。太多的信仰正在进行中，太多的光照耀着它们不曾照过的地方。这是一个神圣的光辉从云层里射出来、照得虔诚的信徒眼花缭乱的时代。虽然并不是所有人都相信光是神，但除了少数人之外，所有人都将它看作神的自画像。神圣的光辉激励卡

① 阿拉伯统治时代以及之后的波斯最高统治者的称呼，意思是众王之王。——译者注

提尔（Kartir）、阿里乌（Arius）和苏尔凡（Zurvan）这些先知去为真正的光明而斗争，而这些先知的名字似乎都出自 J. R. R. 托尔金（J. R. R. Tolkien）。他们被赞誉为人类的灵魂，有时也说是追寻光明，或者就是光明。使徒们看到了天堂之光。神的使者不仅谈光，而且也会发光。当言语失灵时，光便成了这个永恒的问题的答案——神存在吗？黎明和日落时的云层中就藏着证据，这个证据无法驳倒、光辉灿烂、超越一切。

有关神是什么光的宗教论辩大肆风行。是创造的光还是永恒的光？是罗马人所谓的勒克斯[①]（直接的光）还是流明[②]（反射的光）？摩尼及其信徒将神视为真实的光，而别人则视其为异端邪说。这些争论扩散的是语言本身。起先，神圣的光被比作太阳，然后又被比作 100 个太阳，1 000 个太阳，甚至“无数的太阳以及无数个成千上万的满月”，“照亮一切的光”，“在你的光中我们将看到光明”。“神就是光，”一位基督教主教写道，“非创造的光，正是在这种看不见的、非创造的光中，创造的光才能被看见。”就像古希腊人有关“你所谓的光”的争论一样，有关神圣之光的争论也持续了几个世纪。然而，有些人却只满足于古老的故事。

在印度的《薄伽梵歌》（*Bhagavad Gita*）中，阿朱那（Arjuna）王子让克里希那（Krishna）[③] 露出他的面貌。“神主啊，瑜伽之主啊，”阿朱那说道，“如果您认为，您的形象可以给我看看，那

---

① 原文为拉丁语“lux”，意为“光”，现为国际单位制中的光照度单位。——译者注

② 原文为拉丁语“lumen”，也意为“光”，现为国际单位制中的光通量单位。——译者注

③ 旧译为“黑天”，又音译作“奎师那”，梵文的意思是黑色，因为黑色能吸收光谱中的七种颜色，代表了他具有吸引一切的力量，为印度教崇拜的大神之一。——译者注

么就请您将不灭的自我显现。”突然，天空开始燃烧。“只有天空中同时升起 1 000 个太阳，”《薄伽梵歌》写道，“他们的光芒才能与您这至高无上的光彩相比。”阿朱那“大为惊愕，他的头发因为狂喜而竖了起来”。最后，他说：“我看见您了，您的真身如此难以正视，您的光焰恰似那炽火灿阳……您以日月为目，您的口犹如劫末之火，您的光辉普照宇宙。”吓得发抖的阿朱那请求克里希那平息他的光焰。于是，天阴起来，大地也平息了，神主再现了“克里希那的形象”。

但是，要目睹光的力量，我们不必去问神，只需要看一眼太阳就够了。又过了几百年，才出现了更微妙的光照，而在这几百年里，光就是信仰的支柱。在所有主要的宗教中，光的意义都是多重的，包含救赎、启示、来世之门，以及灵性的实质。“黑夜已深，白昼将近。”使徒保罗向科林斯人（Corinthians）说道，“我们就当脱去暗昧的行为，带上光明的兵器。”但早在神圣的光成为象征和比喻之前，数百万人相信光就是神。西方世界第一个主要宗教的创始人——琐罗亚斯德（Zoroaster）就是这样说的。

琐罗亚斯德生于光明。根据公元前 7 世纪波斯北部的传说，在他降生前，琐罗亚斯德的母亲发出的光湮没了整个村庄。在他出世后，光继续使他着迷，在 30 岁时，他曾看到一个满身纯光的人，从而将这位刚刚崭露头角的先知引向了至高之神或“英明的主”阿胡拉·玛兹达（Ahura Mazda）的教诲。琐罗亚斯德宣称，阿胡拉·玛兹达用无限的光明创造了宇宙，而在这样的光明之外潜藏着黑暗恶魔，恶魔能看到但无法进入光明王国。但当阿胡拉·玛兹达创造了第二个世界——一个物质世界，黑暗就进来了，让海水变咸，让火冒烟，让沙漠变得干燥荒凉。在时间之神苏尔凡的帮助下，阿胡拉·玛兹达将善与恶、光明与黑暗分开，从而拯救了天堂。当光明世界完全复原以后，琐罗亚斯德教教徒被告知要修炼内心的光明——一种被称为“赫瓦雷纳”（xvarenah）[①] 的神秘之光。琐罗亚斯德将“赫瓦雷纳”与人的精液联系在一起，认为它是一种会发光的液体，代表着救赎，其中包含着智慧和精神。只有当黑暗最终被战胜以后，“赫瓦雷纳”才会继续“照耀大地……［这种光］将成为他们华丽不朽的外衣，他们将永远不会老去”。

关于琐罗亚斯德的事迹其实都是东拼西凑而成的，因为公元前4世纪亚历山大大帝入侵波斯时，琐罗亚斯德教的很多文献都毁于一旦，只有十几首偈颂幸存了下来。据说这些颂歌是由琐罗亚斯德写成的，用来歌颂“真理和光明的法则”。“诚实地告诉我，阿胡拉，”其中一首偈颂中问道，“是哪个艺术大师创造了光明和黑暗？”由于光在琐罗亚斯德教中的核心作用，火也跟着变得神圣起来。信徒们向火神庙贡献熏香和动物油脂，使庙里的火日夜不停地燃烧。在今天的伊朗，几座这样的神庙仍然在燃烧，琐罗亚斯德教的新年诺鲁孜节也依然在延续。尽管伊斯兰教的毛拉（mullah）[②] 不鼓励这种做法，但每年3月21日，伊朗人仍然会庆祝诺鲁孜节。为了向战胜黑暗的光明致敬，庆祝者手持火把，跳过火堆，全家人围在被烛光照亮的神社周围。除了诺鲁孜节以外，琐罗亚斯德之光也是一个失乐园，全世界只有不到20万名教徒，而依然追随先知摩尼——在亚历山大入侵很久以后更新了亚历山大之光的先知——的

① 阿维斯陀语，意指“光荣”或“光彩”，在琐罗亚斯德教中指帮助神选之人的神秘力量。——译者注

② 毛拉是某些国家穆斯林对伊斯兰教学者的一种敬称，原意为“先生”“主人”。中国新疆穆斯林称“毛拉”为“阿訇”。——译者注

教徒则更少。摩尼也被称为使者、使徒或“光明最好的朋友”。

自公元253年在波斯沙赫底格里斯河畔的花园里令他眼花缭乱之日起，摩尼走遍了中亚地区，建立起了短暂地主宰当时世界的信仰。作为一个画家、传教士和公关专家，摩尼鼓动艺术家和诗人去传播他的信条。他不断交战的光明王国和黑暗王国的思想主要归功于琐罗亚斯德，摩尼是一个善变的教徒，吸纳了基督教、佛教和各种各样的异端教义。摩尼虽然自称为耶稣的使徒，但否认基督是童贞女之子以及他血腥的受难。摩尼不断壮大的信徒们崇拜会发光的耶稣，但他没有被钉在木十字架上，而是在光明的十字架上受难。在摩尼的世界里，光明与黑暗过去、现在和未来一直都在交战。摩尼教徒丝毫不认为这是比喻，他们看到这两个真正的敌人真的在战斗。

黑暗打赢了第一场战斗，所以摩尼说，光明王国被打碎成发光的颗粒。但“深受爱戴的光明之神”卷土重来。在新的战斗中，黑暗恶魔将光明整个吞下。为了拯救宝贵的光明，光明之父战胜了黑暗恶魔，用他的肉身创造了天地。但光明的碎片仍残留在人类的灵魂以及以人类灵魂为食的怪物中，所以光明之父将自身净化为火、水和风之轮，将发光的颗粒拖向月亮。摩尼的信徒也相信，树木、植物和某些水果中充满了神圣之光。在庆典中，他们会这样歌颂发光的神：

> 看呀，心灵的照明者来了，
> 光明之灯照亮黑暗中的人……
> 看呀，他来了，光明王国的智慧之王，
> 他将最好的礼物分给我们……

到了现代，摩尼的教义听起来像是奇幻小说，但在一个只被太阳、月亮和星星照亮的时代里，神的光和血液一样是发自内心的。光每晚蜷缩在闪烁的黑暗之下，每个黎明又获得解放，摩尼教徒们觉得，它能穿透一切，除了它没有任何物质能做到这一点。看到它，感受到它流进我们的灵魂里就是获得重生。但对那些相信神并不是光、他依照自己的形象创造了人的人来说，摩尼的教义既不幼稚，也没有乐观的前景，反而是危险的。

公元 273 年，在尝试说服另一个持怀疑态度的王室成员失败后，摩尼被囚禁起来，黯然死去。到了公元 300 年，他的教义主宰了前基督时代的世界，罗马士兵、亚历山大港的先贤、巴比伦的诸侯以及从地中海到恒河的农民都信奉这一光明的宗教。摩尼教（Manichaeism）简单而有魅力，既有一定的吸引力，又可能会冒犯所有人。对它的攻击主要来自另一位先知的信徒，这位先知自称“世界之光”。

公元 312 年，罗马皇帝君士坦丁（Constantine）在战场上看到燃烧的十字架之后，皈依了基督教，基督徒们为此而感到欣喜。在长期遭受以耶稣的名义进行的迫害以后，他们突然发现自己的信仰被接受了，甚至大获成功。鉴于他们所遭受的一切，他们拒绝忍受那些将上帝视作实际的光的傻瓜。犹太教、琐罗亚斯德教以及曾经滋养了摩尼教义的其他宗教都乐于加入这样的清洗中。截至公元 350 年，罗马和亚历山大港的摩尼教经文与摩尼教徒已被焚烧殆尽。迫害一直继续下去，最终，摩尼的遗产只剩下一个仍在使用的单词。

**摩尼教的（Manichaean）**：形容词，与一种二元论世界观相关的，将事物分为好或坏、光或暗、黑或白，中间不存在灰色地带。

对摩尼最直言不讳的批评者是一位浪子回头的圣徒——奥古斯丁。在公元 386 年皈依基督教之前，也就是他精力充沛的青年时期，奥古斯丁还是摩尼教的忠实信徒，为此，他虔诚的基督徒母亲大感失望，但聪明且饱受折磨的他在摩尼之光中找到了慰藉。“我觉得你，我的天主、真理之主，就像一个巨大的光体，”奥古斯丁在他的《忏悔录》中写道，“而我自己就是这光体的一小部分。”成年后，他为自己从前的纸醉金迷生活感到内疚，他向摩尼教的长老们寻求答案，而得到的答案却是，救赎来自他自己体内的光，于是他开始怀疑了。研究过希腊人有关光的理论后，奥古斯丁懂得了，光不单单是神圣的，它还是灵魂的一部分。发现基督教之后，他便开始痛斥摩尼“冗长的寓言”。摩尼教徒是“一群粗野……卑鄙的生物，只能看到他们肉身的眼睛所能看到的光”。奥古斯丁很快就用一个比喻取代了摩尼的化身之光，这个比喻从《创世记》中上帝说“要有光”与上帝创造日月之间的三天开始。他的结论是，上帝的第一句话创造了一种“精神性的而不是身体性的光”。他的余生中一直在用这种精神性的光来反驳摩尼。“人的灵魂，虽则，为光作证，但‘灵魂不是光’。”奥古斯丁写道，“道，亦即天主自己，才是‘普照一切入世之人的真光。’”

在毫不留情的攻击下，摩尼的光明王国渐渐消失了，取而代之的是耶稣的救赎之光、耶和华（Yahweh）的比喻之光、佛陀的灿烂之光和克里希那的炫目之力。这些神圣人物和琐罗亚斯德与摩尼一样经常使用光，但他们的目的更宽泛。既然没有别的什么能如此深刻地探测人类想象的无限性，光就成了完美的神的化身。或许河里流着牛奶和蜂蜜，或许大门镶着珍珠，或许牛是神圣的，或许莲花是佛陀的宝座，但光没有可以加以润饰的形状或外形，它可能存在于任何地方，无所不在，它具有一切的颜色和全能的力量，它容易消散、缥缈不定，神秘而又壮丽。在将光神圣化的过程中，全世界的各种经文令信徒们眼花缭乱。

尽管《薄伽梵歌》描写了克里希那的光焰，但印度教徒不愿将神性降格为纯粹的光。在不断追问的《奥义书》中：

最高的幸福无法描述。
可我如何感知它呢？
它会闪光吗？
还是它会放光？

在《创世记》成书前 1 000 年，印度教徒因“最好的光”而感到欣喜，他们特别崇敬每天清晨在恒河上升起的光辉，《梨俱吠陀》中 20 多首赞美诗都献给了黎明和黎明女神乌莎斯（Ushas）。

黎明为我们带来繁荣，乌莎斯啊，天父的女儿，
黎明为我们带来伟大的荣耀，女神啊，光明女神……
我们见过她发出明亮的光；它驱散阴暗的怪物……
在天空的边缘，她发出灿烂的光：女神揭下黑暗的面纱。
用紫色的马唤醒全世界，黎明乘着她的马车而来……
它带来光明，神奇的光。

佛教徒也崇拜比喻之光和神圣之光，所以佛经中说，佛陀出世时，五光照耀在他身上，这些光将继续照耀乔达摩·悉达多（Gautama Buddha）和所有叫这个名字的人。佛教的众多“觉悟者”包括无边光佛、无碍光佛、无对光佛、清净光佛（Buddha of Pure Light）、无称光佛（Buddha of Incomparable Light）、不断光佛

（Buddha of Unceasing Light）……据说，任何足够觉悟的佛陀用一撮头发就能照亮宇宙。当他证得涅槃时（Nirvana），他的光芒将胜过太阳和月亮。一个常讲的故事甚至认为是光将佛教带进了中国。

大约公元75年，汉明帝看到一个发光的人从头顶飞过，不久后，他又梦到一位全身金色、项有日光的神人。大臣们告诉他，两者都是居于印度的神人。于是这位皇帝便派使团到印度去寻找神人。当使者们带着佛陀的智慧回来时，中国开始建造第一座佛寺。近2 000年以后，只靠蜡烛来照明的佛寺仍然充满光辉。佛教的光也充满了佛经。《金光明经》（*The Sutra of Exalted Sublime Golden Light*）这样赞美佛陀：

> 世尊最胜身金色，一一毛端相不殊，
> 绀青柔软右旋文，微妙光彩难为喻……

佛教的天堂是一方净土，没有疾病与死亡，充满美丽的花朵和漫步的佛陀，能发出“十万光束”。佛教学者至今仍在争论佛经中的光是比喻还是事实。当代佛教徒谈及要获得“明光”，即要达到完美的才智敏锐。其他佛教徒则深信，他们在死时将看到纯粹的光，也有的相信最虔诚的佛教徒能变成光——一种在圆寂时出现的“虹身”，最后只留下头发和指甲。然而，至于五台山之光，人们始终未达成一致。

五台山坐落于中国北方起伏的山峰之中，是中国佛教的四大名山之一。五台山山顶白雪皑皑，常年云雾缭绕，曾坐落着数百座佛寺，现如今只剩大约50座，它们金色的舍利塔吸引着来自世界各地的香客。很多香客是为了来参观得道高僧开始涅槃之路的地方，其他的人则是为了在这个有近1 300年历史的圣地坐禅，还有一些人是为了来看光。这里最初看见光是在公元679年，五台山的僧人在发光的佛像旁看到了五彩祥云。当他们跪地参拜时，光又不见了。片刻以后，另一名僧人在一大盆花上方看到了如太阳般明亮的彩光。消息很快传开了。更多的光，包括光亮的法轮和彩色的云雾，映入了香客的眼帘。从那时起，佛教徒就一直前往五台山。有的香客仍说自己在天上看到了光，白色或五彩缤纷的火球。1999年的一天，香客们看到蝴蝶状的闪光充满了一座佛寺，当地人称为“佛光”，但很多僧人不赞成这样分心，他们认为应该要追寻内心的光。

对于“佛光”和宗教看到的所有光，学者们有一个专门的用词——幻视（photism）。虽然如今它已不像公元第一个千年那样常见，但世界各地仍报道了各种幻视。宗教学者米尔恰·伊利亚德（Mircea Eliade）认为，无论是真实的还是想象的，这些光都具有深远的意义。“幻视将一个人从他的世俗世界和历史状况中抽离，把他放到一个不同的世界——一个完全不同的超脱而又神圣的世界中……光的体验为他打开灵性世界的大门，从而彻底改变本体的境况。”任何人假如质疑神圣之光的力量，不妨去研究一下宗教史上那些最能改变人生的幻视。

公元36年左右一个普通的早晨，耶稣受难刚刚过去几年，大数人扫罗（Saul of Tarsus）和朋友们正走在前往今天叙利亚的大马色（Damascus）的路上。扫罗出生于虔奉宗教的犹太家庭，自视为“希伯来人中的希伯来”，极度渴望去迫害耶稣的信徒。根据《新约全书》（*New Testament*）中的记述，即便是在前往大马色的路上，扫罗仍然向主的门徒“口吐威吓凶杀的话”。他的热诚和犹太教学识使他成为最不可能皈依基督教的人，然而，在那个普通的早晨，在前往大马色的路上，天上忽然发光，四面照着他。后来，艺术家们将画出扫罗看到的光。文艺复兴时期，弗拉·安吉利科（Fra Angelico）将它描绘成基督发出的金光，巴洛克美术大师卡拉瓦乔将它画成刺穿阴影的铅色长矛，威廉·布莱克则将它描画成包围着幽灵般的耶稣的黄光。但当扫罗描述他看到的一切时，他只说：

> 在我行路将到大马色的时候，忽然从天上发光，四面照着我。我就扑倒在地，听见有声音对我说："扫罗，扫罗，你为什么逼迫我？"我说："主啊，你是谁？"主说："我就是你所逼迫的耶稣。"与我同行的人只看到光，但听不见对我说话的声音，他们感到十分害怕。

扫罗很快就成了使徒保罗，并成为基督最有名的代言人。他虽然体弱多病且可能患有癫痫，但在接下来的30年里走遍了地中海地区，走了大约1万英里路，宣扬基督的神圣。哪怕被监禁、被鞭打、被石头砸、遭遇海难，他还是使一个社群又一个社群的人皈依了基督教，写出了《新约全书》中洋洋洒洒的使徒书，并再造了《圣经》的光芒。

圣经学者们注意到，在整本《旧约全书》中，上帝不仅常出现于光明中，而且常出现于黑暗中。在西奈山（Mount Sinai）上，他在燃烧的灌木丛中对摩西（Moses）讲话，然后退到黑暗中。当摩西像《薄伽梵歌》中的门徒一样要求看见上帝的面貌，耶和华并没有发出"1 000个太阳"那样的光芒，而是继续留在黑暗中，通过声音告诉摩西："人见我的面不能存活。"《旧约全书》中的上帝神秘而又阴暗，更喜欢"住在幽暗之处"。然而，上帝不愿发光倒也使得《旧约全书》无需详尽地描写无数的太阳或者无边、无际、无碍的光明……《旧约全书》没有把光变成上帝的自画像，而是让它成了一个隐喻。

除去阴云，《旧约全书》是西方文学中对光的赞颂最多的。对于那些向它寻求帮助的人，光为他们提供——庇护所：“耶和华是我的亮光，是我的拯救，我还怕谁呢?”（《诗篇》27：1）领悟：“我听说你里头有神的灵，心中光明，又有聪明和美好的智慧。”（《但以理书》5：14）万能：“我造光，又造暗。我施平安，又降灾祸。造作这一切的是我耶和华。”（《以赛亚书》45：7）灵感：“我虽跌倒，却要起来。我虽坐在黑暗里，耶和华却作我的光。”（《弥迦书》7：8）引导：“你的话是我脚前的灯，是我路上的光。”（《诗篇》119：105）真实：“求你发出你的亮光和真实，好引导我。”（《诗篇》43：3）正义：“义人的光明亮，恶人的灯要熄灭。”（《箴言》13：9）

大数人扫罗在研读《旧约全书》时肯定读过这些诗颂，但当他在“四面照着他的光”的引导下皈依并成为使徒保罗的时候，他开始以《旧约全书》从未用过的方式来利用光。在写给门徒的书信中，保罗的光不是太强大以至于看不见的上帝的象征，而是使他在前往大马色的路上扑倒在地的光。“告诉保罗他所知道的基督已经死了，就好像有人告诉他太阳是黑暗的一样，”一位圣经学者写道，“他知道这不是真的。他感受到了基督的力量，基督的光照得他睁不开眼睛。”保罗也运用了隐喻，但他的光既不是佛陀的无边之光或《梨俱吠陀》的灿烂黎明，也不是摩尼和琐罗亚斯德的化身之光。保罗只敏锐地关注拯救之光，而追随他的人将反射他的光芒。

在保罗去世后写成的四篇福音书中，三篇都很少提及光，只有

《约翰福音》（*Gospel of John*）尊称耶稣为“点着的明灯”、“真光”和“到世上来的光”。只有在《约翰福音》中耶稣才两次自称为“世界的光”，他第二次这么说是在恢复一个盲人的视力之前。在接下来的两个世纪里，随着基督教从一个异端派别发展成为一场运动，又从一场运动发展成主宰西方的宗教，《约翰福音》成了最重要的福音书，无论是对牧师还是对渔夫来说都一样至关重要，但宗教分裂还是发生了。

公元 325 年 5 月，来自整个地中海地区的神职人员齐聚靠近今天土耳其马尔马拉海（Sea of Marmara）的尼西亚城（Nicaea）。作为曾在罗马统治下的基督徒，其中很多人身上留下了伤疤——被挖去双眼的伤痕，被鞭打过的背部，被割去腿筋后留下的笨拙步态。但在罗马新近皈依的基督徒皇帝的邀请下，他们还是来到尼西亚城寻求和解。在君士坦丁离古城墙和露天剧场不远的皇宫里，主教们争辩、祷告、吟诵圣歌。以前从未举行过这样的大公会议①，但随着基督教地位的上升，需要讨论的东西就太多了：洗礼和其他仪式，恰当的复活节日期，最重要的是，圣子和圣父是否一样神圣。将近 10 年时间里，一位名为阿里乌的牧师一直在宣扬一种被很多人视为异端的基督教派别。阿里乌提出，基督并非圣父、圣子、圣灵这种神秘的三位一体的一部分，只有上帝才是“未受生的……永恒的……没有起源的”神。耶稣是“神，但不是真神”。通过歌曲和布道，阿里乌把这一观点传遍了地中海东部地区，使得基督教一分为二。怎样才能调停这样的分裂呢？

---

① 大公会议（或称公会议、普教会议）是传统基督教中有普遍代表意义的世界性主教会议，咨审表决重要教务和教理争端。——译者注

在寻找上帝与基督之间的联系时，主教们选择了光。一位执事提出，就像一根蜡烛能点亮另一根蜡烛但不会损失它的光芒一样，上帝的光生出了基督的光。争论仍在继续，但光占了上风。主教们在尼西亚城决议通过了《尼西亚信经》(*Nicene Creed*)，该信经宣告基督是“从神所出之神，从光所出之光，从真神所出之真神”。这次大公会议休止时，阿里乌教派（Arianism）被判定为异端，基督被确认为三位一体的一部分，尽管还有小的争论，但保罗的光大获全胜。几十年后，通过阅读保罗写给罗马人的书信而皈依的奥古斯丁极力赞扬“不变的、无实体的光”。在奥古斯丁的作品中，“勒克斯”和“流明”这两个词出现了 4 000 多次。

在《新约全书》结尾，保罗的目光又回到为世人提供永恒的救赎之上。在《启示录》(*The Book of Revelations*）开篇处，约翰——这个约翰与写《约翰福音》的约翰是不是同一人，学者们众说纷纭——就看到了七个金灯台和闪闪发光的基督形象，“他的头与发皆白，如白羊毛，如雪。眼目如同火焰……面貌如同烈日放光”。《启示录》在详述即将到来的末日时，用光来安抚信徒。基督复临后，“不再有黑夜。他们也不用灯光日光。因为主神要光照他们。他们要作王，直到永永远远”。保罗的救赎之光成为耶稣存在的象征，被广为接受——成为继续照耀信徒 2 000 年的光。圣女贞德(Joan of Arc）看到“亮光和声音同时降临”。阿维拉的圣特蕾莎(St. Theresa of Avila）看到的“不是炫目的亮光，而是柔和的白，充塞着亮光”。最近几十年，随着现代医学将病人从死亡的边缘救回，很多人又重回光的故事——强烈、仁慈、热情的光（参见本书附录）。

《旧约全书》中隐晦而难以捉摸的光仍抚慰着犹太教徒和基督

徒，《新约全书》中的救赎之光仍在基督教教堂、主教座堂以及心灵中燃烧。如今，数百万人每天看到日出、日落和繁星时所想到的，依然是在公元第一个千年被点燃的其他神圣之光。然而，这种灿烂的光又提出了一个纠缠不休的问题——有些人所谓的幻视可能被别人视为错觉？

长期以来，怀疑论者一直对保罗在去大马色的路上看到的光存疑。卡尔·荣格将保罗看到的光视为一种对基督教的“疯狂抵制”所导致的“心理现象”，当代心理学家将其归咎于幼稚回归、性挫折或者精神药物，而神经学家则怀疑是中暑、惊厥或者癫痫造成的。心理学家威廉·詹姆斯（William James）在《宗教经验之种种》(*The Varieties of Religious Experience*）一书中列出了各种幻视，他提醒人们不要将任何光都视为“癔症发作”。这种光“使一个人知道他自己的精神能力的高限度是在哪里，就是只经一点点时间，也还是启示他知道”，詹姆斯写道：“这件事是皈依经验的重要所在。”

瑣罗亚斯德是否真的看到了一个浑身是光的人？沙赫在他的花园里是否看到了摩尼的光明王国？保罗在去大马色的路上是否看到了光？怀疑者摇头否认，而虔诚者变得更为虔诚。在这些问题上，光将人类分成了两个阵营，一方满足于被迷惑，另一方必须给出解释。神圣之光的来源这个问题持续了很长时间，但在神圣之光的一千年里这并不是一个问题。光成为信仰的支柱以后，又过了几百年，怀疑者才开始尝试推翻它。西方世界将这段时期称为黑暗时代(Dark Ages)，在这段时期里，科学对光的好奇向神学和教条缴械投降。然而，在其他地方，探究之光仍在燃烧。

# 第四章

## “灿如明星的玻璃”——伊斯兰教的黄金时代

主啊，我祈求你赐我光明，让光明在我心里，让光明在我坟墓里，让光明在我面前，让光明在我身后；让光明在我右手上，让光明在我左手上；让光明在我头顶，让光明在我脚下；让光明在我视线里，让光明在我感觉里；让光明在我面容上，让光明在我肉身里；让光明在我血液里，让光明在我骨髓里。请为我增加光明，赐予光明，分配光明。请赐予我更多光明，请赐予我更多光明，请赐予我更多光明！

——穆斯林祷告词

在欧洲匍匐在地、中国忙着巩固长城的几百年里，巴格达是全世界最大的城市，阿尔·肯迪（Al-Kindi，又译铿迭）和伊本·海赛姆（Ibn al-Haytham）这些科学家的名字如神圣之光般照亮了从印度到伊比利亚半岛（Iberian Peninsula）的天空。每个名字都能发出声音——对祷告者的召唤，每个名字也都是光的象征。历史学家对亚历山大灯塔是否只是模型众说纷纭，但每个讲阿拉伯语的人都知道“manara”的意思是灯塔或者“光明的地方”。以这个词命名的造型优美的尖塔——光塔（minaret）在沙漠中散发着光芒。

光塔的得名不仅仅是因为光。每年到了斋月（Ramadan）[①]，放在光塔顶上的灯在每天清晨宣告斋戒开始。这盏灯整天都亮着，但在阳光下几乎看不见。傍晚时分，这盏灯将被全世界最盛大的灯光秀取代。当黑夜降临伊斯兰帝国时，参加庆典的人聚集在光塔下点燃油灯——10 碗、20 碗、50 碗燃烧的灯油被绑在绳子上并吊到空中，这些灯整夜都亮着，照耀着塔下的庆典。斋月的灯光让西方游客惊讶不已。“他们在清真寺塔顶上点很多灯，”一名英国游客在开罗写道，“看到这种场面，无数的光塔发出巨大的光，每座光塔上都有三层无数的灯，我们深感吃惊。在这些灯光下，这座城亮如白昼。”

在伊斯兰教的整个黄金时代（650—1250 年），自然之光从不稀缺。沙漠的天空满是阳光，而低纬度又使这些虔诚的信徒免受北方无尽的冬夜的折磨。然而，之前的帝国从来没有像伊斯兰帝国这样尊崇光。普通穆斯林有的不过是几盏灯和几支蜡烛，而哈里发（caliph）却能通过操控善于利用亮光的工匠来操控光。原始人崇拜光，而古希腊人解释光。基督徒、佛教徒和印度教徒使他们的神天生具有光的精神，而穆斯林拥有光，他们拥有的光为他们带来了财富、地位和权力。《一千零一夜》（*Arabian Nights*）中的小故事把

---

① 指伊斯兰斋月，是伊斯兰历第九个月，该月名字意为“禁月”，是穆斯林封斋的一个月，是真主安拉将《古兰经》下降给穆罕默德圣人的月份。——译者注

普通的灯变成能帮人实现愿望的神灯精灵。在整个伊斯兰王国里，太阳、月亮和星星都严格地遵守时间表，但在清真寺和宫殿里，光却能被人操控。

尽管伊斯兰教传得比以往的任何宗教都远、都快，但它深知自己的脆弱性。从西班牙的大山到兴都库什山（Hindu Kush）上的光塔，眺望着边境虎视眈眈的敌人。除了被流放的基督徒和犹太教徒之外，哈里发也惧怕敌对的家族、满怀妒忌的继承者以及伊斯兰教的两个派别——什叶派（Shia）和逊尼派（Sunni）[1]之间的交火。为了保住统治地位，哈里发必须证明自己的力量。短剑和弯刀只是战争中的证明，要威慑入侵者，每座纪念碑、清真寺和宫殿都要展示出力量，而力量最优雅的象征莫过于光——先知穆罕默德（Muhammad）出生时照耀全世界的光、那天早晨照在先知父亲头上的光以及令人陶醉和着迷的光。

为了增强光的魔力，工匠们将石英——“透明的石头”——雕刻成靠近蜡烛或灯就会闪光的晶体；制陶工人将金属氧化物混入陶土，制成几乎会发光的陶瓷；书法家使用加入金粉的墨水，写出发光的手稿，如蓝色的《古兰经》，镀金的阿拉伯文字在靛蓝色的纸张上似乎能发出背光；伊斯兰宫殿通过半透明的大理石和贝壳来滤光；皇家庭院里也绝少不了让光像玩具一样飞溅的喷泉；清真寺里的镶嵌壁画闪着光芒，在伊比利亚半岛上的一座宫殿里，阳光从一个装满纯水银的水盆中反射而出，当一名奴隶将水盆侧倾时，旁观

---

① 公元632年，穆罕默德去世，在他的继承问题上，伊斯兰教的意见一分为二，什叶派只承认阿里一个人作为哈里发的合法性，逊尼派承认四大哈里发都是合法继任者。两派意见始终无法统一，以致互相攻伐了千年之久。——译者注

者惊讶地看到室内出现各种神奇多变的图案。

尽管伊斯兰帝国的历代王朝伴随着复仇和统治而不断更替，但所有王朝都认为应当珍惜光，因为他们的圣经——有时也被称为努尔（al-Nur，即光明）——告诉他们要这样做。和《圣经》一样，《古兰经》也赋予了光很多含义：

- 真主是信道的人的保佑者，使他们从重重黑暗走入光明。
- 他就把他的恩惠加倍赏赐你们，他就为你们创造一道光明。
- 真主没有给谁光明，谁就绝无光明。

但《古兰经》并没有像其他经文那样经常提及光。作为仅对先知穆罕默德一人的启示，这本圣经并不是由竞相称颂天赐的光、无限的光、洁净的光……的信徒所写的。在《古兰经》的众多章节中，只有一章是专门写光的——第二十四章，这一章被刻在光塔的基座上、悬挂在清真寺里的明灯上，其中写道："真主是天地的光明，他的光明像一座灯台，那座灯台上有一盏明灯，那盏明灯在一个玻璃罩里，那个玻璃罩仿佛一颗灿烂的明星，用吉祥的橄榄油燃着那盏明灯；它不是东方的，也不是西方的，它的油，即使没有点火也几乎发光——光上加光——真主引导他所意欲者走向他的光明。"虔诚的穆斯林在背诵这一章的时候，也记住了真主安拉（Allah）的 99 个尊名，即普慈的（the Exceedingly Compassionate）、特慈的（the Exceedingly Merciful）、护佑的（the Guardian）、强有力的（the Irresistible）、光辉的（the Light）……

在伊斯兰教的整个黄金时代，欧洲的神职人员为光争论不休，争论的问题是复活的耶稣从塔博尔山（Mount Tabor）上的坟墓里走出来时有没有发光。《马太福音》（*Gospel of Matthew*）中记载道：“脸面明亮如日头，衣裳洁白如光。”而保罗在前往大马色的路上也看到了发光的圣容，这被称作“塔博尔之光”。地中海东岸的主教们认为，这道光是人与上帝“非创造的光”之间的有形联系。换句话说，幻视是真实的。然而，罗马的主教们坚信，那些声称看见发光的基督的人只是在打比方，即使圣容也不会发光。因此，光造成了基督教世界的分裂，同时也导致了东西方之间的裂隙。随着东西方之间的裂隙不断扩大，尽管拜占庭教堂总少不了金色镶嵌壁画的装点，但没有一个欧洲学者去研究光的世俗属性。对这个问题的探究留给了更靠南的文明。

公元 762 年，巴格达在底格里斯河畔拔地而起，当时它还只是一个小居民点，但在它的城墙里很快就有了集市、清真寺和宫殿，这座宫殿的绿色穹顶在几英里外就可以看到。从周围几英里来这里的人有穆斯林、基督徒、犹太教徒和异教徒……建立后不到 100 年，它的人口就超过了 100 万。这座城市的拱形大门向伊斯兰世界的所有人敞开。这座城每天五次向祷告者发出召唤，穆安津（muezzin）[①] 曲折的调子在光塔上发出回响。同时，这座城也发出了另一种召唤，这召唤是针对那些好奇者的：如果你想学习，就来巴格达吧。虽然今天的学者们并不确定它准确的位置在哪里，但智慧之家（House of Wisdom）[②] 就坐落在这座人口密集的城市中的某处。

① 阿拉伯语音译，意为“宣礼员”，中国西北地区穆斯林称“玛津”，即清真寺每天按时呼唤穆斯林做礼拜的人。——译者注

② 智慧之家是伊拉克阿拔斯王朝时期巴格达的一所图书馆及翻译机构。它是翻译运动里的重要机构，被视为伊斯兰黄金时代的一个主要学术中心。——译者注

尽管智慧之家没有水银池，没有飞溅的喷泉，也没有半透明的石英或大理石，但它保存着古代世界的光。

历史学家们提到的“从亚历山大港到巴格达”之路，古希腊人的学问正是在这条路上才幸存下来，甚至在伊斯兰世界里走向繁荣。公元 9 世纪，身着黑袍的学者在巴格达的这座图书馆里埋头苦干，用尖笔和墨水将书卷和法典翻译成阿拉伯语。他们翻译的作品包括珍贵的波斯诗歌、印度学问和古希腊智慧，其中，亚里士多德和柏拉图的作品名列首位。另外，这些学者也翻译了喜剧和悲剧、天文学和占星学、恩培多克勒的四大元素，甚至戴可利斯关于利用凸透镜点燃“祭品”的记述。不到一个世纪，智慧之家里的语言学家们就翻译了古希腊人、印度人和波斯人几乎所有幸存下来的文献。虽然伊斯兰学校（madrassa）的课程主要集中在《古兰经》上，但巴格达这最具智慧的 100 万人也为智慧之家贡献了他们自己的智慧。天文学家完善了托勒密的星图；治疗师利用古罗马解剖学家盖仑（Galen）的作品开设了全世界第一所医院；数学家创立了代数学（algebra）这门如今依然以阿拉伯语命名的学科；哲学家解答了古希腊的诡辩论；还有一些博学者对以上所有领域都有涉猎，包括希腊人所谓的光。

在光通过后续文明继续前进的过程中，伊斯兰科学起了重中之重的作用。伊斯兰科学就像阿拉伯天文学家用来雕刻星图的铜盘一样，复杂、精确又十分优美。在欧洲人为光争论不休时，伊斯兰科学家正在试图解开亚里士多德、欧几里得和托勒密提出的光学谜题，他们建造了全世界第一座天文台，其中堆满了星盘、日晷以及模拟太阳和行星运动的浑天仪。在古希腊人的启发下，这些研究光的阿拉伯人重新着眼于古老的问题，并给出了新的答案。一些科学家还提出了全新的方法。数学家伊本·萨赫尔（Ibn Sahl）是第一个运用三角学的正弦函数来计算光经水面或玻璃的折射角度的科学家。哲学家伊本·西拿（Ibn Sina）——后被西方称为阿维森纳（Avicenna）——断定，光的速度必然是精确的，因为“如果对光的感知是由一个光源所释放的某种微粒造成的，那么光的速度必定是有限的”。十几位伊斯兰思想家推动了这门科学，其中两位尤为著名。

在艾布·优素福·叶尔孤白·本·伊斯哈格·肯迪（Abu Yusuf Ya'qub ibn Ishaq al-Kindi）这个名字中藏着一个表示“光亮”的阿拉伯词语——“ishaq”，这或许只是巧合，但这个早期阿拉伯哲学家——出身于在公元9世纪中期来到巴格达的一个富人家庭，也不能回避光的谜题。同被光“奴役”的大部分其他人一样，肯迪是一位独立的学者，才华横溢，孜孜不倦，正如托马斯·爱迪生（Thomas Edison）对自己的描述，“对一切都感兴趣”。肯迪这个名字就像一束柔和的引导之光传遍了伊斯兰知识界，他对医学、数学、伦理学、天文学、音乐理论以及从刀剑到香水、从珠宝到闪闪发光的玻璃等日常事物皆有研究。有些巴格达人对阿拉伯人可以向其他文化学习任何东西这个想法嗤之以鼻，但肯迪并不同意：“我们不应该为从任何来源了解和获得真理而感到尴尬，即使它来自遥远的民族和不同于我们的国家。对于真理的探索者来说，没有什么应该比真理本身更珍贵。”

如果说有一个人做过文化之间的桥梁，那就是肯迪。他的大量著作将雅典的学园和巴格达的智慧之家联系了起来。在对光的研究中，肯迪捡起了古希腊人放弃的问题——光来自眼睛（恩培多克勒）、物体（伊壁鸠鲁），还是两者皆有（柏拉图）？肯迪认为光来自眼睛，并想象出了一个二维世界——在一个水平面上将一个圆放平，如果这个圆本身能发光，它的光线将向各个方向跳飞，让人们可以看得见整个圆，但实际上这个圆看上去只是一条直线，因为来自眼睛的光只照在水平面上。肯迪将亚里士多德的作品引进了阿拉伯世界，但他仍然不能完全驳倒亚里士多德。或许来自眼睛的光与来自每个物体的光相会，从而创造出希腊斯多葛学派（Stoics）所谓的普纽玛（pneuma）[①] ——眼睛感知到的一种缥缈的物质。肯迪的继承者称这种物质为“发光的气息”。

尽管肯迪对光的认识与古希腊人基本相同，但他改变了我们对光的传播的理解。他提出，光并不是以光线的形式平行向前运动，如果是这样的话，每个景象就会是这些光线的尖端——一种点的蒙太奇式组合。后来法国艺术家乔治·修拉（Georges Seurat）的名作画的就是单个的点，但作为光的研究模型，肯迪认为这种想法是“值得大加嘲笑的”。相反，他认为光是从中心向各方辐射的，“在元素构成的世界中，具有实在的任何物体都会释放向各方辐射的光，这种光充塞了整个世界”。在这一概念的吸引下，肯迪提出，行星和恒星一定会发光，这种光能在安拉的意愿下影响人间的所有事件。他继续阐述道，人类会辐射出希望、信仰和欲望之光，磁铁、镜子和火焰也能发出肯迪提出的这种包罗万象的光。肯迪将光作为他的研究模型，他写道：“它表明，世界上的万事万物，无论是物质还是意外事件，都会像恒星一样发出自己的光。”

由于他对一切事物都感兴趣，肯迪并没有花太多时间来研究

---

① 古希腊斯多葛学派的中心概念。它被认为是火与气的复合物，虽然不是一种简单的化学复合物。——译者注

光。他在写出了《谈谈灵魂》(*Discourse on the Soul*)、《论驱散悲伤》(*On Dispelling Sadness*)、《论智慧》(*On the Intellect*) 等几百部著作之后，才来研究光。他的光学著作，如《光学》(*De Aspectibus*)，在阿拉伯世界得到广泛阅读，并在 12 世纪被翻译为拉丁语后传遍了整个欧洲。到这时，光这个重中之重的问题又将迎来新的答案。

1009 年，伊斯兰教派的反叛大军从摩洛哥向北横扫，入侵了伊比利亚半岛。他们的目标是摩尔人统治下的西班牙最大的宫殿——位于科尔多瓦城摩尔人要塞之外的阿萨哈拉宫 (Madinat al-Zahra)。在这里，光上演着最精彩的演出，它从金顶和大理石墙壁上反射出来，在几百座喷泉中闪耀，在整个水银池中舞动。1009 年 11 月上旬，大军抵达了这座巨大的宫殿。他们冲破大门，砸毁喷泉，污损大理石墙壁，放干池子里的水银。从此，在阿拉伯人称为安达卢斯 (al-Andalus) 的整个地区，伊斯兰教分裂为几个紧抓权力不放的酋长国。相比之下，巴格达更为稳定，然而当智慧之家结束了一个世纪的翻译工作之后，伊斯兰世界的知识中心就转向了开罗。在这座旧城中心的一座小山上，坐落着宏伟的爱资哈尔 (al-Azhar) 清真大寺，它的名字来源于阿拉伯语中的“发光”一词。从日出到日落，这座清真寺的拱形大厅里时时回响着《古兰经》的诵读声。最后，每个完整诵读经书的人都会读到“曙光”一章：“我求庇于曙光的主，免遭他所创造者的毒害。”当虔诚的信徒祷告之时，在山下蜿蜒街道上的某处，一千年来一直作为经文来源的光回到了实验室里。

在一个阴暗的房间里，一位体型瘦小、胡须花白、裹着穆斯林头巾的老人将一小块地毯铺在泥地上，然后跪下，行磕头礼，向安拉祷告。之后，他开始了自己的实验。他关上了所有窗户，只留一束光线——“一束宽度足够但又不至于过宽的光线”——穿过百叶窗上的一个小孔。这束光线穿透黑暗，然后开始听这位老人的吩咐。他在光束下放了一个又一个物体，详细观察每个阴影，并用流利的阿拉伯文字记录下来。他注意到照在黑色物体上的光是如何被吸收的，而从白色物体上反射出来的光则能照亮整个房间。透过窗户，他能听到街上的噪声，小贩、穆安津以及开罗的各种杂音，但他心无旁骛。他从桌旁站起来，把罐子装满水，放在光线下，用来计算折射角。他研究着墙上投射的光谱；他打磨着银块，直到它们能以可预测的角度反射光；他举起装着果汁的玻璃杯，观察着它们散射出的颜色；他摆弄着凹透镜，并进行着自己的计算。之后，他将钻研日食、月亮和星星。在最终开始著述之前，他将再三思考。

这位老人出生时的名字叫阿布·阿里·艾尔-哈桑·伊本·艾尔-哈桑（Abu Ali al-hasan ibn al-Hasan），而阿拉伯人则称他为伊本·海赛姆。在位于波斯湾的家乡巴士拉（Basra），他一直探寻着《古兰经》的真相。然而，厌烦了神学争论的海赛姆决心只追求“问题明智、形式合理的教义”。他所处的时代横跨公元第一和第二个千年，是学者们可以合理地追求一切知识的最后一个时代，但海赛姆不仅仅满足于“知识”。作为一个真理的探索者，他认为应该“让自己成为自己所读的一切的敌人，将自己的理智应用于它的核心和边缘内容，从每个角度向它发起攻击”。厌倦了在巴士拉的政府公职以后，海赛姆辞去职务，转而钻研物理学、数学、天文学、宇宙学和气象学。

研究起土木工程后，他制订了一个征服尼罗河的计划。1010年，在他近50岁的时候，埃及法老邀请他将该计划付诸实践。据说，当海赛姆抵达埃及后，强大的法老骑着一头驴到尼罗河边来接见这位新的工程师，然后送他到上游去参观。乘船经过宏伟壮观的埃及城市后，海赛姆意识到自己低估了埃及人。既然他们能建造出他在卢克索（Luxor）和阿斯旺（Aswan）看到的如此辉煌的宫殿和如此高耸的尖塔，假如尼罗河能被征服的话，他们一定能够征服它。

据说，海赛姆深信自己的计划无法实现，于是装疯想逃避与法老的协定。结果，他被投入大狱，在铁窗中生活了 11 年，这段时间，光是他唯一的消遣。每天，他看着光洒满整间牢房，看着天空变幻，日落星现。他好奇光究竟是什么、它如何运作，于是他决定，如果能重获自由，他将用余生来探究这一永恒的奥秘。法老死后，他终被释放，搬到了开罗市中心的爱资哈尔清真大寺附近一个洞穴似的房间。在那里，弯腰驼背、须发花白但尚不算衰弱多病的海赛姆开始研究光。

画像里的伊本·海赛姆头戴圆球状的头巾，留着飘逸的胡须，给人的印象是一位和蔼的老爷爷。正是他的光学著作中的素描和图表，使得光学研究脱离幼稚，走向成熟。在牛顿之前，伊本·海赛姆对光的研究比任何人都要透彻，这些全部记录在他详尽的七卷著作中。他发现古希腊光学研究处在一种“混乱”状态，于是抛开那些猜想，首次在光学研究中避开了形而上学、以太、幻象等。他的研究工具十分粗糙：玻璃立方体和楔子、蜡烛和火、铜壶、木笔以及“八指长、四指高、四指宽”的玻璃。除了指长，他的主要测量单位是大麦粒。科学是他的方法，但从来不是他的主宰。他的著作通常以这样的话语结尾：“感谢上帝，宇宙之主，祝福先知穆罕默德和他的所有亲人。”伊本·海赛姆在实验中的智慧是伽利略智慧的前兆。

这位慈祥的老爷爷将他的暗房变成了光学实验室，用来研究、操控和摆弄光。伊本·海赛姆从光最古老的问题——光源入手。它究竟来自眼睛还是物体？他的长篇著作以此开篇：“我们发现，当我们注视很强的光源时，眼睛会有强烈的痛感，视力也会受损。同样，一个观察者无法直视太阳，因为他的视力会受到强光的损伤。”如果阳光会刺伤眼睛，那光怎么会来自眼睛呢？如果光从眼睛里倾泻而出，它又如何填满观察者和星星之间的广阔空间，同时不让眼睛发生变化呢？伊本·海赛姆写道，这样的想法“非常之不可能，也非常之荒谬”。关于光究竟来自眼睛还是物体的争论持续了 1 400 年之久，如今终于结束了。有些人可能依然坚持自己的观点，但是，凡是读过伊本·海赛姆著作的人都不会质疑他的逻辑。

几乎没有光的把戏能逃过他的眼睛。他断定，光不像托勒密所说的那样，是一个发光的圆锥体。光会形成无限的棱锥体，填满所有可见的空间。当眼睛与光的棱锥体相会时，视觉就产生了。每个棱锥体每隔几指距离就会被横截，从而使同一物体产生不同的映像。为了解释眼睛是如何发挥作用的，伊本·海赛姆绘制了第一张精准的解剖图，描绘了人类的视觉是如何从眼睛传递到大脑的。他用这些图来解释颜色和深度的感知、周边视觉、视神经，以及像眼睛这样奇妙的东西是多么容易被光这样短暂的东西所欺骗。他指出，所有的视觉都是由眼睛的“晶状体”折射，并由大脑解析的。然而，光仍然是视觉、知觉甚至是美的源头。“因为光创造了美，这就是太阳、月亮和星星看上去那么美的奥妙所在。”阴影也会创造美，“因为许多有形的物体都有瑕疵和微小的孔隙，它们因而变得丑陋……但当这些物体处在阴影中或在微弱的光线下时，这些瑕疵和皱纹就会消失，它们的美也被领会到了”。

伊本·海赛姆唯一的光学发明是暗箱。中国的墨家最先观察到，室外的光线通过墙壁上的小孔射到室内的平面上，会使物体的像颠倒。其他人也摆弄过这种针孔投影装置，对物体投射到墙壁上产生的颠倒的像惊讶不已。伊本·海赛姆制造了第一个可以完全操作的光箱——一间暗房，一个带小孔的小盒子，五支点燃的蜡烛。在盒子里，五簇火焰都以完美的比例，倒映在盒子的另一面上。其他人可能只是用眼睛来观察，但伊本·海赛姆在光源和倒影之间放上了直尺和铜条，通过测量和计算最终确信，光线既没有混合也没有交叉。但是，是否存在一种“最弱的光”，它会逐渐减弱，直到物体的像在暗箱中消失？研究继续进行着，孔洞越做越小。几个世纪后，艾萨克·牛顿在读了伊本·海赛姆的拉丁文著作之后，重新开始探索“最弱的光”。

伊本·海赛姆的文字冗长繁复、巨细无遗，简直堪称一名优秀的专利律师。他对一个基本的折射装置——一个简单的圆柱体，两边都有孔——的描述就长达三页。同样，他关于折射的结论从未被质疑过。托勒密把黄铜圆盘浸入水中，快速启动了折射研究。伊本·海赛姆则走得更远。他观察到，材料的密度越大，对光线的折射就越强。但是，只有当光线以某个角度照射到水或玻璃上时，才会发生折射。用一束垂直的光线照射水池，它将以直角射向池底。

伊本·海赛姆的折射实验似乎简单到可以在家里尝试。我拿了一个披萨锅，在锅沿两边打了几个孔，然后把它放在厨房的空水槽里，让它沐浴在清晨的阳光中。我把一个孔对准阳光，让光在水槽底部的下缘形成一个亮斑，然后打开了水龙头。水刚刚没过锅边，白色光点就开始移动，爬过锅，向水槽壁靠近。当水槽装满水时，太阳光至少折射了五粒大麦那么远，大约四分之一英寸①。当我拔掉塞子，开始排水时，光斑也一点一点地往回缩。但要验证伊本·海赛姆关于垂直光线的观察结果，就比较困难了。要捕捉到垂直的阳光，你就得住在北回归线和南回归线之间，但即使在那里，一年里也只有两次垂直的光线。因此，我买了我能买得起的"最弱的光"——甚至连巴格达或开罗最富有的哈里发都不曾有过的光。我用一个五兆瓦的激光笔，向我的披萨锅直射一束红色光线。无论水槽里的水涨得多高，垂直的光线都不会发生折射。伊本·海赛姆还是正确的。

直到最近，西方科学家还对伊斯兰光学不屑一顾，认为它只是"冷藏"了古希腊的科学而已。但多亏了更清晰的思维和更深入的研究，我们现在知道得更多了。肯迪、伊本·海赛姆和他们的弟子汲取了托勒密、亚里士多德和欧几里得的精华，增加实验，减少猜测，从而创作了一本关于光的百科全书。他们的研究使光学带着坚实的基础步入了中世纪。"如果没有伊本·海赛姆所奠定的理论基础……" A. 马克·史密斯写道，"由开普勒开创、牛顿完成的光学革命，即使不是不可想象的，至少也是难以想象的。"

1039 年，伊本·海赛姆在开罗逝世。在随后的几十年里，在斋月期间尖塔依然闪闪发光，无论是在石英中折射的光还是在喷泉中反射的光，都在继续着它的演出。然后，到了 12 世纪，伊斯兰对科学、对实验、对宽容本身的包容开始减弱。刚刚崭露头角的思想家有意回避那些仍在研究古希腊哲学家的人。《哲学家的矛盾》（*The Incoherence of the Philosophers*）这部被广泛阅读的巨著表

---

① 1 英寸约合 2.54 厘米。——译者注

明，人们越来越鄙夷哲学讨论。该书的作者安萨里（al-Ghazali）写道：“愿真主保佑我们远离无用的知识。”为了代替实验，安萨里依靠的是“至高无上的真主投射到我胸膛里的光，这束光是大部分知识的关键”。一位阿拉伯历史学家对伊斯兰世界的光学研究发出了最后一击。“物理学问题，”伊本·卡尔敦（Ibn Khaldun）[①]写道，“对我们的宗教事务或我们的生活而言，没有任何意义。因此，我们必须抛开它们。”

12世纪末，一位波斯圣人试图理清伊斯兰思想的脉络，这位圣人名叫苏哈拉瓦迪（Suhrawardi），他提倡一种哲学，即将琐罗亚斯德的光明之神与苏非派（Sufis）[②]的神秘主义相融合，再加上一点希腊和埃及哲学。这位“照明派教长”在写作时有时用波斯语，有时用阿拉伯语，他游历了整个近东地区，最后在阿勒颇（Aleppo），也就是现代的叙利亚定居。苏哈拉瓦迪不是科学家。他主张严格的禁欲主义，宣称除非禁食40天，否则没有人能理解他的主要著作——《照明智慧》（*The Philosophy of Illumination*）。这样做之后，他看到了“赫尔墨斯和柏拉图想象的会发光的生命，作为荣耀之光来源的天堂之光，以及琐罗亚斯德所宣称的光的王国”。同琐罗亚斯德和摩尼一样，苏哈拉瓦迪将上帝视为反映在人类灵魂中的纯净之光。他写道，我们每个人都对自己的光明之源有着模糊的记忆，每当我们的世界处于黑夜中时，我们都会渴望我们

---

① 中世纪阿拉伯世界最伟大的一位历史学家，他的不朽之作《历史学导论》被英国现代著名史学家汤因比誉为“在任何时间与空间内，由任何富于才智的人所曾写出的同类著作中最为伟大的一部”。——译者注

② 伊斯兰教神秘主义派别，是对伊斯兰教信仰赋予隐秘奥义、奉行苦行禁欲功修方式的诸多兄弟会组织的统称。——译者注

最初的居所——光。苏哈拉瓦迪认为，光既不是源自眼睛也不是源自物体，而是来自灵魂。通过禁食得以净化的灵魂会看到十五种光，包括像“温水”一样舒缓的光、“极度优雅和愉悦”的光、“比太阳光更强烈”的光以及“产生自我”的光。

随着十字军的东征，伊斯兰世界对这种神秘主义没有了多少耐心。埃及苏丹萨拉丁（Saladin）从基督教入侵者手中夺回了阿勒颇，但伊斯兰世界的其他地区仍然处于围困之中。1208 年，苏哈拉瓦迪被指控为异端，被监禁、处死。有人说这位照明派教长是被剑刺死的，也有人说他是被勒死的，或者是从城墙上被扔下来的。后来，殉道使他的哲学在伊斯兰世界得到广泛研究。陶醉在颂歌中的苏非主义者将他们的圣人安葬在大理石穹顶下，穹顶柔和的白色象征着真主安拉之光。在苏非派经文的启发下，印度的莫卧儿帝国（Mughal Empire）也崇尚大理石的光辉，从而建造了泰姬陵等奇迹。然而，《照明智慧》却从未被翻译成拉丁文。

# 第五章

## “明亮宏伟的大教堂”——中世纪的天国

凝眸微尘，
于窗前浮沉。
彼之舞即吾之舞。

——鲁米（Rumi）

修道院院长絮热（Abbot Suger）体形瘦小、善良、勤劳，对一切闪耀的事物都充满热忱。与他信奉苦修主义的对手不同，这位修道院院长认为修士既不必无休止地受难，也不必在冥想时规避华丽的服饰。在絮热的圣德尼教堂里，唱诗班的座席是木制而不是大理石的，这就避免了巴黎冰冷的冬天里会寒气刺骨。虽然院长自己的小房间里只有几支蜡烛照明，桌布和窗帘也都是临时的，但真正让絮热的对手震惊的，是圣德尼教堂的世俗财富——黄金、珍珠和宝石。絮热院长解释说，他在宝石中寻找的不是财富，而是对上帝之光的颂扬。

絮热执掌圣德尼教堂不过两年，就开始计划大规模重建。这座古老的大教堂陷入了“严重的不便”，它过于狭窄，甚至“日渐腐朽”。柱子摇摇欲坠，墙壁开裂，几乎没人觉得这座阴暗的教堂能配得上与它同名的圣德尼——法国的守护圣徒。到 1100 年，这座位于巴黎北部边缘的教堂已成为法国皇室的安魂之所近 500 年了。历代国王在此加冕，在此安葬。传说，当法国还只是几个相互交战的领地时，基督和许多天使就已经降临这里，让这座教堂变得神圣起来。耶稣十字架上的一根钉子和他王冠上的几根荆棘也被保存在这座教堂的圣骨盒里。絮热认为，这样的宝物理应有一个富丽堂皇的居所，因此在 1124 年，当法国担心与英国再燃战火时，絮热院长开始设想如何重修教堂。

如果把教堂的重修交给他的对手——克莱沃的圣伯纳德（Bernard of Clairvaux），重建后的教堂就会像法国的其他教堂一样，沦为一栋厚实的建筑，墙壁光秃秃，回廊与世隔绝。圣伯纳德坚信，虔诚是需要修持的。圣伯纳德和他的苦修主义教团——熙笃会（Cistercians）① 拒绝一切华丽的服饰，尤其是在教堂的范围内的：“为了基督的缘故，把一切闪耀着美的东西都视为粪土。”但絮热院长则认为，教堂应该把天堂装在它的穹顶下。

絮热花了十几年的时间规划新教堂的修缮事宜，到了 1137 年，絮热已经咨询过建筑师与神职人员，并向路易七世争取到了资金，

① 罗马天主教修道士修会，又译西多会，圣伯纳德是一位早期领导人，1115 年他在克莱沃建立了熙笃会修道院。该修会盛行于整个欧洲。——译者注

一切准备就绪。他召集了一支由泥瓦匠、石匠和其他工匠组成的队伍，就连深夜还在为修缮细节而苦恼。这个矮小的男人穿着泥褐色的袍子在森林中游荡，寻找高大笔直的橡树和栗树，最终找到了脚手架和屋顶所需的足量木材，堪称是个奇迹。同样神奇的是，他发现了一个“绝妙的采石场……可以出产非常坚固的石头，其质量和数量在这片地区前所未闻”。望着采石坑，絮热祈祷上帝能看到这样的场景——“不论是平民还是贵族，居然都愿意将自己的手臂、胸部和肩膀绑在绳索上，充当役畜，把柱子立起来。”重建工作开始后仅七年，教堂的半圆形后殿、唱诗席和圆花窗就完成了。1144年春天，教堂向法国和英国最有影响力的人发出了邀请。6月11日，在路易七世和阿基坦的埃莉诺王后①的带领下，一队盛装的神职人员进入了圣德尼教堂。当他们抬头向上望去，便情不自禁地张大了嘴巴，好似又变回了孩童。

在伊斯兰科学进行复杂精密的光学研究的几个世纪里，欧洲却在扩大神圣之光的范围，它的目标很崇高——在人间重现天堂。在公元前一千年里，无论是被称为天堂、涅槃还是极乐世界，天国一直是一个允诺。经文和民间传说中提到了花园和光环、宝座和大门，每一件都是在脱离这个沉闷的尘世后才能看到的。中世纪的圣人持不同的观点。他们认为，天国光辉万丈，不会有大门或宝座；天国十分重要，也不可能是看不见的。它一定是由一些珍贵的、完美的、人们在这个世界上可以看到的东西组成的。正如这个时代的

---

① 阿基坦的埃莉诺，阿基坦女公爵，法兰西国王路易七世的王后，英格兰国王亨利二世的王后，英格兰王太后。英王理查一世和约翰一世的母亲，欧洲中世纪最有财富和权力的女人之一。——译者注

主要思想家托马斯·阿奎那（Thomas Aquinas）所写的那样："如果更高的天堂存在，它必然是通体生辉的。"普通大众也这样认为。凝望夜空，中世纪的男人和女人看到的不是星空而是黑暗，他们认为那是地球的阴影。正如星星所暗示的那样，黑夜之外肯定有一个光芒四射的天国，也就是阿奎那所说的"有别于单纯的自然亮光的荣耀之光"。在中世纪的巅峰时期，但丁·阿利吉耶里（Dante Alighieri）想象过穿越"天堂"的旅程，这个天堂的光芒"在你眼前鲜活得轻颤"。当但丁将天堂的光芒凝练成诗句时，天堂之光已经透过教堂的石壁和玻璃发射出来了。在圣德尼教堂重修后近九百年的今天，这第一道哥特式的光芒仍然熠熠生辉。

圣德尼教堂里，是絮热院长赐予中世纪的光。走进门内，仰起头，睁大眼睛看个究竟。圣德尼教堂的面积只有巴黎圣母院的一半，后者以外观闻名，其内部却十分阴暗空洞。相比之下，圣德尼教堂以其大胆的设计，塑造了一种堪称永恒的光。如果把《创世记》1：3以某种方式雕刻在花岗岩上，这些石头将成为它的谕旨："要有光！"如果光可以由一支管弦乐队演奏出来，这将是它的序曲。这，就是第一座哥特式大教堂。我漫步在温暖的光下，目瞪口呆地看着闪闪发光的墙壁和两扇绿蓝红三色交织的巨大圆花窗。在一块玻璃板上是絮热的肖像，画中的他身着绿色长袍，眼睛注视上方，匍匐在圣母玛利亚的脚下。教堂中殿对面的石头上刻着絮热自己的话：

> 和明亮闪耀相映的，亦为明亮。
> 明亮着的，是这座在新光中保存下来的宏伟大厦。

让我们在这里驻足一会儿，研究一下光，看看当云层蔽日时，彩窗是如何变暗的，当天气晴朗时，彩窗又是如何突然闪耀起来的。每天早晨，朝东的窗户都会发出明亮的色彩，而反面的墙却仍然十分灰暗。待到午后，太阳好像被絮热变成了灯光开关，光芒又盈满了西边的窗户，让它们一直明亮到黄昏时分。当然了，光的恩惠也会降临到每个家庭，但在圣德尼教堂，它还会讲故事、画画、绘制出《圣经》的彩色画图本。来宾们神态谦卑，双手背在身后行走，低声交谈。这群人大多都是法国人，所以圣德尼教堂不大可能是他们参观过的第一座哥特式大教堂。但假如它是的话，想象一下从中世纪的泥泞和苦难中走进它的情形。为了生活在这样的光中，有什么允诺是你做不出的呢？沐浴在教堂的光辉中，你可能会疑惑是不是已经到了天堂，这一目标如此清晰，宛如光本身那样。尽管圣德尼教堂光芒四射，但很少有当代游客会因此匍匐在地，当场皈依的情况也很少发生。圣德尼教堂今天的光，仍同它在 1144 年那天典礼上透过窗户的光一样，但游客内心的光却被科学和怀疑主义驱散了。若想弄清楚中世纪的人是如何感受到而不是看到神光，就必须考虑到“光的形而上学”，它在充满信仰的这几个世纪里广为流传。

北欧阴沉的夏季和漫长的冬季让这里的阳光成了上帝的恩惠，但絮热却在最轻微的反光中看到了神性。这位修道院院长说，珠宝、黄金，甚至寻常的镜子都是神圣的，因为它们反射出了上帝的光。把寻常的光和神光联系起来的是一位哲学家，现代学者给他起了一个奇怪的名字——伪狄奥尼修斯（Pseudo-Dionysius）。这位六世纪的神秘主义者谎称自己就是《使徒行传》中在使徒保罗的劝导下皈依的那个狄奥尼修斯。实际上，伪狄奥尼修斯生活的时代比使徒保罗晚了几个世纪，但这中间的几个世纪正是所谓的黑暗时代，一切都迷失在混乱之中。到了 1100 年，絮热院长和一些法国人都相信，伪狄奥尼修斯与他们的守护神狄奥尼修斯/圣德尼是同一个人，这种误解让伪狄奥尼修斯得以塑造了中世纪的光。

伪狄奥尼修斯的著作中充斥着光，如“神光”“神圣之光”“第一份礼物和第一道光”。伪狄奥尼修斯认为，对摩西隐瞒了自己面孔的上帝也不愿意向世人展示他的全部光辉。相反，只有“唯一的光源”通过一切闪光、微光和亮光洒播他的光辉。“每一个生物，无论是有形的还是无形的，都是光之父洒下的光。”伪狄奥尼修斯在《天阶序论》（*The Celestial Hierarchy*）中写道：“这块石头或那块木头对我来说都是一种光……因为我察觉到了它的好与美。”如果说普通的物体都暗含着上帝，那么宝石和闪亮的金属则在高唱上帝的颂歌。伪狄奥尼修斯在与絮热对话时，写到了“黄金的无瑕光芒”和“白银的神圣光芒”。按照絮热的逻辑，既然光有召唤神的力量，教堂的窗户就要宽大，拱顶要高耸，珍宝要充裕。絮热把他的思想刻在了圣德尼教堂的一块石头上：“晦暗的心灵通过物质接近真理。”幸运的是，中世纪的建筑师学习了如何将尘世的材料塑造成光辉之门。

早在6世纪中叶，君士坦丁堡（今天的伊斯坦布尔）圣索非亚大教堂（Hagia Sophia）的建筑师就首次将天堂之光引到了室内。圣索非亚大教堂的穹顶高约200英尺，装有40扇窗户，光像剑一样穿过朦胧的室内。阳光透过其他几十扇窗户洒满了教堂的核心部分，但走廊和半圆形后殿仍然笼罩着阴影。在这一拜占庭式杰作之后的五个世纪里，清真寺和罗马式教堂都尽可能多地增加窗户，但这些窗户使墙壁变得不结实，增加了坍塌的风险。西班牙的圣地亚哥·德·孔波斯特拉主教座堂（Cathedral at Santiago de Compostela）始建于1075年，窗户面积只占墙壁面积的25%。但絮热院长想要更多的窗户、更多的光。

絮热与那些姓名不详的建筑师合作，在结构上进行了三项改进，哥特时代由此开始。肋骨穹顶上建造纵横交错的拱顶，将重力引导到相邻的柱子上。事实证明，哥特式尖拱顶比罗马式拱顶更坚固，可以把窗户拉伸，就像放在支架上一样。飞扶壁（flying buttresses）优雅的飞券围绕着圣德尼教堂的半圆形后殿，支撑着高耸的墙石，让拱顶筑得更高，让玻璃窗也可以充当墙壁。“这种结构，”历史学家亨利·亚当斯（Henry Adams）写道，“巧妙地处理了重力问题。”絮热也很欣赏这种结构。新教堂的唱诗席是一顶“光之冠”，“最明亮的窗户”占了圣德尼教堂墙壁面积的78%，赋予了光新的意义。

忽然间，神光不再受云的左右，每天都会出现。伊斯兰世界把光变成了哈里发和贵族的玩物，但中世纪的欧洲却把光带给了那些宏伟的石头建筑周围的每个人，这些建筑在法国北部一个接一个地拔地而起：鲁昂大教堂（Rouen，1145年）、桑利斯大教堂（Senlis，1153年）、巴黎圣母院（Notre-Dame de Paris，1163年）、斯特拉斯堡大教堂（Strasbourg，1176年）。絮热院长不是建筑师或圣人，也从未写过一篇神学论文，但他对一切发光之物的信仰为芸芸众生带来了崇高的光。

絮热院长的对手妒火中烧。“教堂四面都闪闪发光，而它的信徒却生活困难。”克莱尔沃的圣伯纳德这样描写圣德尼教堂，“教堂的石头是镀金的，而它的孩子们却衣不蔽体”。圣德尼教堂被祝圣后不久，圣伯纳德就下令禁止熙笃会修道院使用彩色或带图案的玻璃窗。絮热院长在回忆录中为圣德尼教堂做了辩解。“我们这些最可悲的人，”他写道，“应该认同，最神圣的遗骨……值得我们用最珍贵的材料去盛殓。”为了捍卫教堂里闪闪发光的珍宝，絮热院长援引了更神圣的存在——教堂里供奉的神圣的殉道者。“他们仿佛想通过自己的嘴告诉我们：‘不管你们是否希望，我们只想要最好的。’”

1150年秋天，当圣德尼教堂的中殿被改造成华丽的哥特式建筑时，絮热院长却感染了疟疾。圣诞节临近时，他已经到了临终时刻。他希望能活过这个节日的祈祷得到了上帝的回应，但他仍于1151年1月逝世了。此时，哥特式的光芒已经大获全胜。一位教士曾给这位修道院院长写信说：“在［你的］教堂里，你为自己画出了天堂和上帝。”其他信徒的悼念让他流芳至今。

除了路易七世和他的王后，1144年在圣德尼教堂举行的教士会议还吸引了来自法国和其他国家的17位主教。返程时，每位主教都计划装上彩色玻璃窗，让自己教堂的半圆形后殿也洒满光。整个12世纪，哥特式建筑逐渐兴起，不仅在法国，就连英格兰的威尔斯、林肯和索尔兹伯里也开始建造大教堂。随着时间的推移、技术的精进，彩色玻璃窗越来越亮，穹顶越来越高，絮热的圣光洒播四方。当时，被火烧毁的老教堂都会重建成哥特式。如坎特伯雷大教堂（Canterbury，1174年）、沙特尔大教堂（Chartres，1194年）、兰斯大教堂（Rheims，1211年）……今天的学者深信，中世纪北欧开采的石头比埃及建造金字塔用的石头还要多。这种建筑热潮发生在一个既非最好也非最坏的时代。尽管经济繁荣使欧洲人口数量翻了一倍，但人们的预期寿命仍只有45岁。大多数人的住所都是一间肮脏简陋的小屋，泥墙上可能只有一扇小窗，窗户上装的是乳白玻璃，常常紧闭着。大部分平民都是文盲，但牧师和农民同样可以接收光的信息。任何人都可以走进大教堂，去享受它的光辉。

中世纪从未使用过“哥特式”这个词，絮热院长称他的风格为“现代式”。到了文艺复兴时期，人们才开始采用“哥特式”这个词——用来侮辱野蛮的哥特人。宗教改革时期，这些哥特式大教堂被视为过度怪诞的典型。法国大革命中，它们被当成“去基督化”的靶子，以致巴黎圣母院和圣德尼教堂被暴力分子故意破坏。直到19世纪中叶，哥特式大教堂才再次受到推崇。维克多·雨果（Victor Hugo）称这些教堂是“石头的交响乐”。雕塑家奥古斯特·罗丹（Auguste Rodin）称这些建筑是“宏大的诗篇”，他怀着“强烈的喜悦”走过这里。如今，即使是怀疑论者，一旦走进兰斯大教堂或圣德尼教堂的光中，也会有超乎想象的感受。在拿破仑参观过沙特尔大教堂后两个世纪，他的观察仍是正确的：“沙特尔大教堂容不下无神论者。”即使在我们自己的这个时代，尽管每一个手持屏幕都会发光，但哥特式的光芒还是会让人想起絮热院长的理想——“让人们的思想发光，让他们通过尘世的光，走向天堂的光。”

修士们隐居在幽暗的修道院里，在只有一根蜡烛照明的小房间里冻得瑟瑟发抖，他们为光而活。每个黎明回归的光都会带来欢乐；白天倾泻而下的阳光给人以精神的慰藉，而它傍晚的离去甚至会使最虔诚的信徒都心悸颤抖，这时，月亮和星星可以提供些许慰藉。上帝一定在这片星光的某处，但只有黑夜褪去，人们的灵魂才能得到安宁。作为中世纪信仰的源泉，光提出了一些一千年来都未被问及的问题。光是纯粹的精神还是某种物质？正如伪狄奥尼修斯宣称的那样，所有光都是神圣的吗，还是说闪光和反光才是……光？这些问题的答案远远不止增加了相关的理论。在古希腊和阿拉伯研究的基础上，博学的修士将圣洁的光和世俗的光融合在一起，使光学研究摆脱了黑暗时代。比如，以伊本·海赛姆的拉丁语名字阿尔哈曾（Alhacen）翻译而来的著作，在刚刚建立的巴黎大学、牛津大学、博洛尼亚大学和萨拉曼卡大学得到广泛阅读。当然，海赛姆一直是一名穆斯林，尽管十字军东征仍在进行，但研究他的基督徒依然感到与其志同道合。整个 13 世纪，人们依然在通过《圣经》和凹、凸透镜来研究光。

1168 年，罗伯特·格罗斯泰斯特（Robert Grosseteste）出身于萨福克郡（Suffolk）一个贫苦的农民家庭，这里位于英格兰北海岸，是一片连绵的牧场。他从小就思维敏捷，长大后被牛津大学录取，后来又到巴黎深造，有可能在那时参观过圣德尼教堂。虽然现在只有研究光学或中世纪神学的学者知道他，但格罗斯泰斯特是他那个时代最出类拔萃的知识分子之一。格罗斯泰斯特学过音乐、天文学、占星学和亚里士多德学说，他的著作涉猎彗星、太阳、空气、真理和自由意志，但他尤其痴迷于光。“物理上的光，”他写道，“是世间所有存在实体中最好的、最赏心悦目的、最美丽的。”这位忧郁的、蓄着胡子的神职人员凝视着光，他看到的不仅仅是光线，更是智慧、灵魂乃至宇宙之源。

和海赛姆一样，格罗斯泰斯特晚年才开始研究光，也就是在 1235 年他成为林肯教区主教（Bishop of Lincoln）后，当时他已经 60 多岁。同絮热院长一样，格罗斯泰斯特主教相信上帝的光反映在人世间最微小的闪光中。和奥古斯丁一样，他对《圣经》中上帝说“要有光”到创造日月的那三天很感兴趣。在他的简论《论光》（*On Light*）中，格罗斯泰斯特称《创世记》的光是“第一个实体形态”。后来，米开朗琪罗（Michelangelo）在西斯廷教堂（Sistine Chapel）里把这第一道光画了出来，画中的上帝把波涛般的光从阴影中分离出来，但格罗斯泰斯特曾读过肯迪的理论——光向所有方向辐射，所以他认为，上帝的“要有光”这句话只不过是创造了一个光点，一盏宇宙的信号灯。被上帝创造出来以后，这个光点不断向外扩散，不是以圆锥体，而是以球体的形式。光的内核一直是紧密的，但它的外部更加“稀薄”，从而产生更大的球体，这些球体又继续扩大，“直到九大天体完全生成”。最高的球体很快生成了火，火的扩散又生成了空气；空气逐渐聚集，“其外部不断扩散，产生了水和土”。至此，上帝的第一道光便创造了万物。

如果说光创造了宇宙，那万物必然都是“某种形式的光”。直到 600 年后，苏格兰物理学家詹姆斯·克拉克·麦克斯韦（James Clerk Maxwell）证明光是一种电磁能。再过几十年之后，爱因斯坦将证明能量等同于物质。但在 1235 年，这位林肯教区主教的确有一些发现。格罗斯泰斯特甚至预言有一天，光不仅仅会射入大教堂，它还会被放大，所以“距离很远的东西看起来可能很近，距离很近的东西看起来会变小”。他做出这一预言不到 50 年，第一副眼镜就在威尼斯诞生了。那时，格罗斯泰斯特的陵墓正沐浴在林肯大教堂的光辉下。

格罗斯泰斯特的《论光》算是一本光学著作，但对中世纪的光学做出最大贡献的是牛津大学的另一位教师——罗吉尔·培根（Roger Bacon）。和格罗斯泰斯特一样，培根也是一位修士，他戴着头巾，蓄着胡须，一心想要解释自然界的奥秘。培根虽然学的是神学，但却被光所俘获，花了 20 年时间研究光学。他还“花了 2 000 多英镑购买禁书、进行各种实验、学习语言、购置数学表格绘制仪器，等等”。他的成果是《大著作》（*Opus Majus*），这是大部头书，如今被认为是现代科学的萌芽之作。1267 年，他只花了一年时间就写完了这部著作，其内容涉猎广泛，覆盖人类知识的各个领域，从神学到炼金术，从语言到伦理学，从数学到光学。关于光学，培根写道：“可能其他科学更实用，但它们的实用远没有光学如此新鲜、美妙。”在光中，培根看到了不同程度的正义。他说，直接的光类似于同上帝的直接接触。通过云层折射的光暗示着天使的领域，而由世俗物体反射的光则象征着普通人的信仰。

格罗斯泰斯特认为光是有形的物质，但罗吉尔·培根更愿意把光称为“一类物质……通过不同媒介扩散传播”。培根坚信，作为一类物质，光的速度必定是有限的，因为“就像没有线就不能有点一样，没有时间就不会有瞬间”。但光速肯定是无法捉摸的，“因为任何人都有过这样的经历，我们根本察觉不到光从东方照到西方的时间”。格罗斯泰斯特主教曾预言，光有一天会被放大；罗吉尔·培根则看得更远。培根歌颂“折射的视觉”，设想有一天，“我们能从一个远到不可思议的距离看清最小的字母，数清尘埃和沙粒……我们也可以让太阳、月亮和星星就像近在眼前，同样也可以让它们出现在敌人的头上，我们还可以制造许多类似的现象，而忽视真理的人可能会无法忍受这些”。

然而，这些奇迹还远没有到来。与此同时，许多更高大、更明亮、更梦幻的大教堂不断崛起：布尔戈斯大教堂（Burgos，1221年）、博韦主教堂（Beauvais，1226年）、科隆大教堂（Cologne，1248年）、奥尔良主教座堂（Orléans，1278年）。每个施工点都有几百名工人——石匠、木匠、铁匠、泥水匠、屋顶工——在木制脚手架上爬上爬下，或在污泥里埋头苦干。这些工人从日出辛苦到日落，运送巨石，给熔化的玻璃塑形，这一切都只为了捕捉光。每座大教堂都要花费几十年甚至几百年的时间来修建。当这些工人在为玻璃上色、起吊石块时，另一位有学问的修士正努力将不同路径的光融合到一起。

在那不勒斯的多明我会（Dominican order），托马斯·阿奎那被同窗称为“那头笨牛”。然而，笨重肥胖的阿奎那却给老师留下了深刻的印象。一位老师曾预言说：“这头笨牛将使他的哞叫传遍世界。”阿奎那出生于1225年，一生勤于求索。从巴黎到意大利再回到巴黎，他不断地学习、祈祷，并将自己的思想融进他的杰作《神学大全》(*Summa Theologica*)。这部融合了理性与宗教的开创性著作以辩论开篇：“反对理由2……对反对理由2的回复……与之相反……我认为……”阿奎那指出，理性可以证明上帝的存在、《圣经》中的真理甚至光的本质。在《神学大全》中，阿奎那总结了中世纪对神圣之光的研究，并提出疑问：

- 光是不是一种实体？
- 光是不是一种特性？
- 光真的是上帝在创世第一天创造出来的？

在判断光是一种实体还是特性这一问题上，阿奎那给出了三个理由，说明穿过哥特式大教堂的光不可能是单纯的物质：(1) 任何物体都不可能同时出现在两个地方，然而光在同一时间点无处不在。(2) 没有物体可以瞬间移动，然而“太阳从地平线上一升起，整个半球就从头到尾被照亮了”。(3) 所有物体都会随着时间的推移而衰变，但光却从未衰败。阿奎那由此得出结论：光是“一种活跃的特性，是由太阳或其他光体的实体形式所产生的”。阿奎那还发现，“在创世第一天制造光”是合适的，因为“如果没有光的存在，就不可能有日夜之分，因此光是在第一天被创造出来的”。

担心有人质疑光的神圣性，阿奎那驳倒了所有的怀疑论。他写道，在亚当和夏娃堕落之前，宇宙本身是纯粹的光，但在那之后周围光就变暗了，当耶稣复活时，光将照亮一个“水如水晶般晶莹，空气如天堂般清新，火如天堂之光般耀眼”的宇宙。在回应苦行修士对富丽堂皇的哥特式教堂的批评时，阿奎那指出：“要看到真正的上帝，就必须要创造光。”因此，每个大教堂里都要有黄金、珠宝和闪闪发光的窗户。

1274 年，托马斯·阿奎那在前往第二次里昂公会议（Second Council of Lyon）的途中去世。他没能到达仍在建设中的里昂大教堂（Lyon cathedral）。在下一个世纪之初，从瑞典到西班牙，成百上千的哥特式教堂照耀着忠实的信徒，但将这种炽热光芒照进中世纪人们心灵的却是一位诗人。

在这之前，哥特之光从未照在意大利的大教堂上。这里的教堂一般用砖而不是石头建造，窗户很少，而且多用透明玻璃而不是彩色玻璃。在意大利，天堂似乎遥不可及。14 世纪初，天堂终于出现在了诗人但丁的心里。

但丁出生于 1265 年，但这一年远不如他初见心爱的贝阿朵莉丝（Beatrice）的 1274 年重要。学者们怀疑他从未和这个 8 岁的小女孩说过话，但他却从未将她忘怀。贝阿朵莉丝死去的时候只有 20 多岁，那时的但丁已是佛罗伦萨一颗冉冉升起的政治新星。他抽出时间广泛阅读，从亚里士多德到阿奎那，从海赛姆到奥古斯丁。后来，在 1301 年的政治斗争中，他站错了队，被逐出了佛罗伦萨，再也未能回到这里。接下来的 20 年里，但丁在意大利漂泊着，想着贝阿朵莉丝，想着复仇，最后，想着天堂。他花了八年时间创作《神曲》（*Divine Comedy*），这首长诗描绘了他与贝阿朵莉丝及诗人维吉尔（Virgil）的想象之旅，下至地狱，上达天堂。

但丁从未踏足任何一座哥特式大教堂，但他了解中世纪物理学和形而上学中的光。学者们认为，这位诗人在他称为透视学的科学方面可谓博览群书。但丁的散文《飨宴》（*Convivia*）与罗吉尔·培根的光学研究不谋而合，《天堂篇》（*Paradiso*）则使人联想到海赛姆对“最弱的光”的探索：“在厚度上一定有一个限度，使光无法通过……”几行之后，贝阿朵莉丝提出了一项光学实验。拿出三面镜子，把其中两面放在与你距离相等的地方，第三面放得更远些，在前面放上一根蜡烛，“虽然最远的烛光/看起来小些，但你还是可以看到/它发出同等的亮光”。

但丁也了解光最基本的反射性质。在《炼狱篇》（*Purgatorio*）里的一个下午，他和维吉尔与他们眼中的太阳同行。但丁举起双手……

> 让那炫目的光芒不至于太刺眼。
> 一束光线从水面或镜面上
> 向相反方向跃起，
> 它下垂的角度与跃起的角度相等，
> 每一侧与垂直面的距离都相等，
> 正如科学和实验所证明的那样。

但丁把地狱想象成一个“每一盏灯都被灭掉”的地方，炼狱则黑得连影子都没有。在这些地方，但丁步履艰难地向上走着，直到他狂热的想象把他带到了天堂。在那里，他发现了可以与印度教的神祇克里希那和佛教的极乐世界媲美的光。

《天堂篇》从伊甸园开始，但丁和贝阿朵莉丝凝视着“世界之灯”——太阳。望着它的火焰，诗人开始了他辉耀的登天之旅。在天堂的第一层，但丁欣赏着月亮，然后突然发现自己置身于一片云中，那云“就像阳光照射下的钻石一样”闪闪发光。他继续上升到水星，在那里，两道光舞动着，“就像飞射的火花”。接下来，他到了金星，但丁和贝阿朵莉丝受到了光中之光的迎接，“就像在火花中看到火焰一样”。光旋转着，翻动着，迸出光芒。从这光芒中传来一个声音：“我们已经准备好听候您的差遣/以便您能从我们这里感受到喜悦。”随着这束光，他们又来到了太阳，在这里，但丁看到：

> 许多辉煌炫目的亮光
> 把我们围在中央，它们则变成王冠，
> 他们的声音比他们脸上的光彩还要甜美。

发光的王冠绕着诗人转了三圈，诗人才发现其中有圣徒和圣人的灵魂。其中，有哲学家伪狄奥尼修斯，他关于光的理论激发了哥特式大教堂的建造灵感，还有“那头笨牛”，他的《神学大全》勾勒出了但丁正在横越的九大天体。第二顶更亮的王冠出现了，接着，越来越多的光开始旋转。

但丁一层一层地往上走，天堂的光始终跟随着他，它们歌唱着，组成了一个闪闪发光的十字架。在第六层，也就是木星上，光甚至发出了一条信息：“一会儿是 D，一会儿是 I，一会儿是 L……”直到这道光的信息以拉丁文显现出来：“主宰地球的人，要心怀正义。”然后出现了一个发光的鹰头，带着但丁来到了土星，他在那里看到了一架梯子，“阳光照耀下，那金梯金光四射”。火焰沿着梯子落下来，“如此光辉，我以为天堂中所有闪耀的光/都是倾泻而下”。然后，一百颗太阳把但丁引到恒星上，他在那里看到“一千盏灯上的太阳”。圣彼得问他的信仰，圣詹姆斯问他的希望，圣约翰问他的爱，但丁很快就被天堂的光芒弄花了双眼。贝阿朵莉丝眼里的光帮他恢复了视力，“她眼中的光能照一千多英里远”。但丁从那里升到了被阿奎那称为宗动天（Primum Mobile）[①] 的星球，这里居住着天使。

> 我看见闪烁着一束光芒的光点，
> 它锐利到几乎灼伤眼睛，
> 必须闭上双眼加以抵挡。

正当但丁颤抖的时候，九个光环不断扩大，发出“和撒那”。当他上升到最后一层——最高天（Empyrean）时，天使之光在他周围突然出现，这就是阿奎那所说的“更高的天堂……无处不发光”，九个光环在这里消失，只留下一个亮点和发光的贝阿朵莉丝。被光芒环绕的但丁看到：

> 那光像河流一样流淌，
> 在两岸之间金色光辉倾泻而出，
> 那河岸亦点缀着春日的绚烂色彩。
> 从这河流中又迸发出鲜活的火花……

他意识到，那火花是天使。再往高处望去，他看见了一朵光彩夺目的玫瑰，震惊之情如同圣德尼大教堂的第一批访客。贝阿朵莉丝带着但丁走进那炫目的花中，也就是基督教的万神殿——圣母玛利亚、亚当、摩西，等等——在远处向他招手。最后，在他史诗般的旅程接近尾声时，但丁看到了摩西被拒绝看到的东西、那些大教堂只能模仿的东西——上帝的真面目。与《薄伽梵歌》中的阿朱那

① 天文学术语。西方古代天文学认为，在各种天体所居的各层天球之外，还有一层无天体的天球称为“宗动天”。——译者注

王子不同，但丁既没有颤抖，也没有怀疑。

> 这鲜活的光如此刺目，
> 我相信，要不是我移开了目光，
> 可能已经误入歧途了。

在天堂的顶端，尘世中关于光的所有争论——光来自眼睛还是物体，光是实体还是特性，光是无限还是有限——一点也不重要。但丁让中世纪的人相信，天堂里的光是包罗万象的、全能的、无所不知的。在这里，光塑造灵魂、让神圣不断重现。在这里，但丁的旅程结束了：

> 在这里，那高贵的想象失去了力量。
> 现在，我的意志和欲望像车轮一样旋转
> 运动，带着
> 推动太阳和所有星星的爱。

1321年，但丁完成《天堂篇》时，《地狱篇》（*Inferno*）和《炼狱篇》已经使他在意大利颇有名气。在创作这项杰作时，他搬到了拉韦纳（Ravenna），一座因闪闪发光的镶嵌壁画而出名的城市，十分适合他最后的想象。完成《天堂篇》几个月后，在一个闷热的夏日，他在去威尼斯的途中病倒了，最后在那年秋天去世。《天堂篇》于次年出版。在短短几十年的时间里，它就传遍了整个欧洲，通常是由崇拜者抄写的手稿。每一篇（canto）都有押韵的三连音，语言轻快活泼，都像这个词在意大利语中的意思一样——一首歌。这些歌很快就被记住了，并在每年的节日里被大声朗读。到了14世纪末，但丁的神圣之光——比哥特之光更便携，比建筑师的构想更普遍——可以与《圣经》媲美。

在《天堂篇》的第二十三篇中，但丁声称自己是“figurando il Paradiso”。不同的译文将其翻译成“展示天堂”“描绘天堂”“描写天堂”，还有一种完全是字面意思的翻译——“想象天堂”。然而，但丁并不仅仅是展示、描述或描写天堂。他像建筑师一样创造了天堂，将它的圣光化为了永恒之光。

如今，北欧宏伟的哥特式大教堂每年接待近 4 000 万游客，比美国前十大国家公园的游客人数加起来还要多。但丁的三部曲有几十个版本，包括有声书、电子书、漫画小说、电子游戏和 iPad 应用程序，销量都很好。《纽约客》（*New Yorker*）杂志在评论两个新译本时表示：“人们似乎对《神曲》念念不忘。”神光持久的吸引力不是用流明而是用希望来衡量。天堂及其光辉促使信徒们奋起，把困苦和怀疑抛诸脑后。中世纪的人们把这光放在最高的基座上。每座大教堂、每篇长诗的焦点都是光，这光也依然在与需要它的人们对话。这就是等待着我们探索的王国。这就是这个王国里的光。

# 第六章

# 光明与黑暗——画布上的明与暗

光是最初的画家。

——拉尔夫·瓦尔多·爱默生（Ralph Waldo Emerson）

每位画家都深谙光的重要性。正如眼光依赖于光，艺术眼光则需要掌握光。19世纪摄影术发明出来之前，正如列奥纳多·达·芬奇（Leonardo da Vinci）所言，只有绘画可以“忠实地描绘自然界一切可见的事物”。要想忠实地描绘物体，就需要细致地掌握光以及它微妙的阴影和无穷的色彩。即使在今天这个照相技术发达的时代，光也在嘲弄所有手拿画笔的人。早在小学，美术老师就教过透视、阴影和“光源”，有的学生能凭借天赋感受到这些，赢得老师的表扬；其余的学生或苦苦学习，或满不在乎，撑到下课。其实，前人花了好几个世纪才练就能在画布上捕捉光的眼光，而且这还需要一些技巧才能学会。

在一千多年的时间里，艺术家们并没有理解日常生活中的光。古希腊传说中有一位艺术家阿培里兹（Apelles），他画的葡萄逼真到引来鸟儿的啄食，但可惜没有一幅古希腊画作能够留世。埃及古墓的墙壁上有很多充满象征意义的神奇人物，但没有一个人会认为世界会是这样僵硬、虚幻的。到了拜占庭时代，人们开始用镶嵌壁画来捕捉光，但再小的石头也无法像真正的光那样精确地呈现出世界的模样。巧夺天工的镶嵌壁画能够描绘出衣物的褶皱、水的波光和人体最微小的阴影，但这种毫无变化的阴影所呈现的画面，就像儿童立体故事书一样。光从来不是如此简单的。

到了中世纪晚期，艺术家们又开始用绘画磨练自己的才能，他们更喜欢表示发光的拉丁词语“流明”，而不是表示光源本身的词“勒克斯”。无论是金箔上的反光还是湿壁画[①]上的湿灰泥，中世纪画作里的光都是经过过滤的，几乎没有阴影。要想巧妙地描绘光，就必须先看到它本身的微妙之处，但直到文艺复兴时期，艺术家们才开始欣赏这“最初的画家”是如何描绘世界的。

整个 15 世纪直到 16 世纪，文艺复兴的浪潮从意大利向北席卷到荷兰，几位艺术家让光在画布上有了新的化身，他们的技艺涵盖文艺复兴时期人们需要掌握的所有领域，不只是美术学，还包括几何学、化学、哲学、建筑学和光学。这些艺术家拥有不断进步的线性透视工具和相机般敏锐的眼光，他们把相片般真实的光变成了西方艺术里的独特元素。这些最早的光影大师包括一个四面楚歌的荷

① 湿壁画是指一种优秀的壁画画法，先用耐久的熟石灰颜料溶解于水，然后绘制在新粉刷的熟石灰泥壁上。——译者注

兰隐士，一个来自罗马底层街巷的杀人犯，以及一位有史以来最伟大的天才。

列奥纳多·达·芬奇并不是第一个把光的美定格到画布上的人；他只是把这些步骤整理成册。截至他出生的1452年，光的艺术已经发展了一个多世纪。14世纪初，意大利大师乔托（Giotto）就已经将早期的透视法和最初的写实风格与逆光结合起来，正如艺术史学家乔治·瓦萨里（Giorgio Vasari）所说，乔托变成了“大自然的出色模仿者，完全摒弃了粗糙的希腊风格”。继乔托栩栩如生的湿壁画之后的，是马萨乔（Masaccio）色彩较暗的《圣经》主题壁画和弗拉·安吉利科聚光灯似的《天使报喜》(*Annunciation*)。到了15世纪初期，艺术家们开始使用线性透视法作画。菲利普·布鲁内莱斯基（Filippo Brunelleschi）成功让观众的目光与远去的“灭点”（vanishing points）[1] 更好地契合，后来，他设计出了佛罗伦萨大教堂那高耸的穹顶。通过一幅画又一幅画，一位大师又一位大师，文艺复兴时期的艺术家们学会了如何深入地观察光。在达·芬奇出生前不久，艺术家们得到了他们的第一本指南。

尽管《论绘画》(*On Painting*）这本被广泛阅读的作品只提及了一位艺术家的名字——乔托，但它赞美绘画为一门“确实需要自由的思想和崇高的智慧”的艺术。“绘画，”莱昂·巴蒂斯塔·阿尔贝蒂（Leon Battista Alberti）写道，“具有一种真正神圣的力量。”为了驾驭这种力量，阿尔贝蒂建议：“画家们首先应该仔细研究光

① 指在灭点线性透视中，两条或多条代表平行线线条向远处地平线伸展直至聚合的那一点。画面中可有一个或多个灭点，这取决于构图的坐标位置和方向；所有的灭点可能都落在地平线上，或在画平面外的延伸线上。——译者注

和暗。”阿尔贝蒂本人并不是一个伟大的画家，至少与那些受他启发的人比起来是这样。阿尔贝蒂虽然自认为是一名工程师和建筑师，但其实也是一名文艺复兴时期技艺高超的艺术家，他写过诗歌、戏剧和艺术史，还涉足过数学和密码学。他极度自信且身材健壮，能驾驭野马，据说还可以不助跑直接越过一个人头顶。除了他设计的几座建筑外，阿尔贝蒂最令人难忘的就是他的“我的这部关于绘画的小书”。《论绘画》将亚里士多德和海赛姆的光学理论与文艺复兴时期的美学相结合，使捕捉光的艺术变得不再神秘。

《论绘画》的写作形式是“一个画家对众画家说的话”，从最简单的绘画步骤开始。“让我告诉你们我是如何作画的。首先，在我要画的物体表面，画一个长方形……”阿尔贝蒂采用了海赛姆的理论，即光线以重叠的棱锥形式充斥在空间中，其中一个棱锥与画家的目光相会，一个垂直面切过这个棱锥，从而出现了我们现在认为理所当然的视觉现象：阴影在与光源相对的一侧形成；平面物体上的光是均匀的，球体却有微妙的阴影；应该用最细的线条画出这个物体的界线。描述完这些之后，阿尔贝蒂转向了令最早研究光的学者感到费解的谜题——色彩。

后来的画家将会研究五彩缤纷的色轮（color wheel），而阿尔贝蒂的建议更为基础。他告诫人们首先要避免使用金色。镀金的基督和圣母玛利亚已经够多了，把佛罗伦萨的乌菲齐美术馆（Uffizi Gallery）变得像珠宝店一样闪闪发光。阿尔贝蒂建议，只有少数物体——如阳光、光晕、某些女性的头发——可以使用金色，而且应该通过颜料而不是华丽的金箔来呈现。一旦调色柔和起来，画家们就会发现：

> 色彩的和谐之美，当色彩搭配得当时，就会增加它们的美感。如果把红色放在蓝色和绿色之间，不仅能增加这两种颜色的美，还能增加它本身的美。白色给人以愉悦感，无论是放在灰色和黄色之间，还是与几乎任何颜色搭配在一起。但将深色放在浅色之间时，就会产生某种庄严感，同样，如果将浅色放在深色之间，也会有同样的奇效。

随后，阿尔贝蒂将注意力集中到黑色和白色上。只有白色才能传达出“最光洁的表面发出的最亮的光”，只有黑色才能描绘出“黑夜最深沉的阴影”，因为这两种颜色抓住了光的两种极端，“那些滥用白色和黑色的画家应该受到强烈谴责”。

阿尔贝蒂自信自己帮了画家们一个“忙”，在这部作品的最后，他要求画家们向他致以些许的敬意。任何受益于这本书的画家，都应该将他的肖像画在历史当中，“从而向后人宣布，我学习了这门艺术，铭记并感谢它的帮助。”我们不清楚是否有人真的为阿尔贝蒂作画以示敬意，但和但丁一样，他也用意大利语写作，以便所有懂拉丁语的人都能采纳他的建议。许多人的确采纳了他的建议，达·芬奇就是其中一个。

他的笔记里满是有趣的倒写体，里面还有棕黑色调的素描画，描绘的是运动中的世界：肌肉和骨骼，齿轮和杠杆，水的流动，马的腾跃，研磨镜片的发明，跨越河流，起飞……在达·芬奇《乌尔比诺手稿》（*Codex Urbinas*）里的所有发明中有一张草图，标志着光从木刻图形到栩栩如生的杰作的飞跃。在他1490年开始研究光之前，光的其他研究者只描绘过光的路径，它是平的、有角度的，就像某个机灵的小孩在某个空闲的下午拿直尺画出来的那样幼稚。

托勒密和海赛姆仿效了欧几里得的图形；罗吉尔·培根画出了类似于琴弦的光线。的确，光是沿着这样的角度传播的，但绝非如此简单。接下来，达·芬奇通过一幅画，不仅告诉了我们光是如何传播的，还向我们展示了出来。

在《乌尔比诺手稿》中，有一幅素描画描绘了一个被多个光源照射的球体。就像沿着弧线照射的轨道灯，七束光投下了七个阴影。球体后面是海赛姆和阿尔贝蒂想象过的棱锥，它们重叠在一起，彼此遮挡，就像欧几里得描述过但从未画出过的几何图形。球体本身则根据每个光源的角度，分成了不同层次，从白到灰再到黑。达·芬奇的画作融合了艺术家的优雅和几何学家的精确，证明了光从来都不是像黑夜或白天、勒克斯或流明、黑色或白色那样简单。达·芬奇的素描画就是光。

达·芬奇开始研究光学时，还不到 40 岁，才创作了不到 12 幅画。从早期的《天使报喜》到后来的圣母像，每幅画都描绘了比乔托、马萨乔或其他文艺复兴早期大师的作品更真实的光，但他的每幅作品都倾向以黑暗的基调展示世界。《基督受洗》（*The Baptism of Christ*）里的天空是一种怪异的紫色。《天使报喜》中圣母的蓝色长袍将她的脸色衬托得如同幽灵。后来，1490 年，达·芬奇在米兰发现了一个城堡图书馆，里面有培根、阿尔贝蒂和一位名叫维提罗（Witelo）的波兰修士的作品，其中，维提罗的著作《光学》（*Perspectiva*）使海赛姆大受欢迎。潜心研究过这些作品后，达·芬奇将光学称为“物理学的血液”，从此迷上了被他称为“光与暗”（原文为意大利语，意思是“光与暗”，后来被缩写成一个表示鲜明对比的艺术术语“chiaroscuro”，即明暗对比法）的透视法。整个 15 世纪 90 年代，达·芬奇都在以他显微镜般的眼光来研究光。

他的笔记本记录了他的发现，其中一页上，一个人的侧面被棱锥似的光线照亮，这些光线精确地落在他的下巴、鼻子和秃秃的脑袋上，达·芬奇写道，这就是“某些被照亮的部分比其他部分更亮的证明和理由”。在其他地方，光在斜面上投下灰色的椭圆形，在台阶上投下一个有角度的阴影。“除非表面的每个部分与发光体的距离相等，否则在截获阴影的表面上，阴影永远不会等深。”再往后，一件长袍从某个平台垂落到地板上，它的每一个褶皱都呈现出照片似的细节。“在绘画时你会注意到，有些阴影在层次和形式上是无法区分的。”达·芬奇的笔记本还描述了如何去画暴风雨、战斗情景、季节和夜景的素描。

达·芬奇在镜子里研究自己的眼睛时，首先注意到的是瞳孔在黑暗中是如何扩张、在接近蜡烛时又是如何收缩。他对天空的颜色进行了推测，认为天空的蓝色“不是它本身的颜色，而是水分蒸发成极小的、难以察觉的原子，太阳光又落在这些原子上造成的”。他把光比作“扔进水里的石头，从而成为许多圆圈的中心和源头”。1495 年，也就是他开始创作《最后的晚餐》（*The Last Supper*）的那一年，他将自己的理论倾注在了《绘画论》（*Treatise on Painting*）中。

达·芬奇对画家们提建议时犹如一位慈祥的老师。有几段话是这样说的：“画家啊”“你们这些模仿自然的人，要注意……”他觉得光线既可爱又令人费解：“看看光，想想它的美。眨眨眼睛再看：你看到的东西起初并不存在，而原来存在的东西此刻也不复存在。如果造物者不断死去，又是谁在重新制造这些东西?”达·芬奇看到了前人未曾看到过的光，他认为天空的颜色是有层次的，应该是“越靠下的地方就画得越亮”。黑衣服比白衣服吸收更多的光。阴影里存在神秘的世界。“当你在作品中刻画那些难辨的阴影时……不能把它们画得鲜明、清晰，否则你的画就会十分呆板。”

达·芬奇的《绘画论》改变了文艺复兴时期的画作。泛光灯下的画布、直射的太阳光和像在正午时分画出的肖像画已经不复存在。“画家啊，请找一个庭院，在阳光明媚的时候，把墙壁刷成黑色……或者装一个亚麻布遮阳棚；在傍晚或者阴天、雾天的时候画一幅肖像画——这时的光是最完美的。”穿红着蓝的圣人、灰色和绿色的风景也不复存在了。为了突出某种颜色，他建议把这个颜色与其反差色放在一起，因为“每一种颜色在与其反差色相比时，都比与之相似的颜色更清晰可辨”。达·芬奇用彩虹举例子。

虽然他很欣赏布鲁内莱斯基的线性透视法，但达·芬奇发现深度不仅仅取决于向灭点汇聚的线条，画家应该通过淡化远处的颜色来加强透视，就像光线会被大气削弱一样。距离会降低物体的清晰度，因此在画远方的物体时应该将其模糊处理。达·芬奇最重要的美术课涉及一个由阿尔贝蒂发现的现象。阿尔贝蒂写道，在柔和的光线下，“颜色也像烟雾一样逐渐消融”。达·芬奇使用同样的比喻，完善了晕涂法（sfumato），在意大利语中，这个词的意思是“柔化”或“混合”。

在研究光学之前，达·芬奇笔下的人物背景都是深色的，这使他的作品不会像镶嵌壁画和其他中世纪艺术那样，轮廓通常十分幼稚。1495年之后，他把自己学到的所有关于光的知识都融入了画作中。在《最后的晚餐》里，他把耶稣和犹大放在背光的窗前，《蒙娜丽莎》和其他人物也同样天衣无缝地融入了采用晕涂法绘制的背景中。为了达到这种效果，达·芬奇的每幅画都会涂上一层薄薄的上光油，这层上光油由柏木油和杜松油混制，并掺有深色颗粒。达·芬奇的琥珀色上光油模糊了画中所有的轮廓，使他能够“画出烟灰色的轮廓，而不会显得尖锐、生硬”。这就是光描摹世界的方式——既不呆板，也非金色，而是柔和、微妙、朦胧的。

达·芬奇曾计划出版他的《绘画论》，但就像学者们长期以来感叹的，他很难把什么事情做完。“告诉我，”他常常写道，“我是否做完过任何东西。”虽然这本书从未写完，但他的理论似乎已经像烟雾一样传播开了。整个16世纪，他的理论出现在众多手抄笔记和零散手稿中，文艺复兴艺术的“公关人”乔治·瓦萨里对达·芬奇的笔记给予了高度评价：“无论谁读了达·芬奇的这些笔记，都会惊叹于这个神圣灵魂对艺术、人体肌肉、神经和静脉的见地，以及他在所有事情上的那份勤勉。”从文艺复兴的鼎盛时期到印象派的萌芽时期，艺术家们一直遵循着达·芬奇“关于光的基本规律”。当然，也有艺术家打破了这些规则。

他的名字是米开朗琪罗·梅里西（Michelangelo Merisi），但因为意大利已经有了一位著名的米开朗琪罗——米开朗琪罗·博那罗蒂（Michelangelo Buonarroti），梅里西用他的故乡“卡拉瓦乔”作为自己的名字。在叛逆、暴力的少年时期，卡拉瓦乔被送到了繁华热闹的米兰，1584年，进入了当地的一所艺术学院。在那里，他读了瓦萨里所著的《达·芬奇传》，看到了《最后的晚餐》，也许还读了他的《绘画论》。卡拉瓦乔还研究了一位鲜为人知的艺术家，他在失明后才开始写作。对乔瓦尼·保罗·洛马佐（Giovanni Paolo Lomazzo）来说，光是“神圣思想的化身”，也是一个谜，“它在画作中具有如此巨大的力量，（在我看来）它是画作的全部魅力所在”。洛马佐并不建议画家将自然光调暗或在黄昏时分作画，相反，他建议在模特的正上方放一盏灯，以创造出像“太阳升起时，阳光在海面上跃动时产生的光线”。想象力丰富的达·芬奇寻求的是一种如同某个温暖惬意的下午照耀的光，而失明的洛马佐则更喜欢刺破黑夜的光。当卡拉瓦乔离开米兰前往罗马时，这位多变的年轻人已经很熟悉黑暗了。

到罗马后不久，卡拉瓦乔这个名字就开始在艺术赞助人中传开了，同时也出现在警察的记录本上。他经常大摇大摆地走在大街上，头发蓬乱，蓄着山羊胡须，随时紧握着刀剑。有谣言说卡拉瓦乔曾在监狱里待过一年，原因是他砍伤了一个妓女。他经常因为与人决斗而被捕，这种罪行在16世纪末的罗马相当多发。这座城市的建筑业欣欣向荣，遍及几十座别墅、教堂和宫殿。与此同时，周围的乡村却混乱不堪，农场无人打理，农场主因教皇的征税而破产，这是为了给最宏伟的建筑项目——圣彼得教堂筹款。乞丐、流氓和盗贼在罗马的街道上流窜。在各种描述里，卡拉瓦乔都是身材矮小、相貌平平、猥琐下流而才华横溢，在罗马他如鱼得水，简直把这里变成了自己的舞台和罪恶之巢。有时兴致来了，他就画画。

艺术史学家们仍然在为卡拉瓦乔每幅作品中的隐喻而争论不休。他充满了漆黑阴影和刺眼光线的画作，能否与他的犯罪名声相比？“那些喜欢卡拉瓦乔的，”传记作家霍华德·希伯德（Howard Hibbard）写道，“绝对不会相信他画中的明暗对比只是一种技术手段。”传记作家彼得·罗伯（Peter Robb）补充道：“他在提醒人们，世界的光明和黑暗也是人心灵的光明和黑暗。”大家都同意的一点是，在他之前，没有一位艺术家为光注入过如此毫不掩饰的力量。达·芬奇曾告诫人们不要画“过多的光明……过多的黑暗”，但卡拉瓦乔对这种审慎不屑一顾。从他现存最早的作品《削水果的男孩》（*Boy Peeling Fruit*）中，他的胆量就可见一斑。画中的男孩是一个街头顽童——卡拉瓦乔经常用这样的人物当模特，他沐浴在向下照射的光里，光照亮了他的白衬衫，让黑色的背景显得十分浓烈。画完《削水果的男孩》之后，卡拉瓦乔短暂地驯服了光。但到了 1600 年，他开始在一个黑暗的画室里作画，画室的四壁都是黑色的，唯一的光来自窗户，而他站在画架前的阴影里，既真实又虚幻。

在卡拉瓦乔短短 20 年的绘画生涯中，他以半男半女的男孩、受伤害的妇女和以往只在小巷中上演的暴力场面震惊了大众。《圣经》中的朱迪斯（Judith）手持荷罗孚尼（Holofernes）的头颅是常见的绘画主题，但卡拉瓦乔描绘的则是朱迪斯将荷罗孚尼斩首时的样子。《圣经》里的亚伯拉罕差点杀掉艾萨克（Isaac），而在卡拉瓦乔的画里，闪亮的刀刃离男孩裸露的喉咙只有几英寸的距离。即使是画一个小意外，比如《被蜥蜴咬中的男孩》（*Boy Bitten by a Lizard*），卡拉瓦乔也证明了自己是一位善于用光的大师，他画中的光如此明亮，以至于感到刺眼。在这个痛苦地皱着脸的男孩旁边，立着一个花瓶，这个花瓶的玻璃上闪耀着接下来两个世纪里西方绘画的光芒。

达·芬奇知道光泽的作用，知道闪烁的光“总是比单纯的光更有力量”，他更喜欢让光线柔和地落在衣服和脸上，而卡拉瓦乔则在展示着——有些人可能会说是“炫耀”着——将水果变得充满光泽、花瓶变得金光闪闪。在《被蜥蜴咬中的男孩》中，卡拉瓦乔画了一个花瓶，它的每一道反光、表面上的每一个液滴都如此清晰闪亮，就好像是被太阳画出来的。从来没有人把光描绘得如此虔诚、如此细致。絮热院长曾在圣德尼大教堂“最明亮的窗户”中看见过上帝，但卡拉瓦乔的光源就不那么神圣了。

每画完一幅画，卡拉瓦乔就走上街头，酗酒、嫖娼、打架。一旦回到画室，他的画像，就像奥斯卡·王尔德（Oscar Wilde）的《道林·格雷的画像》（*Dorian Gray*）一样，反映出他黑暗的灵魂。尽管他的名字越来越频繁地出现在警方的记录本上，但他高超的绘画技艺仍令人惊叹。那喀索斯（Narcissus）在池水里的倒影晶莹剔透，抓走耶稣的士兵身上的盔甲闪闪发亮，凝视着召唤圣马太（St. Matthew）的圣光的脸庞神采奕奕，这些杰作把“明暗对比”变成了西方画像的固定元素。

1605年，卡拉瓦乔的财产被没收，用以偿还拖欠的租金。他的名声也传到了北欧，“一个叫迈克尔·安吉洛·范·卡拉瓦乔（Michael Angelo van Caravaggio）的人正在罗马做着了不起的事，”阿姆斯特丹的一位艺术评论家写道，“他的杰作已经获得了很高的声誉、荣誉和知名度……为我们的年轻艺术家们树立了榜样”。在罗马，被称为卡拉瓦乔画派（Caravaggisti）的几位荷兰画家已经在竞相描绘光。但很快，另一条来自罗马的消息使他们偶像的光环蒙上了阴影，“画家卡拉瓦乔受了重伤，逃离了罗马，他在周日晚上的打斗中又杀死了一个激怒他的人”。

这场打斗的缘由是赌债。在一群流氓的包围中，卡拉瓦乔亮出他的剑砍倒了一个人，对方另一把剑砍中了他的头部。处理完头上的伤口，他就逃离了这座城市。接下来的四年里他一直流亡在外，在逃避法律制裁的同时也没有放弃作画，据说，教皇还悬赏要他的人头。1610年，因患疟疾，卡拉瓦乔孤独地死在了托斯卡纳的海滩上。他的画作在罗马又流行了十年就声名狼藉。所幸，此时荷兰的卡拉瓦乔画派已经把他的艺术风格带回了家乡，在那里，画家把光描绘得如此精确，人们至今还感到敬畏和不可思议。

2000 年 2 月，在他洛杉矶的工作室里，英国艺术家大卫·霍克尼（David Hockney）把欧洲大画家作品的复制品依次钉在墙上，包括：乔托，马萨乔，凡·爱克（Van Eyck），达·芬奇，卡拉瓦乔，鲁本斯（Rubens），弗美尔。钉完后，霍克尼的这座“长城”竟长达 70 英尺，跨越了过去 500 年的艺术史。在开始下一步之前，霍克尼得出了一个有争议的结论：15 世纪的西方艺术发生了一些变化，霍克尼称之为“光学视觉”。

霍克尼断言，荷兰艺术家自 15 世纪 30 年代起就开始利用光来复制光。从中国墨家开始，所有文明都发现，光线在穿过小孔时，会在墙上投射出一个完美的、倒立的像。海赛姆依据此原理发明了暗箱，这一光学奇迹在 15 世纪的荷兰广为流传。在荷兰，镜片研磨工人让眼镜变得十分普遍，最终还发明出了望远镜和显微镜。大卫·霍克尼认为，荷兰艺术家肯定是用透镜将光线投射到画布上，好描画出它的复杂精细。为了深入探究，霍克尼研究了光学史和西方艺术史。他注意到，在短短一代人的时间里，马萨乔画中的模糊衣物就变成了凡·爱克作品中金银细线装饰的服装，他想知道艺术家们是如何如此迅速地学会用透视法来画鲁特琴和小提琴，或是以肉眼无法察觉的方式模糊处理花纹的。难道不是大多数艺术家都有镜子和透镜吗？他们甚至把它们画进了画里。为什么“光学视觉”只在欧洲生根发芽呢？中国或印度的艺术家们肯定也有类似的想法——除非是他们的透镜无法与欧洲相比。

霍克尼咨询了艺术史学家、光学专家和艺术家同行，一些人对此十分好奇，另一些则深感震惊。大卫·霍克尼怎么敢说弗美尔和卡拉瓦乔这样的艺术家“作弊”，尽管他本身是一位出色的艺术家？在博物馆观众面前，霍克尼用论文和幻灯片捍卫自己的观点。2006

年，在插图丰富的《隐秘的知识：重新发现西方绘画大师的失传技艺》(*Secret Knowledge*：*Rediscovering the Lost Technique of the Old Masters*）一书中，他证明了自己的观点。霍克尼就像一个达尔文进化论的捍卫者，他把诸多画作依次排序，展示了从文艺复兴早期到巴洛克晚期艺术家的巨大飞跃。在15世纪的画作中，盔甲发出微微的光芒，而在一个世纪后，画作就像数码相机一样可以捕捉到光。早期画作里的蕾丝领是暗淡模糊的，但看看弗兰斯·哈尔斯（Franz Hals）所画的某个类似的领子，他没有做过任何研究，也没有利用素描，却画得如此明亮、完美。至于卡拉瓦乔的明暗对比法，他一定是把暗箱捕捉到的亮光和阴影都画上了而已。

霍克尼的理论并不新鲜。长期以来，艺术史学家一直怀疑某些艺术家使用光学辅助设备作画，卡纳莱托（Canaletto）明信片般的威尼斯风景画使他成为头一个被怀疑的人，另一位是约翰内斯·弗美尔，在他的肖像画里，透过窗户洒下的光就像蕾丝。有人指责弗美尔把他的画室变成了一个巨大的暗箱，让整个场景映在画布上，从而创作出《代尔夫特的风景》(*View of Delft*)。另一些人则分析了弗美尔有多少幅画是在同一个房间里同样的光线下画出来的。2000年，牛津大学教授菲利普·斯特德曼（Philip Steadman）制作了弗美尔画室的实体模型，还原了弗美尔所有的视觉幻象。“暗箱充当了弗美尔的构图机器，”斯特德曼写道，“弗美尔会研究暗箱中的图像、物体的形状和阴影，以及物体之间的负空间；通过移动物体本身来调整构图……他的构图绝不是随意的快照。”其他学者则不这么想，他们认为弗美尔是“一位错觉大师，不论是从他通过错觉描绘的场景还是从他实际感知的光学现象来看，都是如此”。

达·芬奇曾经摆弄过一个暗箱，但并没有使用。“对于那些没了暗箱就不知道怎么画画的人来说，这样的发明是应该受到谴责的。”研究达·芬奇的学者马丁·肯普（Martin Kemp）虽然协助了大卫·霍克尼的研究，但仍持怀疑态度，他写道，艺术家使用暗箱的书面证据“几乎完全缺乏”。视觉证据虽然很有意思，但“往往是不确定的”。随着争论的继续，霍克尼坚称他没有指控任何人作弊。他推测艺术家使用光学设备“不是为了贬低他们的成就。在我看来，这让他们的画作更令人惊叹”。作为一个终身热爱画作及其创作的人，霍克尼“只是说，艺术家们曾经知道如何使用工具，而这种技巧现在已经失传了”。

在他们捕捉每一个亮点和闪光的过程中，一些画家是否利用了光本身的绝技？这一点我们可能永远无法确定，但这一争论模糊了艺术和模仿之间的界限。即使有聚光灯的帮助，暗箱也不会按照卡拉瓦乔的心意给水果打上高光。透镜可以投射图像，但不能精确调配色彩。从凡·爱克的早期画作到弗美尔鼎盛时期的作品，霍克尼所谓的“光学视觉”的演变需要的不仅仅是设备，艺术家可以将光线投射到画布上，描绘其错综复杂的细节，直到完成最后的纹章，但只有大师的眼光才能捕捉到光的细节、力量和灵魂。

没有人曾指责伦勃朗使用过暗箱，但当全世界在他的画作前向后退，好充分欣赏时，一些疑虑就浮出了水面。那光，那金色的、飘渺的、闪烁的光——这背后肯定有什么花招。没有人的眼睛能如此敏锐，没有人的画笔能如此熟练地创造出如此生动的画面。这种猜测始于伦勃朗去世后不久的1669年，一直持续到21世纪：伦勃朗一定在画作里加入了纯金；他一定是用了特殊的黏合剂；他的上光油一定是过期了，所以才把阴影变得更暗，把亮处变得更亮；还有他的颜料，也许……

从 20 世纪 60 年代起，学者们就开始利用光来研究伦勃朗的作品。位于荷兰的伦勃朗研究项目用 X 光照射了大约 250 幅画作，结果只能显示，伦勃朗是从后往前画的，从阴影开始画起，最后才画发光的人物。热敏感的红外线检测到颜料下面有木炭画痕。再一次，没有任何可疑的地方。人们运用气相色谱法分析伦勃朗的颜料，其释放出的光谱能揭示颜料的化学成分。伦勃朗所用的是特殊黏合剂？是亚麻籽油，有时会加入蛋黄增稠。他的画里不含黄金，他的上光油里也没有发现异常的增黑剂。要说有什么技巧，那也许就是艺术家的眼光。

伦勃朗从他众多的自画像里凝视着我们。年轻时的大笑，妻子萨斯基亚（Saskia）坐在他膝上时快乐地笑，最后他渐渐老去，懊悔不已，眼神中展现的不过是一个艺术家的自我。比伦勃朗自己的眼神更能揭示一切的是他其他肖像画中的眼睛。他的特写画不仅画出了所有艺术家都能画出的明亮瞳孔，还绘出了眼睑下微妙的米色和眼睛本身的水光。如此敏锐的观察力，对光具有如此的天赋，背后肯定存在某种秘密。

对伦勃朗秘密的探索始于他裹住自己生命的裹尸布。他没有写过什么艺术家宣言，他的宗教信仰仍然饱受争议，他从没去过自己出生地 60 英里外的地方，去世后只留下了几封书信。他的绘画技巧虽然已经被全面分析过，但从未被复制。伦勃朗早年间就展现出了绘画天赋，从而说服了他的父亲——一个磨坊主，让他离开莱顿大学（University of Leiden）去阿姆斯特丹的艺术学校学习绘画。在那里，一位刚从罗马归来的老师教会了伦勃朗明暗对比法。伦勃朗最早的画作里满是“卡拉瓦乔画派”式的黑色背景和发光人物，他还会自己增强其余的光。这位 20 岁的画家回到莱顿，开了一间画室，画一些没有什么特别光彩的肖像画和圣经画。直到 1629 年，伦勃朗在他阴暗的画室里作画时，才迷恋上了光。

在接下来的十年里，这种迷恋变成了痴迷。1629 年的《悔改的犹大归还银器》(*Judas Repentant*, *Returning the Pieces of Silver*) 中首次出现了一块金光闪闪的护胸甲，很快就成了伦勃朗的标志。1631 年的《监狱中的圣彼得》(*St. Peter in Prison*) 用世俗的光芒来装扮这位年迈的圣徒，以此嘲弄任何有关神圣的暗示。还有许多肖像，他们温暖的脸庞从一侧被照亮，这种风格现在被称为“伦勃朗式用光”(Rembrandt lighting)，它为伦勃朗赢得了稳定的收入和日益提高的声誉。许多人注意到了这种风格，其中一个就是康斯坦丁・惠更斯（Constantin Huygens）——一位腰缠万贯的外交官，他的儿子克里斯蒂安（Christiaan）[①] 后来提出了光的波动学说。老惠更斯也是伽利略和笛卡尔的朋友，他获得了伦勃朗的委托，从他那儿购买了几幅作品。那时，伦勃朗住在阿姆斯特丹，住在至今仍以他的名字命名的房子里。为了探寻他的秘密，我去参观了那栋房子。

每年约有 20 万游客来参观伦勃朗故居。这所俯瞰运河的雅致房子里只有一幅伦勃朗的真迹，但它的各个房间却像栩栩如生的油画。柔和的灯光洒满厨房、客厅尤其是楼上的画室。在这里，画家埃里克・阿米蒂奇（Eric Armitage）向一小群人介绍伦勃朗的绘画过程。阿米蒂奇的介绍从混合颜料开始，这是 19 世纪 40 年代管状

---

① 克里斯蒂安・惠更斯，荷兰物理学家、天文学家、数学家，他是介于伽利略与牛顿之间一位重要的物理学先驱，是历史上最著名的物理学家之一，他对力学的发展和光学的研究都有杰出的贡献，在数学和天文学方面也有卓越的成就，是近代自然科学的一位重要开拓者。——译者注

颜料发明之前艺术家们每天都要上演的化学实验。一勺粉末状颜料，一点亚麻籽油，搅拌，把这黏稠物倒在石头上，用另一块石头捣碎，刮，捣，刮，捣。最后，阿米蒂奇用油灰刀把颜料刮进猪膀胱里。

接下来要准备的是画布，或者是油画板，伦勃朗会刷上一层胶底。等待胶底变干的这段时间里，他会调整光线。阿米蒂奇解释说，因为伦勃朗画室的窗户朝北，太阳从画室后方经过，一天中对周围的光线几乎没什么影响。为了营造合适的氛围，伦勃朗可能会关上百叶窗，但阿米蒂奇展示了另一种技巧——把一块帆布钉在天花板上，挡住角窗。模特在这样的光线下摆好姿势，伦勃朗可以将细节处理得完美无瑕。光线就绪后，画家的眼睛就开始工作了。X射线结果显示，伦勃朗从隐蔽处开始画起，把棕色和赭色颜料涂上四分之一英寸厚，然后从猪膀胱里蘸取颜料，加上阴影和亮光，努力创造出这样一种光——当人们从远处看这幅画时，就像从远处看真实的世界一样。“大人，”他在给康斯坦丁·惠更斯的信中写道，“把这幅画挂在强光下，站在远处欣赏，那样它的光会是最美的。”

历史学家西蒙·沙玛（Simon Schama）注意到了伦勃朗对达·芬奇和阿尔贝蒂的蔑视，这些文艺复兴时期的大师曾提出，柔和的颜色使物体看起来更遥远，但在“一次大胆的尝试中，伦勃朗将最精彩的部分放在了后面，这样一来，［《参孙与黛利拉》(*Samson Betrayed by Delilah*）中的］黛利拉看起来就像正从背后令人眼花缭乱的屠杀画面逃离”。一位评论家写道，伦勃朗是“他自己的太阳神”，最能体现这位神的力量的，莫过于存放在距离他的居所一英里远的六幅油画。

在这座有名的荷兰国立博物馆（Rijksmuseum）里，是声音而不是光吸引着我走向伦勃朗最著名的作品。周围的房间里满是叽叽喳喳的声音，回荡在通往《夜巡》（*The Night Watch*）的走廊上。游客们先是听到噪声，然后眼睛越过柱廊看到这幅画，迅速走过伦勃朗的其他作品和几幅弗美尔的画作，挤入《夜巡》跟前的人群中。游客们站在十排开外的地方，一边窃窃私语一边呆呆地看着。老师用荷兰语、德语或法语解释这幅画为什么会吸引这么多人，学生们拖着步子往前走，又是指点，又是摇头。

《夜巡》如此受欢迎只是因为名气大吗？这张巨幅画作描绘了阴影和聚光灯下的荷兰民兵，无疑有着《蒙娜丽莎》般的名气，然而那些排着队、随着好奇的人群一点一点往前挪动的人，绝不仅仅是被这幅画的名气吸引过来的。衣着华丽的人物，站在他身边的金色小女孩，光影之间各式各样的脸，所有这些结合在一起，创造出一种像人物姿态一样自然的光。仔细研究一下，你会发现惊喜——这个小女孩的脸和伦勃朗挚爱的萨斯基亚一模一样。一条狗潜伏在阴影里。在这群人背后，戴着一顶布帽回头看的是伦勃朗本人。他站在整个画面的阴影最深处。在熙熙攘攘的画廊里，仰慕者们彼此推搡向前，高高地举着相机。这些摄影师可以轻易从网上下载到更高分辨率的图像，但那不会是他们的伦勃朗，不会是他们自己的作品。观众们站在《夜巡》前面，见证着伦勃朗的高超技艺。然而，他们对伦勃朗所知甚少，只知道他人生中辉煌的那一年，那时，他初为人父，是一个深情的丈夫，正是才情横溢的时候，他混合颜料，抬起忧郁的双眼，完美地画出了光的肖像。

《夜巡》创作于伦勃朗事业的巅峰时期，同时他的事业也处于绝境。截至 1642 年，他和萨斯基亚已有三个孩子夭折，他的母亲和她的姐姐也死去了。然后，《夜巡》完成后不到几周，萨斯基亚死于肺结核。与卡拉瓦乔不同，伦勃朗没有让死亡给他的画作蒙上阴影。相反，他转向了素描和蚀刻画，虽然最初色彩灰暗，但逐渐开始捕捉阳光下斑驳的树影、蜡烛的球形光芒，以及倾泻在窗户上的棱锥形光芒。到了17世纪50年代，他自画像里那个曾洋溢着自信和骄傲的人变得忧郁不堪。萨斯基亚的遗嘱导致伦勃朗破产，他不得不画更多的画。现在，他画中的人物——圣人和门徒，他唯一幸存的儿子，阿姆斯特丹的精英们——像他生命的余烬一样熠熠生辉。

伦勃朗最后的几幅作品与悲情毫不相关，展现的是明亮的肌肤和华丽的服装。为了以示敬意，我离开了《夜巡》，走到最近的一个壁龛，那里挂着一幅同样不可思议的作品，但几乎无人问津。《犹太新娘》（*The Jewish Bride*）描绘了一个站在丈夫身边的娴静女人，她丈夫的一只手放在她的胸前，丈夫的袖子是层层叠叠的黄色和金色，闪耀着一切创造的光。正是这光让梵高（van Gogh）停下了脚步，盯着《犹太新娘》看了一个小时后，梵高对一个朋友说："如果能让我在这幅画前连续坐上两个星期，只需要一块干面包充饥即可，我愿为此付出10年的生命。"

伦勃朗最后的四幅画里有三幅是自画像，每一幅里的眼睛都闪耀着挺过困难的光辉。光就是伦勃朗追求了40多年的圣杯，在他最后的自画像中，那双疲惫但骄傲的眼睛反映了人类追求这一幻想所付出的代价。同时，它们还说明，无论这个世界的光辉多么美丽，无论达·芬奇、卡拉瓦乔甚至伦勃朗的作品里的光多么闪耀，光总是转瞬即逝、如此短暂。生活本身就是一场恶作剧。

# 第七章

## “与我一起探究光的真相”——科学革命与百年天光

光之子们啊，请让最善言的说给我听。

——约翰·弥尔顿，《失乐园》(*Paradise Lost*)

1629年春天某个琥珀色的下午，古罗马遗址上方的天空上出现了五道光。太阳的位置一如往常，可它的两边各闪耀着一道彩光。在这三道光之上，还有两道更柔和的光芒在闪耀，就像三重冕[①]上的两颗宝石。从博尔盖塞别墅（Villa Borghese）的山坡上望去，圣彼得大教堂的新穹顶沐浴在阳光之下，从古罗马广场遗址（Roman Forum）望去，这五道光笼罩着古代的门廊和柱子。在梵

---

① 指教宗宝冠，象征教宗的职权，俗称三重冕，由一个尖顶、三重皇冠和两条飘带组成。——译者注

蒂冈，这情景让一些牧师情不自禁地跪倒在地，另一些人则不寒而栗，认为这异象昭示着接下来的五年将充满灾难。商人们从铺子里走出来凝望，孩子们则惊讶地指着天空。这五道光闪耀了一个小时，随即褪去，只剩下太阳原本的那道光。九个月后，在1月里某个寒冷的日子，罗马这座永恒之城[①]上空又出现了一顶"光冠"。这次有七道光。

罗马的太阳奇观出现在一个璀璨的天文学时代。百年的天光始于1572年11月的一个夜晚，当夜，有一颗新星出现在W形的仙后座附近。一百年后，当夜幕降临，欧洲的城市开始在街道上悬挂灯笼时，这个时代就结束了。这中间的一百年是一个"非凡的时代"，一个充满了彗星、超新星（supernovae）和其他"星际使者"[②] 的世纪。它既是宗教战争的一百年，也是重整欧洲、恢复和平的一百年。这一百年里，炼金术与化学互争雄长；天文学家一边推开天堂的大门，一边又施展占星术；人们第一次知道体内的血液在循环，但病人仍被放血[③]，直至昏厥。这是一个发现的世纪，也是一个教皇法令下的异端审判、猎巫[④]和无知的世纪。也是在这个世纪，现代科学在光的催化下诞生了。

每天傍晚，光的离去仍让人们心生恐惧。黄昏降临，"家家闭户"。此时，许多城墙高筑的城市都紧闭上了大门和窗户，所有人

---

① 指罗马，古罗马帝国的发祥地，因建城历史悠久而被昵称为"永恒之城"。——译者注

② 出自伽利略的著作《星际使者》(*Starry Messenger*)，是伽利略记录和报告第一批望远镜天文观测的文章。——译者注

③ 在现代医学昌明之前，放血疗法一直是西方流行的治疗方法。——译者注

④ 文艺复兴时期，天主教会长老们担忧邪恶的巫术将泛滥成灾，数世纪里，西欧各地都在血腥屠杀所谓女巫。——译者注

都匆匆赶回家去。当黑夜来临，鹅卵石街道上到处流窜着小偷、疯子和杀人犯。“夜幕降临了，”一位僧侣悲叹道，“世界被笼罩在可怕的黑暗之中。”意大利有句警示谚语：“晚上出门无异于找揍。”每一次日出都揭示了黑夜的残酷代价：路边又有一具被棍棒打死的尸体，河里又有一具浮肿的尸体。黑夜的幸存者们感谢光，感谢这永恒的祝福。但随着探究逐渐深入，光很快就超越了祝福这一范畴，成了时代的奇迹。

1572 年的“新星”并不算什么新鲜事，我们现在所称的超新星，也就是“爆发星”，早在公元 185 年就被中国人观测到了，此后，每隔几个世纪就会有欧洲人观测到这一现象。这颗奇异的恒星闪耀了一年多的时间，甚至在正午都能看见。五年后，史上最惊人的一颗彗星出现了。1577 年大彗星比月亮还要明亮，彗尾横跨了三分之一的天空，成千上万的人聚集在山坡上，颤抖着，祈祷着。上天还会有什么把戏吓唬人类？在接下来的 20 年里，更多的彗星划过天际，然后消失不见，偶尔还会出现月食和流星，就像黑夜里的烟火。1604 年，另一颗新星突然出现。三年后又出现了一颗彗星，也就是现在所称的哈雷彗星。接着，1618 年又出现了三颗。终于，在 1629 年的一个春日，罗马上空出现了五道光，这些天光动摇了智者的信心。太阳这座宏伟的时钟还可信吗？宇宙和光本身是否存在新的解释？

新星和大彗星出现后的几十年里，文艺复兴时期的人们努力解释光，但却受到了迷信、民间传说和“自然魔法”（两者的混合）的阻挠。当时有两个很流行的传说。第一个传说讲的是曾经照耀埃及北海岸的法洛斯灯塔，虽然地震摧毁了亚历山大港这座高耸的灯塔，但它的遗址仍然还在港口。经过口口相传，这个古代世界的奇迹变得更加奇妙。文艺复兴时期的许多游记里都有这样的描述，法洛斯灯塔的光芒在一百英里甚至五百英里外都能看见，据说灯塔里那面用来反光的镜子还创造过奇迹。根据一位阿拉伯地理学家的说法：“当人们照这面镜子时，可以看到君士坦丁堡发生的一切，尽管这座城市与亚历山大港之间隔着地中海和三百里格的距离。”在一些传说中，法洛斯灯塔的镜子威力甚至更大。1550 年的一篇游记中记载道：“当镜子上的布被扯开，所有经过灯塔的船只都会在一瞬间被神奇地烧毁。”

这种说法与另一个经久不衰的传说有相似之处，这个传说与光的魔力和阿基米德有关。阿基米德在古希腊罗马的传说中永垂不朽，人们一遍又一遍地讲述他与太阳光的故事，重燃了人们对“燃烧镜”的兴趣。在阿基米德之后的 1 700 年里，很多人还在琢磨这种镜子。在列奥纳多还是一名年轻的艺术生时，他曾见过有人用“火之镜”来焊接青铜雕塑。他的笔记本里描绘的抛物面镜宽达 20 英尺，比所有已知的燃烧镜都要大。学者们怀疑列奥纳多是否真的造出过这样的燃烧镜，但在文艺复兴晚期，有一个人确实造了出来。

意大利那不勒斯有一位绅士，名为吉安巴蒂斯塔·德拉·波尔塔（Giambattista Della Porta），他写戏剧，搞发明，还创办了自然秘密研究院（Academy of Secrets）。他聪明、顽皮、浪漫，善于搜集别人的秘密和发明自己的秘密。他用圆圆的眼睛探查世界上的奇迹，而他那光秃秃的脑袋可能本身就能聚焦阳光。德拉·波尔塔最为人所知的是他二十卷的巨著《自然魔法》（*Natural Magick*），其多次印刷都销售一空。根据那带有抒情意味的概要——《自然科学的所有财富和乐趣》（*All the Riches and Delights of the Natural Sciences*），《自然魔法》包含“改变金属……伪造黄金……炼钢……美化女性……”等章节。此外，这套杂集还记载了占星术，炼金术，香水、火药和春药的制作方法。其中一节描述了如何用兔子脂肪制作蜡烛，这蜡烛的火焰能够“让女人脱下衣服”。在光回到实验室之前，这些东西就是它激发出来的幻想。

自1580年开始，德拉·波尔塔和其他冒险家齐聚威尼斯的大造船厂——兵工厂，造出了一个巨大的抛物面镜。德拉·波尔塔预计，这面镜子将胜过阿基米德的燃烧镜，能点燃不止“十步、二十步、一百步或一千步外的船只，换言之，它能作用的距离是无限的”。但结果令人扫兴。德拉·波尔塔哀叹道，它只是“一个望远的工具”，根本无法点燃船只。尽管如此，这位来自那不勒斯的绅士对光仍抱有幻想，想象着有一面镜子能将地球上的信息投射到月球上，以便“千里之外的朋友”能收到。1589年，他最新版的《自然魔法》增加了一册有关光学的著作。

德拉·波尔塔的抛物面镜可能看得不太远，但他的光学却能。在伽利略将望远镜对准月球的20年前，德拉·波尔塔就写下了这种望远镜的制作方法。制作望远镜的关键是利用两种透镜，一种凹透镜，另一种凸透镜。“用凹透镜，可以看清远处的小东西；用凸透镜，可以把近处的东西放大，但会变模糊；如果把两者正确结合起来，不论远近事物，都能看得又大又清晰。”德拉·波尔塔从未造过望远镜，但他写过一部戏剧，其中某个角色就买了望远镜来监视敌军，他站在屋顶上，把望远镜对准眼睛，却看到自己的女儿在她男朋友的卧室里。

德拉·波尔塔的散文高瞻远瞩，充分体现了罗伯特·格罗斯泰斯特和罗吉尔·培根关于望远镜的想象——它能创造“折射的奇迹”。德拉·波尔塔做出这一预测后不到20年，由凹、凸透镜组成的望远镜将会使人看到无人能彻底弄明白的遥远事物。在望远镜的作用下，光成了一种催化剂，催生出了莎士比亚所谓的“美丽新世界”！但在这之前，天空中的另一场景象会让这个摇摇欲坠的旧世界大吃一惊。

1604 年 10 月的一个夜晚，在布拉格童话般的塔楼和意大利北部的钟楼之上，又有一颗爆发星开始发光。和上一代的超新星一样，这颗超新星也环绕着 W 形的仙后座，日夜可见。伽利略在帕多瓦（Padua）看到了这颗新星，当时他正在当地的大学执教。他计算了恒星的视差——从地球轨道上不同的点观察它所产生的偏差，由于无法算出数据，他认为这颗超新星离地球的距离远远超过月球，而另一位天文学家约翰尼斯·开普勒，他的名字将永远与 1604 年的这颗“新星”联系在一起①。

开普勒是那个时代的怪人，他笨拙、内向，蓄着络腮胡，目光犀利，既是科学家，又是哲学家和牧师（他曾学过神学，目的是成为路德宗牧师，但从未得到任命）。作为数学奇才，除了证明行星轨道是椭圆的以外，开普勒还有一项谋生手段，那就是通过绘制星相日历来预测天气和战争。他虽然认为占星术只是“天文学的继女”，但确信行星对人类具有某种难以名状的力量，肯定是这些行星把他的家族搞得一团糟。开普勒家族是一群没落的贵族，个个脾气暴躁，一贫如洗，不但酗酒，还“修炼巫术”：开普勒那脾气暴躁的母亲曾被指控为女巫，虽侥幸逃脱了火刑，但她的姑妈就没这么好运了。疥疮、疱疹和“脚上的慢性腐败伤口”折磨着孩童时期

① 这颗超新星被命名为开普勒超新星，这是 400 年来最后一颗只靠肉眼就可以观测到的超新星。——译者注

的开普勒，但在这混乱的青少年时期，他依旧记得自己五岁时站在山顶上，凝望着那颗划过了小半个天空的彗星。

在看到 1604 年新星的几个月前，开普勒发表了他的第一篇光学论文，这篇论文胡乱地提到了长期困扰吉安巴蒂斯塔·德拉·波尔塔的“自然魔法”。开普勒解释了彗星为什么会传播疾病，行星如何影响天气，以及鹳为什么会仰起脖子。和他差点成为的神学家一样，开普勒称赞光是“类似于灵魂的东西”，是上帝在地球上的化身。“当最具智慧的创世上帝努力使一切事物尽可能地完美时，他发现没有什么比光更好、更美的了，没有什么比他自己更绝妙了。因此，当上帝创造物质世界的时候，他创造了这种尽可能像他自己的形式。”尽管开普勒相信光，但他并没有赋予光神性。他写道，光是“整个物质世界中最美妙的东西”，但他还是吹响了胜利的号角，宣布光“和这世界服从一样的规律。”

开普勒借鉴了欧几里得、托勒密、阿尔·肯迪和海赛姆的成果，他的光学论文计算了日食、视差、反射、折射和光速，他认为光速是瞬时的。尽管他对光速的认知有误，但在其他方面几乎全是正确的。他更新了古希腊人关于镜子的研究，探索了暗箱，发现了光的基本定律。为什么近距离的光如此刺眼，经过一小段距离却变得如此微弱？一个“尽可能像”上帝的事物似乎不应该有这样的性质。在这一点上，开普勒架起了中世纪与现代之间的桥梁。他把神学搁置在一边，把人眼向外发射的光线（即视锥）画成 45°，一个垂直平面横切这个圆锥，形成一个圆。接着，他应用了圆的面积公式：$A=\pi r^2$，根据这个公式，圆的面积 $A$ 随着半径 $r$ 的延长呈指数级增长。开普勒推断，如果普通的圆遵循这个规律，那么光的圆必然也是按照这个规律扩散、消退的。当人眼离蜡烛 2 英尺时，光形成一个半径为 2 英尺的圆，因此，它的面积是 4π——约 12 平方英尺[①]；把蜡烛移到 6 英尺远时，同样数量的光形成一个半径为 6 英尺的圆，面积为 36π，即 113 平方英尺；把蜡烛移到 10 英尺远的地方，光线就会在 100π 的面积里稀释，亮度大约只有原来的百分之一（$1/10^2$）。开普勒由此得出了一个重要的物理学公式：强度＝1/距离的平方。开普勒发现的这一平方反比定律[②]，不仅被牛顿运用于万有引力定律，还被其他人扩展到了所有电磁能中。这一定律解释了为什么即使是十几支蜡烛也不能完全照亮一个房间，为什么经过的车灯看起来只有一个光点，等到了身边才看得出光线，为什么从新泽西看到的曼哈顿的所有灯光都只是微弱的亮点。

开普勒这架通往现代的桥梁也难逃古代的包袱：他在论文里引用亚里士多德的理论和占星术解释了空气是如何“涌到月球周围”的。然而，就是这个暴躁、笨拙、长满疥疮的人，成为自海赛姆以来最善于计算光的人。等又过了一代人，光学才将一直以来遮蔽着光的神秘主义驱散。哈雷彗星将来来去去，就像一年里会出现三颗彗星那样。但不同于之前所有的天体，这三颗彗星是人们用光的第一个人造奇迹——望远镜——观测到的。

究竟是谁发明了望远镜，至今也没有定论，但它的首次亮相满足了人们几个世纪以来的渴望。关于全视镜的故事可以追溯到恺撒大帝，据说在公元前 55 年，他用一面魔镜看到了英吉利海峡对岸的英国海岸。一千多年后，在哥伦布之前的几个世纪，人们相信祭

---

① 1 平方英尺约合 0.093 平方米。——译者注

② 平方反比定律是一个物理学定律，又称反平方定律、逆平方律、反平方律。如果任何一个物理定律中，某种物理量的分布或强度，会按照距离源的远近的平方反比而下降，那么这个定律就可以称为一个平方反比定律。——译者注

司王约翰（Prester John）的神秘国度[①]是真实存在的，这个国度就是由一面可以看到一切的镜子守护的。乔叟（Chaucer）笔下的《乡绅的故事》（*Squire's Tale*）和埃德蒙·斯宾塞（Edmund Spencer）的《仙后》（*Faerie Queen*）都幻想过可以看很远的镜子，据17世纪的一篇文章记载，耶稣会士有一面“占星镜……从此再没有任何秘密，即便是其他国家枢密院的任何提议，也难逃这面镜子的窥测”。吉安巴蒂斯塔·德拉·波尔塔的《自然魔法》预示了望远镜的诞生，但只有最优质的透镜才能收集到来自远方的光。

自威尼斯玻璃匠人造出第一副眼镜起，之后的三百年时间里，镜片几乎未曾改进，只有德国工匠用固定在金属框里的切片透镜取代了威尼斯的毛玻璃圆镜片。谷登堡（Gutenberg）的印刷机让阅读变得更加普遍，也增加了人们对眼镜的需求量，但眼镜总是把光线散射成光晕、斑点甚至七彩颜色。散射光通过一个透镜就会产生畸变，更不用说两个透镜。随后，1608年秋，分别在荷兰的三个城市独立工作的三位工匠申请了第一台望远镜的专利，其中，汉斯·利珀希（Hans Lipperhey）申请的专利权最大。为解决望远镜出现光晕的问题，利珀希设计了一个简单的方案：在主透镜上设一个针孔，阻挡散射光，只让必要的光线穿过。

1608年9月，利珀希在海牙的一次和平会议上展示了他的发明。他把荷兰和西班牙的将军带到一座瞭望塔上，让他们每人举起一副望远镜，他们惊讶地看到了东南方向7英里外代尔夫特的钟楼

---

① 祭司王约翰的传说，于12至17世纪盛行于欧洲，内容是传闻于东方充斥穆斯林和异教徒的地域中，存在由一名基督教（宗主教）之祭司兼皇帝所统治的神秘国度。——译者注

和东北方向 14 英里外莱顿大教堂的尖顶。一位西班牙将军说，他再也无法在战场上毫无顾虑了。当利珀希从塔上下来时，他收到了再做几副望远镜的命令，可在他做出新的望远镜之前，荷兰的其他镜片研磨工匠也展示了他们的望远镜，这个令人激动的消息通过信件传遍了整个欧洲。到了 1609 年 4 月，巴黎的一家商店开始出售望远镜，很快又被卖到了其他几个城市。那年夏天，伽利略听到了这些望远镜的消息，据说每副望远镜的放大率为三倍。

作为一个虔诚的天主教徒，伽利略认为光等同于上帝（有时也等同于酒，他称酒为"由水分凝结而成的光"）。作为一名物理学家，他认为光是"自然界的起点"。但这些定义是后来的事了，在这之前，他看到了所有人连做梦都不敢想的光。当一位朋友告诉伽利略第一副望远镜的事时，他"对这种美好的东西充满了渴望"。可是，意大利根本找不到这样的望远镜，他只好自己做，可以说，他为这项工作做了充分的准备：在帕多瓦大学教光学时，他研究过欧几里得、海赛姆、德拉·波尔塔和开普勒。1609 年夏天，伽利略从普通眼镜上取下透镜，将其中一个磨成凸形，然后将它们插入铅管的两端——不到一天就造出了一副简易望远镜，一周之内，又造出了一副放大率为 8 倍的望远镜。同年 8 月，他带着他的望远镜去了威尼斯。他领着古板的老参议员们走过圣马可教堂的鸽群，登上威尼斯钟楼（Campanile）的楼梯，让他们把望远镜对准运河上方。镜头里，是西面 25 英里外帕多瓦的圣朱斯蒂诺教堂（San Giustino）的白色圆顶，远在北方的特雷维索（Treviso）的城墙和城堡，海上船只的风帆，还有……还有……伽利略的薪水翻了一番，且被授予终身教职。回到家后，他又造了一副更高倍率的望远镜，到 8 月中旬时放大率达到了 20 倍。接着，在 11 月下旬某个月光皎洁的夜晚：

> 我摒弃了世俗之物，一心探索天空。首先，我观察了距离最近的月球，它离地球的距离还不到地球直径的两倍。接着，我常怀着难以置信的喜悦观察星星，既有固定不动的，也有移动的……除了很久以前观察到的猎户座腰带上的三颗星和剑上的六颗星，我最近又观察到了八十颗星。

1610 年夏天，当伽利略在《星际使者》一书中宣布他的发现时，星光成了人们日常的谈资。彗星或超新星再也无法激发人们的敬畏，伽利略让繁星点点的银河系焕发出了新的魅力，“因为银河系不过是由无数星星聚集而成的”。他告诉欧洲人，月球上有像地球一样的山脉，木星也有自己的卫星，它精确地绕木星旋转，有时在这边，有时又在那边。伽利略感谢上帝，“他乐于让我成为唯一一个观察这些奇妙事物的人，而这些事物从一开始就鲜为人知”。欧洲也感谢伽利略，称他为小哥伦布。开普勒受到了狂热的追捧。“啊，望远镜，知识的工具，你比任何权杖都珍贵！”将军们争相购买最新的望远镜，王室成员也请求伽利略以他们的名字给恒星命名，因为他曾以美第奇家族成员的名字给木星的卫星命名。

伽利略因望远镜而声名鹊起，然而这名声也伴随着代价，他遭受了臭名昭著的教皇审判，不得不放弃对日心说的信仰。在“伽利略的星空”里，他是这样形容被教皇“固定”在宇宙中心的地球的：“它仍然在移动。”在地球的移动中，在世纪的变换里，人们改变了观察和研究光的方式。伽利略一发出他的星际信息，关于光的古老假设就开始褪色乃至消失。最先被推翻的是亚里士多德的陈词滥调。亚里士多德把月球看作一个抛光的表面，一面反射太阳光的镜子，伽利略用一面挂在墙上的镜子来挑战这一观点。他通过萨格雷多（Sagredo）和萨尔维亚蒂（Salviati）[①] 这两名探索者之间的对话，描述了这个情景。萨格雷多断定，如果月亮是一面镜子，那“它绝对会亮到让人无法忍受”。挂在天上的镜子，在地球上也不会处处都可以看见，毕竟，镜子的光线只能照射到墙上的一个点。

伽利略余生都在思考光的问题。他知道光如何反射和弯曲，但它究竟是什么？他推测，也许当两个坚硬的物体彼此摩擦，“当它们的最高分辨率达到真正不可分割的原子级时，光就产生了”。他意识到，如果光是原子，它的速度就一定是确定的。为了测量光的速度，伽利略描述了这样的场景：萨格雷多和萨尔维亚蒂分别站在相距一英里的山顶上，各提一盏灯，萨格雷多亮出他的灯，萨尔维亚蒂看到后就挥挥自己的灯。考虑到光来回一英里不过用了 0.000 005 秒，所以萨尔维亚蒂想知道“对面的光是不是瞬时的；即使不是瞬时的，它的速度也极快”。伽利略从来没有做过这个实验，他把光速——如果光真的有速度的话——留给了人们去测量。

“我们正不知不觉陷入多么广阔的未知领域！”萨尔维亚蒂惊呼道。

“没错，”萨格雷多回答道，“这种事情远超我们的理解范围。”

伽利略最终还是没能解开光的奥秘。他患上了青光眼，被软禁家中，向一位朋友这样倾诉他的沮丧：“我一直都无法理解光的本质。要是有一天，我真的弄懂了一直以来渴望知晓的东西，我愿意余生都在监狱中，只靠面包和水度日。”伽利略死于 1642 年，那时，

---

① 出自伽利略所著意大利文的天文学和物理学著作《关于两大世界体系的对话》，是三人在四天中的对话，对话的三个人，一是萨尔维亚蒂，伽利略的代言人；一是辛普利丘，原是古希腊亚里士多德著作的注释者，书中代表亚里士多德主义者发言；一是萨格雷多，原是伽利略的挚友，书中起着风趣的调侃者和仲裁者的作用。——译者注

百年天光中最炫目的一场天象已经启发了一个将在未来探索光的人。

早在1629年罗马出现五个太阳之前，天空中就上演过类似的把戏。亚里士多德曾提到过“假日”，它们“随着太阳升起，整天都在太阳旁边”。其他人也为我们如今所谓“幻日”苦思冥想过。1461年，在英国的玫瑰战争期间，一场战斗开始前，天空中出现了三个太阳，约克郡士兵受到激励，赢得了胜利，莎士比亚在《亨利六世》（*Henry VI*）中也表达了他们的敬意。

> 爱德华：是我的眼花了吗，我怎么看到了三个太阳？
> 理查德：是三个灿烂的太阳，每一个都那么完美，
> 没有乌云荫蔽，
> 它们中间只是一片晴空。

在这一奇景后的150年里，即使是最虔诚的牧师也感到科学已经成熟。在梵蒂冈上空的光冠消失之前，枢机主教弗朗西斯科·巴贝里尼（Francesco Barberini）画下了它们的素描。他原本可能会把这幅素描交给他的教皇叔叔，但这位枢机主教早就知道教会会做何反应，于是他把这幅画寄给了一位著名的法国天文学家，这位天文学家临摹了枢机主教的画，寄给了自己的朋友们。结果，整个夏天，欧洲的学者们都为罗马的几个太阳感到百思不解。大多数人都只是口头探讨，但勒内·笛卡尔（René Descartes）却付诸了行动。

当得知有五个太阳出现时，笛卡尔正住在阿姆斯特丹，离伦勃朗即将购买的房子大约一英里远。这个法国人年仅33岁，自信、诙谐，他给祖国的知识分子们留下了深刻的印象。笛卡尔当时已经是那个年代首屈一指的数学家，却又开始涉足哲学和天文学。十年前，他宣布摒弃迷信和确定主义，下了“无比坚定的决心……如果

我不能确定任何事情是真的，就永远不会把它当成真理”。后来，笛卡尔在他的《方法谈》(*Discourse on the Method*) 中，将这份决心进行了提炼，从而有了那句名言——“我思故我在”。他用怀疑和证据取代了盲目接受，从而开启了现代思维。截至 1629 年，他参过军，翻越过阿尔卑斯山，也研究过“世界上的伟大书籍”，但一直没有发表过任何著作。当得知罗马出现了五个太阳时，他正忙着撰写一篇关于形而上学的论文，此时，他决定把论文放在一边，先研究光。

为什么是光？笛卡尔解释道：“就像画家不能在一块平坦的画布上，以同样的水准把物体的所有侧面画下来，只能让最主要的一侧面向光……同样，我也担心不能把我脑海里的所有想法写进论文里，只能充分阐述我对光的理解。”笛卡尔本想写一篇短文，但最后花了四年时间写成了《世界》(*The World*)，或者说《论光》(*A Treatise on Light*)。

笛卡尔开篇就力邀他的读者“和我一起探究光的真相”。凝视着壁炉里燃烧的木柴，他仿佛看到了“剧烈运动”的微粒。因为火会发光，所以它的微粒一定暗藏着光的本质。“火焰里的运动，”笛卡尔总结道，“足以使我们有光的感觉。”笛卡尔定义了光的 13 个性质，其成就超过了被他奉为“光学领域的第一位老师”开普勒。光“由我们称为‘发光’的光源向各个方向延伸”。光的传播是“瞬间的……通常以直线形式”。光线可以分散或被透镜、镜子聚焦到一个燃烧点。笛卡尔认为光是一种压力，可以被反弹、弯曲或阻挡。他解释道，可以把光看成一个网球：一个球（或一束光）穿过空中，撞上某个物体，这个物体会以精确的角度反射它。水或玻璃会反射部分光，也会让一部分光通过，就像网球冲破一层薄膜并继续运动，它的方向在碰撞中会发生改变。

在思考光如何传递压力时，笛卡尔重拾了古希腊的“以太”。亚里士多德坚持认为自然界不存在真空，一定有什么东西充斥着广袤的空间以及眼睛和物体之间的空间，笛卡尔认为这种东西就是以太，也就是他所谓的“实空”（plenum）。光是以太对眼睛的压力，被奇妙的视觉所感知。（为了解释视觉，笛卡尔解剖了一头牛的眼睛，切下它的视网膜，以黏黏的晶状体充当暗箱。不要在家里尝试——我试过了。死眼会让图像倒转，但也会让你倒胃口。）

正如他告诉一位朋友的，笛卡尔用简单到连未受教育的女人都能理解的语言解释光，同时也唤起了人们对黑夜的恐惧。“有时你肯定会遇到这样的情况，要在没有光的夜间穿过一些难行的地方，你必须用一根手杖来探路；你或许也注意到了，通过手杖这一媒介，你能感觉到周围各种各样的物体。”他接着说道，光传递到眼睛，和手杖的振动是一个道理。至于光是如何传播的，笛卡尔把网球这一比喻换成了装在葡萄缸里的酒，液体从葡萄周围渗出，又从底部的一个洞流出。“与此类似，精细物体的所有部分被面向我们的太阳一侧所接触，在我们睁开眼睛的一瞬间，直直地进入我们的眼睛。”

既然定义了光，笛卡尔就接着研究彩虹。长期以来，彩虹都被赋予了神话和宗教色彩：巴比伦人把它看作女神伊什塔尔[①]（Ishtar）的项链；在《创世记》中，彩虹昭示着上帝对诺亚的承诺，“不再有洪水毁坏地了”；澳洲土著的传说里有一种彩虹蛇（Rainbow Serpent），一种有时会升到天上的大蛇；荷马赞颂彩虹是宙斯的

① 伊什塔尔是巴比伦的自然与丰收女神，同时也是司爱情、生育及战争的女神，有时也是金星的象征。——译者注

“神弓”；在《伊利亚特》中，狡猾的帕里斯将海伦从斯巴达拐走，赫拉派信使伊里斯沿着彩虹飞去报信，告知墨涅拉俄斯这一令人震怒的消息。然而，亚里士多德却不赞成这种胡言乱语。在他的《气象学》(*Meteorology*) 中，亚里士多德描绘了一个人注视着太阳和云彩的形象，认为彩虹是“目光对太阳的反射”。海赛姆却不同意这一观点，认为彩虹是阳光照射到云的凹面时形成的。对彩虹的困惑一直持续到中世纪。1235 年，主教罗伯特·格罗斯泰斯特提出，彩虹是由光的弯折而不是反弹形成的。不是反射，是折射。罗吉尔·培根又往前迈了一大步，他估算了彩虹与地平面之间的角度——42°。14 世纪初，两个居于不同大陆，拥有不同文化，但都读过海赛姆著作的人，终于找到了彩虹的答案。弗莱堡 (Freiberg) 的多明我会修士狄奥多里克 (Theodoric) 和波斯科学家卡马尔·阿尔丁·阿法里斯 (Kamal al-Din al-Farisi) 各自提出，雨滴既折射又反射光。阳光进入雨滴时发生弯曲，以直角从雨滴内壁上反射出去，射出雨滴时再次弯曲。彩虹就是这样形成的：经过两次折射和一次反射，形成一道五颜六色的弧——和上帝的承诺同样神奇。

笛卡尔曾在阳光照射下的喷泉里看到过彩虹，于是他背对着太阳，高举充当雨滴的玻璃鱼缸，对面的墙上映出一道从红到紫的闪烁光谱。笛卡尔测量了折射角度，作为那个时代首屈一指的数学家，他还发明了一个公式。早在 1 500 年前，托勒密就已经用普通算术计算过折射角，但就像他错误的地心说一样，他的计算结果也是错误的。算术根本算不出折射角，三角函数才能计算出。和某位荷兰天文学家以及某位阿拉伯数学家一样，笛卡尔也发现了折射角的计算方法。由此，光的第一个光学测量单位——折射率——诞生了。

物质的密度越大，折射率就越大。折射率可以衡量一种物质（如水、橄榄油或钻石）弯曲光线的能力。折射率越大，光线的弯曲程度就越高，因为光进入密度较大物质时传播速度会减慢。水的折射率是1.33，橄榄油的是1.47，钻石的是2.42，这些结果是由三角函数的正弦函数算出的，即任意一锐角的对边与斜边的比。假设我用激光笔照一盆水，让光束以与垂线呈15°的角度打在水面上（换句话说，我的激光笔几乎是垂直的），红色光束穿过水面后会形成一个折射角，用入射角的正弦除以折射角的正弦，答案永远是1.33。知道了折射率，再通过数学计算，可知以15°角射入水面的光线在水下会弯曲形成一个11°角。在命名这个公式时，科学家们减去或者忽略了那位阿拉伯人的功劳，把笛卡尔的名字加到荷兰天文学家威里布里德·斯涅耳（Willebrord Snell）的名字后面，将该定律命名为斯涅尔-笛卡尔定律（the Snell-Descartes law）[①]。

准备好正弦表后，笛卡尔凝视着彩虹，测量了光和他视线的夹角。阳光照射在雨水上形成了上侧的光线，笛卡尔的目光形成了下侧的光线。彩虹的顶点就是两束光线相遇的地方，也就是三角形的顶点。当这一夹角正好是42°时，正如罗吉尔·培根所估计的那样，彩虹就出现了。笛卡尔的实验解释了为什么彩虹总是出现在早晨或下午，因为正午的太阳无法以42°的角度照射雨滴。他的计算还解释了为什么每道彩虹与地平线的距离是相同的，为什么彩虹里没有金色，为什么彩虹没有终点。无论你用多快的速度接近它们，彩虹

① 由荷兰数学家斯涅耳发现的折射定律，是在光的折射现象中，确定折射光线方向的定律。——译者注

都遥不可及，始终保持完美的角度。

在计算了单道彩虹之后，笛卡尔又将玻璃鱼缸倾斜，试图测量更罕见的奇观——双彩虹。在42°的地方，他看到了一道彩虹。但在高出10°的地方，他常常能看到第二道微弱的彩虹。让他搞不明白的是，第二道彩虹是倒转的，红色在下，紫色在上。为什么雨滴会产生这样的颜色呢？笛卡尔不得不加以猜测。如果光的微粒是网球，每个球都会旋转，穿过雨滴时，有些会加速，有些会减速，速度慢的会在天空中投出红色，速度快的就会变成紫色。但笛卡尔错了，错在了两个地方。第一个错误是，他误认为光在水中的传播速度比在空气中快，他认为空气是湿软的，它减缓光线的速度，就像地毯减缓了滚动的球一样。笛卡尔写道：“透明物体上的小颗粒越坚硬，光线就越容易通过。”第二个错误是，他认为红色“网球”的移动速度比紫色的慢。然而，尽管笛卡尔犯了错误，他还是把彩虹从一个谜题变成了一道数学题，他几乎把光研究透彻了。那五个太阳呢？

尽管曾受过耶稣会士的教导，但笛卡尔拒绝将阳光乃至太阳本身视为神圣的预兆。相反，笛卡尔将光学与气象学相结合，弄清了罗马上空到底发生了什么。从地中海吹来的暖风遇上了从北方吹来的冷风，这两股风形成了一个飘浮的冰环，每一个冰晶就像一个棱镜。利用折射定律，他计算出了圣彼得教堂上方的天冠中五个太阳的确切角度。

笛卡尔一百多页的《世界》揭示了光的奥秘。“我没有必要再与你们更深入地交谈，”他告诉他的读者，“我希望那些已经明白本文全部内容的读者，在未来能轻易揭开所有的谜团，不再有任何高呼奇迹的机会。”可是，笛卡尔又错了。即使在几个世纪后，复杂的光学也没有削弱光的奇迹。

自此以后，笛卡尔再也没有研究过光，他转向了更简单的任务——证明上帝的存在。到 1650 年他去世时，天空已经没什么新鲜的了，彗星来来去去，但没有一颗能与 1577 年大彗星媲美。在一代人里接连出现了两颗新星之后，直到 1987 年，所有超新星无不都是通过望远镜观测到的。笛卡尔把光从天上拿下来放在了正弦表上。此后还会有更多论述，无论是哲学方面的，还是数学方面的。英国哲学家托马斯·霍布斯（Thomas Hobbes）赞同光是压力这一观点，但认为它是由太阳的搏动产生的。法国数学家皮埃尔·费马（Pierre Fermat）对笛卡尔的光在水中速度更快的观点提出了质疑。费马用救生员赶往溺水者身边的例子描述了“最短时间原则”：他认为，救生员（光）沿着沙滩（空气）跑得更快，在水中游得相对慢，要到达给定的一点，总是会采用两种速度的最快组合。但笛卡尔已经转移了话题。虔诚的信徒仍然认为光是缥缈的，其他人则继续笛卡尔关于“光是什么”的研究，随着研究的深入，黑暗似乎不再那么恐怖。

在百年的天光中，夜晚依然是恐怖、残酷、漫长的。在某个寻常的夜晚，15 个人在巴黎黑暗的街道上被杀。相比之下，在城堡的高墙后，皇家工程师正在研究如何照亮巨大的舞厅，以便法国宫廷可以时不时地在夜晚举办音乐会，其中一个节目是《夜之芭蕾》（*Ballet de Nuit*），在这场 1652 年上演的节目中，年轻的路易十四将自己打扮成一个镶着褶边的金色太阳，从此以后，他将永远自诩太阳王。他被光迷住了，于是开始例行举办晚会，每次都由上千支蜡烛来照明。1666 年，在警察委员会的建议下，路易十四下令用滑轮和绳索挂起数百盏灯笼，照亮巴黎的林荫大道。

早在海赛姆的时代，阿拉伯城市就有了路灯，但一点也不像巴黎这样，参观者深感惊讶：“就算是离这儿最远的人，也该来看看这个发明，无穷无尽的光照亮了夜晚的巴黎。”其他城市的官员来参观过以后，返程时也酝酿着自己的计划。阿姆斯特丹（1669年）、汉堡（1673 年）、柏林（1682 年）、哥本哈根（1683 年）、伦敦（1684 年）、维也纳（1688 年）、汉诺威（1690 年）、都柏林（1697 年）和莱比锡（1701 年）纷纷安装了路灯。结果，至少在城市里，路灯征服了“黑暗怪物”，也改变了人们的行为。成群结队的人（只有男人）出现在曾经令人生畏的街道上，酒馆和酒吧一直开到午夜，咖啡馆生意兴隆，游手好闲的有钱人更加游手好闲。一位法国修道院院长回忆说：“在这个时代之前，因为害怕在街上被杀，人们很早就回家了，这有助于他们工作。而现在，人们晚上待在外面，不再工作。”

在一双双精准的眼睛下，光得到检验和测量。在国王的命令下，光开始驯服黑夜。除了最神秘的“自然魔法”或“让女人脱掉衣服”的蜡烛之外，再也没有别的什么奥妙了。灯光已经点亮，舞台已经就绪，只待艾萨克·牛顿登场。

# 第八章

## “在我黑暗的房间里”——艾萨克·牛顿与光学

> 即便是光本身，一切事物都展现的光，
> 也存有秘密未被发现，直到他敏锐的头脑
> 揭开覆在光上的所有神秘面纱……
>
> ——詹姆斯·汤普森（James Thompson），《纪念艾萨克·牛顿爵士》（*To the Memory of Sir Isaac Newton*）

1664 年夏末，一个留着齐肩长发、衣着浮艳的学生离开了他冷清的宿舍，走出剑桥大学的大门，去了国会选区的斯陶尔布里奇选区（Stourbridge Common）的集市。彼时的英格兰正深陷内战和瘟疫的苦海，斯陶尔布里奇的集市却比平时更拥挤，他悄无声息地走过戴草帽的女人，走过戴假发、豪饮啤酒的男人。自中世纪起，这个每年一度的集市已经成了欧洲最大规模的集市，到处都是杂耍

艺人、游吟诗人和商人，空气中弥漫着奶酪和烤鹅的香味，几百个木制摊位上摆满了纺织品、锡制品、锅碗、香料、丝绸和帷幔，和广场中心的五月柱竞相媲美，而艾萨克·牛顿却在寻找一种更寻常的东西。去年，他在集市上买了一本天文学著作，但没搞懂里面复杂的三角学，今年夏天，刚刚读完笛卡尔光学著作的他，在一个卖玩具的摊位前停了下来，想买一面三棱镜。

在他的整个研究生涯里，牛顿写下了大约400万字，但学者们仍然不知道他何时买的三棱镜，是把针扎进眼睛之前还是之后？这里说的针是一种弯曲的缝纫工具，英国人称之为粗缝针，可以轻易地戳进眼睛和眼窝骨之间。牛顿这样描述他的实验：“我拿了一根粗缝针，把它戳进眼球和眼窝骨之间，尽可能地接近我眼球的后部，用它的末端挤压我的眼球（让眼球发生弯曲），于是，我的眼前出现了几个白色、黑色和彩色的圆圈。”牛顿仰起头，测试这个工具是否好用。如果转动针身，眼前就会浮现出更多的圆圈；如果眼睛和粗缝针静止不动，圆圈就会消失。过了一会儿，牛顿把针从眼窝里取出来，望向一堵黑墙，仍然能看到圆圈——“一种灵魂的运动”。这些圆圈消失后，他画出了这根挤压眼球、贴近视神经的粗缝针的素描。

这个实验加深了他对笛卡尔的怀疑，牛顿称他为“笛-卡尔”或“卡尔”，这个法国人对光的认识是错误的。如果光就像棍子传给手的振动感，“那么我们在夜间应该也能看到物体，甚至比白天还清楚”。如果光是一种压力，我们应该能看到它就在我们头顶，“因为它在把我们向下压”。只要逆着光的压力移动，“在夜里或走或跑，都能看到物体”。可如果笛卡尔是错的，那光究竟是什么？在购买三棱镜前后的某个时刻，牛顿决定凝视太阳。

艾萨克·牛顿最广为人知的那些故事——苹果、一生未婚、站在“巨人的肩膀上”——都无法描述他的巨大影响。如果用罗马上空出现过的光冠来描绘光的万神殿，那欧几里得和海赛姆就是下方的两个“假太阳”，爱因斯坦和詹姆斯·克拉克·麦克斯韦是上方的两个，牛顿则是那个真正的太阳。他对光的研究既不像他创造的微积分那样错综复杂，也不像他的运动定律那样完美无瑕，但他将光学引入了日常生活。即便傻瓜也会在集市上买三棱镜——自罗马的全盛期以来，从三角形玻璃中映出的色彩让孩子们觉得好玩，也令成年人着迷——可牛顿用这个玩具揭开了光的关键奥秘。

牛顿曾说过，他就像是一个在海边玩耍的孩童，永远无法到达真理之海。事实是，他从来没有见过大海，也没有快乐的童年，为人也不像他的比喻所暗示的那样谦虚。在他早年的生活中，没有什么比做普通的苦差事更能预示他的前途了。牛顿出生于 1643 年圣诞节，那时，他目不识丁的农民父亲已经死于高烧。三岁时，他的母亲改嫁，把小牛顿交给了他的祖母照料。那时的牛顿孤独又愤怒，于是在很小的时候就学会了在笔记中寻找慰藉，其中有一段话：“一个小家伙；我可怜的仆人；他脸色苍白；没有我待的地方；在房顶上，在地狱最底层；他适合做什么工作？他擅长什么？”在他的整个童年里，英国都处在内战中，保皇派和议会派争端不断，即使是牛顿所在的寄宿学校，孩子们也必须选择支持哪一方。小牛顿喜欢独处和观察。他会把自己的罪过列出来——“打我妹妹……和仆人吵架，打亚瑟·斯托勒”——他发现颜色更有诱惑力。红色、绿色或蓝色是怎么产生的？它们是固有的属性还是纯粹的感知？同样痴迷于炼金术的他，把四种药水混合在一起喝下，来缓解他终生遭受的痛苦。17 岁时，由于学业毫不出色，牛顿被迫回家去照管他母亲在伍尔斯索普的小屋，此地位于伦敦北部，从伦敦乘坐马车，一个星期才能抵达。他在田野里漫步，思考，幻想，直到被送到剑桥。1661 年，他考进了剑桥大学三一学院。

像那个时代的大多数年轻人一样，牛顿在数学方面的造诣并没有超过欧几里得，但他无疑是数学史上学习速度最快的人。在剑桥大学，他吸收了笛卡尔的分析几何学、开普勒的光学和伽利略的物理学。他阅读了英国最新的光学著作——罗伯特·波义耳（Robert Boyle）的《关于色彩的实验和体会》（*Experiments & Considerations Touching Colours*）。他独自在房间里做研究，身边只有几支蜡烛、一张桌子和一个夜壶，某一时间，他把一根粗缝针戳进了眼睛，他的眼睛没有因此受伤，但当他拿着一面镜子盯着太阳看时，他失明了三天。接下来的几个月里，他偶尔会看到彩色和火球般的光。

1664 年夏天，牛顿在集市上买了一面三棱镜，那年秋天，他开始在剑桥的宿舍里用三棱镜研究光。他从罗伯特·波义耳那里了解到，当白光通过反射或折射发生“转化”时，就会出现彩色，于是他也开始转化自己的光：

> 我把房间弄暗，在关闭的窗户上开了一个小洞，让适量的太阳光照进来，把棱镜放在洞口，把光折射到对面的墙上。起初，欣赏由此产生的鲜明而强烈的色彩算是一种有趣的消遣，但经过一段时间更留心的思考后，我才惊奇地发现它们是长方形的……

海赛姆、笛卡尔等使用的三棱镜比牛顿的短，产生的都是七色的圆圈。牛顿百思不得其解，于是测量了墙上的这个长方形光谱，发现它的长度是宽度的五倍，“一个如此精美的比例，它本身比探索的好奇心更令我感到兴奋”。牛顿怀疑三棱镜有问题，于是又找了一面，让光线穿过“关着的窗户”，再次产生了一排整齐的七色长方形，他测量了到墙壁的距离和光线照射三棱镜的角度（63°12′）。利用从笛卡尔那里学来的正弦定律，计算了三棱镜的折射率（他称其为“折射度”），然后又测量了其他几种物质的折射度，有空气、雨水、阿拉伯树胶和橄榄油。如果光真的像笛卡尔描述的那样像个网球，它又是如何弯曲产生各种颜色的呢？他怀疑“周围的以太”可能会更多地折射红光，较少地折射蓝光，但“我没有观察到光有这样的曲度”。

很快，牛顿又被彗星吸引了注意力。1664—1665 年冬天，一颗彗星让他彻夜未眠，一直观察着、思考着。紧接着又出现了第二颗彗星，几个月后又出现了第三颗。当年夏天，伦敦暴发了瘟疫，成千上万人死去，三一学院也关闭了，斯陶尔布里奇的集市被迫取消，而牛顿也不再需要集市上的商品了。到了秋天，他独自一人回到了母亲的小屋。许多人都将接下来的一年称作牛顿的“奇迹之年”，只有在被强迫的时候，他才吃点饭，主要靠面包和水过活。他躲在“昏暗的房间”里，首先琢磨出了他称之为流数[①]的数学新分支，然后又提出一个关于光的大胆新理论。

早在公元前 400 年，古希腊原子学家德谟克里特（Democritus）就思考过：“红色是什么？”苹果看起来是红色的，是因为眼睛看到了颜色，还是因为苹果是由红色的原子构成的？柏拉图认为颜色是“从所有物体中散发出来的火焰，其微粒与视觉相对应”。亚里士多德则有别的想法。他说，因为眼睛不发光，所以它也不发

① 即微积分。——译者注

出颜色，对颜色的感知完全取决于亮度。亚里士多德的这个观点流传了几个世纪，直到罗马诗人卢克莱修（Lucretius）对它提出了质疑。卢克莱修写道，原子“不需要颜色”。

在公元第一个千年里，这种困惑一直继续着。在开罗之行中，海赛姆把不同的水果举到阳光下，研究它们颜色的变化。他认为，颜色既不取决于光的强度，也不取决于光的作用，而是取决于内部原因。他以脸红为例，写道，当一个人的脸涨得通红时，这种颜色“除了羞愧之外没有其他原因，羞愧并不是来自外部，也和光或者注视那张脸的眼睛无关”。到了中世纪，学者们开始研究对比和混合。罗吉尔·培根发现旋转着的陀螺能将自己的颜色混在一起。另一位牧师学者约翰·佩查姆（John Pecham）观察到，颜色“随着光照的变化而变化”。颜色“在阳光下与在烛光下完全不同”，佩查姆在1277年写道：“此外，日食时，所有带颜色物体独有的色彩之美都被剥夺了。”

> 原子没有任何颜色，
> 它是透明的。
> 真的，在伸手不见五指的黑暗中，
> 能够存在着什么样的颜色？
> 不，就是在光里面颜色也会变化；
> 当被垂直或倾斜的光线所照耀的时候，
> 就有不同的色泽显出来。

到牛顿买三棱镜时，颜色之谜仍未解开。在剑桥时，他推测颜色取决于“想象、幻想和虚构”。到了1666年，当世界在太阳稳定的照耀下转动，当伦敦遭受瘟疫时，这个23岁的独行者把光当作他的仆人，他的魔术师，他的玩物。他仍然对长方形的光谱百思不解，于是转动三棱镜，惊奇地看着这个铅色的矩形上下翩飞，上方是红色的光，下方是蓝色的光。他把光谱投在纸上，远近移动，发现当蓝色“清晰”时，红色就变得“模糊”，反之亦然。如果他倾斜这张纸，颜色就会拉长、变淡。“极端好奇”之下，他把三棱镜的光束投进了黑暗的房间里，七色的影子扩大了。他改变了窗户上孔的大小，换了一块更厚的三棱镜，但“影子的长度没有明显变化”。最后，他开始了“关键实验”——傻瓜也会用一块三棱镜投射光，可艾萨克·牛顿用了两块。

他把第二块棱镜放在房间的另一边，先用第一块棱镜在墙上投射出七色的影子，接着举起一块打了孔的木板，挡住除了红色以外的所有颜色，让这条红色光束射到第二块棱镜上。他本以为第二块棱镜能将红色变回白色，但墙上的影子是红的，还是红的！倾斜棱镜，他看到橙光也是这样。他终于知道了，光是由各种颜色构成的，一旦分离，每一种颜色都是纯粹而独特的。接下来，他继续移动棱镜，一一尝试了其他颜色——黄色、绿色、蓝色、靛色、紫色。他从纸上剪下一个圆，用两个分别只透射蓝光和红光的三棱镜照射它，圆纸变成亮紫色。和伦勃朗一样，他把颜色混合在一起，也像海赛姆一样，他把结果记录了下来：“红色和蓝色混合形成紫色，黄色和红色混成橙色。紫色和红色混成鲜红色，红色和绿色混成深褐色。”就像伽利略打造了自己的望远镜一样，牛顿很快就开始制作三棱镜——将玻璃板粘成三角形的水槽，在里面灌满雨水。像他自己一样，牛顿发现：“红、黄等色形成于物体内，是物体通过阻止缓慢移动的光线而不阻碍速度较快的光造成的，而蓝色、绿色和紫色的形成则是由于阻碍了速度较快的光而不影响速度较慢的光。”

他对光的探索永无休止，但却永远无法弄清它的全部奥秘。他会用三棱镜操控颜色，却永远学不会如何为人处世。他的发现将引起长达数十年的激烈争斗，对他的怨恨像墙上的颜色一样，上升，飘浮，继而下沉。直到下个世纪，他才愿意出版自己的著作《光学》(*Opticks*)。未来，牛顿将帮助人们加深对光的认识，随着相对论和量子理论的产生，光被用来扫描、治疗、测量和绘图，但无论如何，它仍无法摆脱艾萨克·牛顿发现的那些规律。

第一批听到牛顿关于光的革命性发现的人却漠不关心。1670年1月，牛顿刚刚得到三一学院的卢卡斯数学教授席位（Lucasian Professor of Mathematics）①，开始每周授课。前一年，上任卢卡斯教授讲授的是光学，所以牛顿就继续接力。牛顿教授站在寒冷的教室里，木桌嘎吱作响，只有英格兰冬日里射进窗户的微弱阳光，他开口讲道：“大多数几何学家都在研究最近发明的望远镜，似乎没有给别人留下任何研究光学或进一步发现的余地……”教室里也许有人打哈欠，或者只是一片沉默，毕竟，他用的是拉丁语。牛顿继续道：“对我来说，重新研究这门科学似乎是徒劳无功的，但既然我注意到几何学家在光的某些折射问题上都犯了错……”牛顿讲了一个小时。他并不吝啬于宣布他的发现，告诉学生他的实验，“以免你们认为我讲的是无稽之谈而不是真理”。一个星期后，当他返回教室继续上课时，教室里空无一人，不论如何，他仍然继续讲

---

① 英国剑桥大学的一个荣誉职位，授予对象为与数学及物理相关的研究者，同一时间只授予一人，牛顿、霍金、狄拉克都曾担任此教席，现任此职的是英国物理学家迈克尔·盖茨（Michael Cates）。——译者注

着，就像他在整个学术生涯中经常做的那样，如同他的一位同事所说的那样："对着墙"读书。学生们对牛顿的发现毫不关心，和光的所有谜团一样，只有最好奇的人才会对答案感兴趣。

自1660年以来，伦敦皇家自然知识促进学会（the Royal Society of London for Improving Natural Knowledge）① 的成员一直在格雷欣学院的一间镶着木板的大房间里开会，这里离伦敦塔不远。在这个房间里，在熊熊燃烧的壁炉前，这群头戴飘逸假发、身穿长礼服的浮夸之人，就像探索大自然的孩子。每次会议都从对潮汐、天气、月相的研究开始，然后是实验。不久后，皇家学会的会员就研究了一只独角兽的角。畸形学——对畸形的研究——在学会中备受欢迎，会员们在这里研究了双头小牛、畸形的死胎和巨大的肿瘤，那些据说已经怀孕多年的妇女也常常受到关注，上帝保佑那些可怜的动物——狗、蛇、雏鸟——在这里，在燃烧的壁炉前，它们遭受着最新的活体解剖技术的摧残。

为了加深人们对自然的认识，英国皇家学会还出版了世界上第一本科学期刊——《哲学汇刊》（*Philosophical Transactions*），这个名称意味着科学和哲学之间的区别仍待艾萨克·牛顿来说明。1671年，牛顿给皇家学会送去了一个新的奇迹——一台6英寸的反射望远镜，比伽利略的折射望远镜更强大，他因此被邀请加入该学会。尽管他害怕把自己的发现告诉那些"有偏见和爱挑剔的人"，但他的骄傲还是促使他接受了邀请。从剑桥到伦敦漫长而难熬的车

① 即英国皇家学会，是英国资助科学发展的组织，其宗旨是促进自然科学的发展。它是世界上历史最长而又从未中断过的科学学会，在英国起着全国科学院的作用。——译者注

程阻挡了牛顿参加学会的会议，但没有什么能阻挡他遭受的诽谤，任何阶段的男人都难免如此。加入学会六周后，他写信给学会秘书海因里希·奥尔登堡（Heinrich Oldenburg），附上了他的《光和颜色的新理论》（“Theory on Light and Colours”）。

1672年2月8日，皇家学会又一次召开会议，会上首先公布了一份关于月球如何影响气压计的报告，接下来是关于狼蛛咬伤人的研究。然后，奥尔登堡秘书展示了他那天早上收到的论文，这份论文来自剑桥大学那位杰出的新会员。学会之前做的那些报告，通常都以对同行的称赞或表达作者的谦虚开始，但牛顿的论文开门见山，就像射透迷雾的灯塔之光。

> 1. 由于光的折射度不同，所以它们呈现这种或那种特定颜色的倾向也不同。颜色并不是光的属性，也不是由自然物体（一般认为）的折射或反射产生的，而是原始、天生的属性，在不同光中，这些属性也是不同的。
>
> 2. 某一折射率永远对应着某一颜色，某一颜色的折射率永远不变。折射率最小的光都倾向于呈现红色……折射率最大的光……呈现深紫色。

罗伯特·波义耳正聚精会神地听着，牛顿曾相信过他的颜色理论。波义耳比牛顿年长16岁，对笛卡尔和伽利略的思想深信不疑，他仍然认为白光是通过某种方式变为有颜色的，现在却有个初出茅庐的年轻人坚持认为光是由不同的颜色组成的。奥尔登堡秘书继续读道：

> 最美妙、最令人惊讶的是白色的组成，没有哪一种光能单独产生白色。它是最复杂的颜色，上述的所有原色按照比例混

合，才能合成白色。因此，白色是光通常的颜色，因为光是各种颜色的混杂集合，而这些颜色又是各种发光物体杂乱射出的光。

波义耳对牛顿的理论做何看法不得而知，但在拥挤的房间的另一边，坐着一个矮小、驼背、狡猾的人，他很快就会让牛顿的生活变得痛苦不堪。罗伯特·胡克（Robert Hooke）专门研究显微镜，还写了开创性的《显微制图》（*Micrographica*）一书，令牛顿十分钦佩。胡克和牛顿似乎天生就是敌人：一个身材高大，长着鹰似的五官，另一个弯腰驼背，扭曲不堪；一个避世隐居，另一个是伦敦咖啡馆的常客；一个是天才，另一个拼了命地想赢得这个赞誉。他们长达三十年的夙怨并非始于2月的那个下午。当牛顿的论文被宣读时，胡克彬彬有礼地坐着，与其他人一致同意发表牛顿的这篇论文，以免该成果被窃取。但休会时，胡克去了附近舰队街上的“乔咖啡馆”，这里离泰晤士河只有几个街区，他在密谋对付他的新对手。

胡克虽然不是法国人笛卡尔的粉丝，但他同意光就是压力的观点，或者像托马斯·霍布斯认为的那样，光是脉冲。胡克认为，世界上只有两种颜色：白和黑——其余的颜色只是“倾斜、混乱的光脉冲在视网膜上留下的印记”。在胡克看来，那种认为颜色是白光分裂成不同部分的理论是荒谬的，传播这种无稽之谈充满危险。作为英国皇家学会的实验负责人，学会指派胡克写一篇对牛顿理论的回应。他简单地看了一下论文，没有做任何实验，然后就动笔了。

回到剑桥后，牛顿得知英国皇家学会将发表他的论文，这让他十分高兴。然而，几天后，他看到了胡克的回复。胡克虽然称赞了“牛顿先生出色的论述”，但认为牛顿所有的棱镜实验都是在模仿他人，声称自己多年前就做过这些实验。同样，胡克也嘲笑白光中含有“不同”原色光线的说法。“即使是他声称的那些实验，”胡克写道，“在我看来，似乎也不过证明了光是通过均匀、统一和透明介质传播的脉冲或运动。”三棱镜也许可以“分裂”光，但那些颜色比管弦乐队交织的声音更清晰吗？“颜色不过是光的脉冲与其他透明介质相互作用而产生的干扰……［而］那两种颜色（自然界中再没有比这两种颜色更纯粹的了）不过是由复合脉冲或是折射引起的运动对传播造成干扰的结果。”胡克总结道，牛顿先生应该把时间用在改进他的小望远镜上，他还声称这种望远镜他早在几年前就做出来了。

如果愤怒有颜色——比如血红色，毫无疑问——牛顿会像他家的窗帘和家具一样红。不知何故，他平息了自己的愤怒，只要求英国皇家学会亲手试试他的实验，可胡克拒绝了。整个春天，激烈的交流一直在进行，胡克声称牛顿的实验自己以前都见过，牛顿则要求他去做实验，可胡克又拒绝了。很快，牛顿就受到了更多的批评。英国皇家天文学家约翰·弗兰斯蒂德（John Flamsteed）向英国皇家学会证实，三棱镜确实能将一束光散射成不同的颜色，但每种颜色与其他颜色混合在一起，“不会产生确定的颜色，而是各种颜色混合在一起的混合色”。在英国皇家学会的《哲学汇刊》发表牛顿的《光和颜色的新理论》一文时，来自巴黎的质疑声更大了。一个持怀疑态度的法国人写道，牛顿的长方形光谱是由太阳光的不同部分照射到三棱镜上引起的。这位笛卡尔的信徒认为，颜色只是黑、白两色的混合。

1672 年，牛顿在乡下度过了一个夏天。他在光学方面有了更多的发现，但现在他学会了保留。只有少数好奇的人讨论过他关于光的革命性理论，在接下来的 30 年里，他的理论也没有传到世界上的其他地方。皇家学会命令胡克重新考虑牛顿最初的论文，胡克向他的对手建议两人私下通信，牛顿同意了，但他们的争执还远未结束。

进一步的怀疑很快就来了。荷兰天文学家克里斯蒂安·惠更斯认为，光只有两种颜色，但既不是黑也不是白。“我也不明白牛顿先生为什么不满足于这两种颜色——黄色和蓝色，因为用运动假说来解释这两种差别，比解释多样的其他颜色要容易得多。”牛顿回答说，如果这位著名的天文学家想用两种颜色勾画世界，那他应该成为一名艺术家。

1673 年 3 月，牛顿要求退出皇家学会，奥尔登堡秘书没有理会这一要求，但牛顿突然间从学会销声匿迹了。在接下来的两年里，牛顿再次孤身一人，带着他的三棱镜，就像诗人威廉·华兹华斯（William Wordsworth）后来想象的那样，“独自航行在奇异的思想海洋中”。虽然刚过 30 岁，但他的长发已经灰白而蓬乱。他后悔曾与皇家学会接触，后悔曾把自己的发现带出房间，他写道：“到现在，在寻找阴影的过程中，我牺牲了我的安宁——这才是最本质的东西。”他不再写信给罗伯特·胡克、克里斯蒂安·惠更斯或任何愿意讨论光的人。在烛光照耀的房间里，他在笔记本上填满了关于物质、运动、炼金术和古代文明的研究成果。他在三一学院狭窄的小路上大步走着，思索着，琢磨着，有时停下来，拿一根棍子在沙砾上写下一个方程式。

迫使牛顿离群索居的争执还不只是颜色问题。随着科学革命的蓬勃发展，人们开始对光的本质展开了争辩。到 17 世纪中期，尽管在英国大行其道的贵格会（Quaker）① 还在寻找上帝的“内在之光”，但不再有一个哲学家-科学家认为光是精神层面的，它肯定是某种物质，由某种物质组成，像物质一样运动，但这种物质是什么？狡猾的罗伯特·胡克坚持他的理论，认为光是一种脉冲，另一些人则深信笛卡尔的观点——光是一种压力。一种新的理论悄悄诞生了——也许光的运动并不像网球或棍子的振动，光的最佳解释可能在大海边。

早在 1661 年，牛顿刚开始在剑桥大学学习时，博洛尼亚的一位教授就观察到了另一个关于光的奇特现象。虽然弗朗西斯科·格里马尔迪神父（Father Francesco Grimaldi）是教光学的，但他并无意解释光究竟是什么。“说实话，”这位耶稣会神父写道，“我们真的对光的本质一无所知，使用毫无意义的空泛词汇来描述它是不诚实的行为。”但在研究阴影的过程中，格里马尔迪神父注意到一个现象，这个现象曾让达·芬奇感到吃惊。“阴影分为两种，”达·芬奇写道，“一种是简单影，另一种是复杂影。”达·芬奇认为复杂影——围绕较暗的本影的模糊影——是光的反射造成的，但格里马尔迪神父却发现另有原因。他在百叶窗上开了一个小孔，让一束铅笔粗细的光束照进来，当他把一枚硬币放在光束上时，它的影子变模糊了，而且比它应该有的样子稍微大一些。“光，”格里马尔迪神父总结道，“不仅通过直接、折射和反射的方式传播或扩散，还存

① 又名教友派、公谊会，兴起于 17 世纪中期的英国及其美洲殖民地。“贵格”为英语 Quaker 一词的音译，意为颤抖者，贵格会的特点是没有成文的信经、教义，最初也没有专职的牧师，无圣礼与节日，而是直接依靠圣灵的启示来指导信徒的宗教活动与社会生活，始终具有神秘主义的特色。——译者注

在第四种方式——衍射。”

衍射，即光线经过硬的障碍物时发生轻微弯曲的现象，是模糊影的成因，它也解释了为什么当格里马尔迪神父把光从布满划痕的金属板上反射出去时，光束的颜色变暗了。格里马尔迪神父的蚀刻板堪称第一个衍射光栅。如今，衍射光栅在玩具中制造出彩虹图案，也是全息图的重要组成部分，每一张 DVD 和光盘都能将光线衍射成不同的颜色，就像某些羽毛一样。光的微粒说解释不了衍射现象，因为微粒通过任何物体都不会发生散射。“光之所以能永久地呈现鲜明的颜色，”格里马尔迪神父写道，“可能是因为波动的原因。”格里马尔迪神父还没来得及做进一步的实验，就于 1663 年去世了。耶稣会士埋葬了他，在他的墓志铭上写道：“他一生待人平和。”可是，他认为光是一种“波动”的观点却引发了长达 250 年的争论。

17 世纪 70 年代中期，牛顿的众多批评者之一克里斯蒂安·惠更斯提出了一个关于光的新学说——“波动说”，他是一位与阿基米德、笛卡尔甚至牛顿齐名的数学家，作为概率论的先驱和土星环的发现者，惠更斯在巴黎工作时开始写作《光论》（*Treatise on Light*）一书，这本只有短短 90 页的专著反驳了所有关于光的理论。惠更斯认为，光不可能是压力，若是压力，那两个人对视时会发生什么？相反方向的光的相互碰撞，不会损害他们的视力吗？光也不是像笛卡尔和牛顿所认为的那样，在水中的传播速度比在空气中快。密度较大的材料——玻璃、水、棱镜——都会减缓光速，使光线弯曲。但它们真的是射线，或者是呈直线流动的微粒吗？惠更斯坚持认为，光一定是一种波，就像海岸边的波，波的一部分接触到另一部分，形成了围绕波前的次级子波。为了预测波和子波如何折射，惠更斯计算了角度，利用相邻三角分析了连续运动，还应用了斯涅耳-笛卡尔定律。结果，他建立了一个可以分析波的行为的精确数学模型，这个模型也可以适用于光。“当我们意识到，在离发光体很远的地方，无穷多的波——即使是这个物体的不同点发射出来的波，结合在一起，形成一个单一的波，其强度足以被探测到，我们也就不会感到惊讶了。”

和牛顿一样，惠更斯也不喜抛头露面，又过了12年，他才发表了这本著作。那时，牛顿已经从孤独中走出来，向皇家学会提交了第二篇论文。

在1675年的整个圣诞节期间，英国皇家学会的几次会议不再虐待动物或研究畸形。相反，会员们讨论了牛顿的《解释光属性的假说》(*A Hypothesis Explaining the Properties of Light*)，和从前一样，牛顿本人并不在场。连续几天下午，会员们在熊熊的炉火旁争论不休，从这篇最新的论文中，仍能看出之前批评的伤痕。虽然他通常倾向于实验证明，但这次却给自己的论述贴上了假说的标签。这个标签让他得以自由推测光究竟是什么，但他还是对自己的理论十分谨慎。

> 如果我要提出一个假设，并且更概括地进行解释，这假设应该是这样的：为了不给光的本质下定论，不管它是能激发以太振动的什么东西……有的人或许认为，光是由无数不可思议的微粒组成，这些微粒大小不一，体积小，速度飞快，从远处的发光体里射出，一个接一个，在运动原理的推动下，不断向前运动，中间没有任何时间间隔……也有人会欣然承认，光可能是精神的，但我们也会看到机械的光……

针对牛顿的最新假说，罗伯特·胡克和他的朋友们在伦敦的咖啡馆里展开了漫长的辩论。1 月，建筑师克里斯托弗·雷恩（Christopher Wren）也加入了讨论，此时，胡克在日记中夸口说，他“证明牛顿借鉴了我关于脉冲或波的假说”。但随着牛顿提交更多的实验结果，胡克开始怒火中烧了。

在他的《显微制图》一书中，胡克描述了当薄透明板被压在一起时，会呈现出五颜六色的同心圆，中间是一个黑色的椭圆形。胡克只是观察到了这些圆，而牛顿将它们描述出来了。当他将两块棱镜压在一起时，牛顿第一次看到了奇异的圆环，它不断移动，似乎飘浮在棱镜之间，它的中心被“许多细长的彩色弧包围着，最初的形状很像蚌线”。牛顿用自己的玻璃薄板观察这些圆环，发现挤压玻璃时圆环会扩大，玻璃板碰到水时会褪色。他把这些圆环画了下来，标出围绕着黑色中心的每道圆环的颜色，并且计算了它的折射率和周长，如今我们将它称为“牛顿环”（Newton's Rings）。读到牛顿的实验时，胡克勃然大怒，牛顿则回应道，在他进行自己的观察之前，已经肯定了胡克的功劳。“我想他会允许我充分利用这些我不辞辛劳得到的成果。”当皇家学会的会员继续质疑他的理论时，牛顿重复了他最初的请求——做实验。最终，他们做了实验。如果说巨石阵的夏至是“太阳的生日”，那么现代光学的概念也有它自己的诞辰和诞生地。

1676 年 4 月 27 日，伦敦，格雷欣学院。除了牛顿之外，所有皇家学会的会员都在场。屋外，春意盎然。室内，驼背、身材矮小的罗伯特·胡克手拿一面棱镜，对准了射入百叶窗的一束光线，一道鲜艳的长方形彩虹在一面墙上闪闪发光。胡克将一种颜色分离出来，用第二面棱镜将它透射出去，红色依然是红色。胡克将单色光重叠到一起，结果形成了不同的颜色，他按照牛顿的步骤继续操作。根据英国皇家学会那天的记录，光就像“听了牛顿的指令，达到了他一再宣称的效果”。

1677年，牛顿开始准备出版他的《光学》，但他三一学院的房间着了一场火，许多论文都被烧毁了。紧接着，英国皇家学会秘书海因里希·奥尔登堡去世了，会员们推选罗伯特·胡克接任了他的职位。于是牛顿改了主意，“因为我认为，一个人要么下定决心不再创造新事物，要么就会成为一个捍卫新事物的奴隶”。在接下来的十年里，他的课堂门可罗雀，他写下了关于炼金术和所罗门神殿的论文，在他看来，所罗门是世界上最伟大的哲学家。他独自生活，专心研究重力和运动，微调了他奇迹之年中影响最深远的创造——微积分。[几乎同时，德国哲学家戈特弗里德·莱布尼茨（Gottfried Leibniz）也开创了微积分，但牛顿发表的版本更详细，几乎立刻就得到了赞誉。]1687年，除了关于光的研究，牛顿所有的研究都在《原理》(*Principia*)① 一书中出版了，这本书是用拉丁文写成的，里面充满了公式、假设、问题和定理。这本用羊皮纸装订成的巨著被翻译成多种语言，使得牛顿的名气远远超出了其他光学研究者。一位法国哲学家打听牛顿：“他吃、喝、睡吗？他和其他人一样吗？”一位苏格兰数学家感谢牛顿“不辞辛劳地教给世人知识，我从未想过有人会知道这些”。1698年，当俄国的彼得大帝造访伦敦时，他要求亲眼一睹三个奇迹——英国造船厂、皇家造币厂和艾萨克·牛顿。

随着牛顿声名鹊起，人们开始敦促他发表光学研究成果。“你说，你还不敢发表它，”一位数学家给他写信道，“为什么现在还不

---

① 即《自然哲学的数学原理》。——译者注

行？或者说，如果不是现在，那是什么时候？……同时，你会失去它带来的名声，而我们也无法从中受益。”牛顿没有回信。最后，1703 年，罗伯特·胡克去世，英国皇家学会一致投票选择牛顿接替他的职位，可那时，研究和隐居已经把这个“可怜的……苍白的……伙计”变成了一位同行所谓的“我所知道的性情最多虑、最谨慎、最多疑的人”。好在没有人反驳他的理论，加上胡克的去世，牛顿终于让全世界知道了他很久以前关于光的发现。

《光学》出版于 1704 年。书中的实验模型很精确，但对牛顿而言，描述光这种离奇的现象却是不小的困难。为了解释为什么水会反射一些光微粒，而折射另一些光微粒，他用了“阵发”这个词——“容易反射的阵发”和“容易传播的阵发”。被吸收的光被“抑制或损耗”，过多的光被称为“外来光”，它的一般特性是“庸俗的”。《光学》这本书虽然文笔拙劣，但却极大地加深了人们对光的理解，就像任何棱镜都能使光发生弯曲一样。

这本书的前两节介绍了牛顿几十年前所做的实验——棱镜和牛顿环。翻阅《光学》，读者可以看到光从 F 孔滤过，射到棱镜 ABC 上，又透过透镜 MN，呈现出单独的光束 P、R 和 T。命题变成了问题，问题又变成了定理。牛顿声称，他写的是“入门知识，针对的是脑筋转得快、理解力强但尚未精通光学的读者”，但如果对笛卡尔的几何学没有全面的理解，读者根本无法理解这本书。在第三部分中，牛顿试图再现格里马尔迪神父发现的衍射现象，牛顿称这位神父为格里马尔多。和这位耶稣会神父一样，牛顿使用了尽可能微弱的光源——据他估计，他使用的光束直径仅 1/42 英寸。他把这束光对准一根头发，把头发放在两片闪光的刀刃之间，远近移动一张白纸。尽管他看到了彩色光纹和两束“像彗星尾巴”一样射出的光，但他仍未对光的第四种传播方式得出结论。他曾计划对衍射现象进行全面的研究，但始终无法以他严谨的头脑所要求的那种确定性概念来定义衍射。相反，他以疑问结束了他的论述，引导人们去做进一步的研究。

《光学》里的28个问题反映了牛顿对光的困惑。他推测以太是“比空气更微妙的媒介”，但也承认，“我不知道以太是什么”。他对光的波动说表示敬意，问道：“光线在经过物体的边缘和侧面时，难道不会前后弯曲几次，就像鳗鱼那样吗?”因为最近一位荷兰天文学家在绘制木星的卫星图时估算出了光速，所以牛顿大胆地做出了自己的猜测——光速每秒196 000英里，从太阳照射到地球需要7分钟。他离正确答案只差1分钟，每秒10万英里。最后，牛顿不为人知的另一面——炼金术士、神秘主义者、精神修行者——探究了光的本质。“光线难道不是从发光体中发出的非常小的物体吗?”既然变化是大自然永恒的本质，蝌蚪变成青蛙，蠕虫变成苍蝇，“为什么大自然不能把物体变成光，把光变成物体?”牛顿总结道，唉，如果人类没有浪费宝贵的时间去“崇拜虚假的神……太阳和月亮，以及死去的英雄们”，他们可能早已经弄懂了这些问题。在《光学》的后续版本中，牛顿加进了更多的问题，但在每个版本中，他的实验都保持不变，激发了越来越多人的好奇心。

常识和诗人亚历山大·波普（Alexander Pope）都告诉我们，随着牛顿《光学》的出版，“一切都是光”。但是，科学革命并不能冲破意识形态的壁垒，可正如哲学家托马斯·库恩（Thomas Kuhn）所指出的，新理论的发展是渐进的，会导致长期的争斗、口水战，最后才是思维模式的转变。1704年，英国皇家学会将牛顿的光学理论束之高阁，这些对他们来说已是勾起痛苦回忆的旧闻。

“这本书，”约翰·弗兰斯蒂德写道，“不像《原理》那样引人注目。”在巴黎，类似英国皇家学会的机构——法兰西科学院（l'Académie des Sciences）听了牛顿的理论不下十次，但仍对（咳咳！）笛卡尔先生深信不疑。一些法国人重复了牛顿的棱镜实验，但其他人却不得其法，没有看到明确的证据。对牛顿的怀疑一直延续到18世纪20年代。那时，艾萨克·牛顿已经80多岁了，身患肾结石，垂垂老矣。1727年，牛顿去世，得到了隆重的国葬，成为第一个享受国葬的平民。当牛顿的灵柩被埋葬在威斯敏斯特教堂哥特式的光芒下时，在围观的人群中，有一位法国流亡作家，他的名字叫伏尔泰。他在家书中写道：“我见了一位数学教授，仅仅因为他在职业中做出了伟大贡献，就像一位善待臣民的国王一样被埋葬。”

当伏尔泰回到法国时，他遇到了优雅的夏特莱侯爵夫人。侯爵夫人是一位数学天才，但伏尔泰并没有自惭形秽。不久后，他就和侯爵夫人住在一起，开始向欧洲其他国家介绍牛顿。她把《原理》一书译成法文，而伏尔泰则在他的《哲学书简》（*Letters on England*）中表达对牛顿的痴迷，“一千年来几乎找不到可以和他媲美的人”。伏尔泰认为，牛顿对光的剖析“比最棒的画家对人体的解剖还要灵巧”，他宣布：“他的时代来临了。”由于含有批评法国的言论，《哲学书简》在巴黎被禁，伏尔泰再次被流放，当他再次与侯爵夫人团聚后，他开始写一本关于牛顿的书。自创世以来，光的解释权第一次脱离了神圣的神秘主义者和长篇大论的巫师，交给了那个时代最具天赋的作家。

为了让这本书的受众尽可能广泛，伏尔泰耐心地从托勒密的杯中硬币写到格里马尔迪神父的衍射。伏尔泰宣称，光就是微粒投射出来的“火”，而这些微粒是“太阳投射到我们身上和遥远的土星上的，其速度之快令人惊叹”。（伏尔泰猜测，光的传播速度比炮弹快166万倍。）他解释了微粒理论，提出光的每个微粒重量都是固定的，红色微粒最重，因此折射最多。他还探究了彩虹和奇妙的折射光，建议读者像他一样用自己的棱镜来观察。伏尔泰对那些仍然站在笛卡尔一边的人嗤之以鼻：“难道因为他们生在法国，就羞于从英国人那里接受真理吗?”

1738年，《牛顿哲学原理》（*The Elements of Newton's Philosophy Within Reach of Everyone*）在巴黎出版，人们的思维模式变了：“牛顿让整个巴黎产生了共鸣，”一位观察者写道，“整个巴黎都在读牛顿，整个巴黎都在研究和学习牛顿。”不久后，伏尔泰的一位朋友就写下了《为女士写的牛顿学说》（*Il Newtonianismo per le dame*）一书，把牛顿介绍到了意大利。在18世纪剩下的时间里，牛顿的理论成了欧洲大陆上盛行的光、折射的光，和他的理论完全一样的光。大学里开始教授《光学》，诗歌开始赞颂《光学》，王室也开始崇拜《光学》。它的基本观点——白光由独立的、不变的彩色组成——变成了常识。只要有棱镜，傻瓜也能像艾萨克·牛顿那样了解光的知识。伏尔泰说：“一个新的宇宙向那些愿意看到它的人开放了。”

他独自待在黑暗的房间里，把一面棱镜对准“窗户上的洞……这样它的轴心就可能与世界的轴心平行”。他把一本翻开的书放在对面的墙上，在棱镜和书之间固定了一面透镜，调整棱镜使光的颜色通过透镜，将一束红光聚焦在纸上。他站着不动，等待阳光开始无声的表演。“然后，我就待在那儿，随着太阳及其影子的移动，看着从红色到蓝色一一从那些文字上掠过。”

# 第九章

## “狂野而和谐的曲调”——浪漫派与诱人的光

游吟诗人的声音亘古流传，
他能基于现在把未来预见，
具有神力的耳朵还能听见，
来自天国的最神圣的福音，
回荡在远古的大森林中间。
他能对已逝灵魂发出呼唤，
让夜露中哭泣人不复心酸；
超凡的游吟诗人法力无边，
可以控制繁星满天的赤寰，
将破灭的希望之光再点燃！

——威廉·布莱克，《游吟诗人的声音亘古流传》（*Hear the Voice*）

无言的光像飘落的雪花和漂泊的浮云，把你我迷惑。柔和的光辉是预示着铅色的日出来临，夜空中旋转的星辰寂静无声，划过的流星也不会扰乱这份寂静，只有在我们心中，天光之乐才会响起。就像为自己的电影配乐一样，看到太阳和月亮时，我们的脑海里也会回荡起协奏曲，日出是贝多芬，日落是莫扎特。然而，当光第一次化为音乐时，维也纳音乐厅里的观众毫无准备，他们从未听过光的声音。那是 1798 年，浪漫主义时期的开端。

浪漫主义反抗一切理性的、分析的或被贴上“启蒙”标签的东西，就像战场上的烈焰一样熊熊燃烧。从拜伦（Byron）到歌德（Goethe），从肖邦（Chopin）到济慈（Keats），浪漫派拒斥牛顿的经验主义、卢梭的“社会契约论”和康德的“纯粹理性”。浪漫派把自我置于工业化的集体之上，把发自内心的情感置于“干涉性的智力”之上，最重要的是，他们珍视那种“崇高”的、难以捉摸的美与渴望的混合体。浪漫主义者们一次又一次地坠入爱河，喝酒、写作，喝酒、绘画，喝酒、作曲，而这些事情注定要以悲剧收场。当他们在艺术或爱人的目光里感受不到浪漫时，就到大自然中去寻找，漫步在月光下的墓地里或意大利的海滩上，沉醉于风、浪和光之中。

浪漫派将艾萨克·牛顿视为死对头。整个 18 世纪，牛顿几乎成了传奇，在那些如今依然家喻户晓的学者看来，牛顿就是启蒙运动中的世俗神——“贤明之光”，“神一般的人”，“他自己就是光”。1784 年，一位法国建筑师设计了一座城市模型，其中就有一座牛顿纪念碑，直径 750 英尺，耸立在沐浴着阳光的基座之上。虽然这座纪念碑未曾建成，但牛顿的光芒仍然影响深远。无论是物理专业还是艺术和文学专业的学生，都得了解光的基本知识，清楚光是如何折射和反射的，以及光可能是由什么构成的。在流行小说中，作者也写到了光：在著名的《格列佛游记》中，主人公格列佛遇到了勒皮他人，他们为光而活，致力于研究星星，每天早上首先要检查太阳的健康状况。艺术家们也用精心设计的配色向牛顿致敬——在色轮、三角色图和颜色锥体里填充牛顿七色光谱中的颜色。法国化学家安东尼·拉瓦锡（Antoine Lavoisier）列出的元素周期表里，共有33种自然元素，和后世的元素周期表不同的是，第一个元素不是氢，而是光。

启蒙运动中，哲学家和天文学家扩展了人们对宇宙的认识。1755年，伊曼努尔·康德（Immanuel Kant）首先对浩瀚的夜空做出推测。"当我们看到浩瀚的银河系中充满了无数的世界和星系时，是多么的惊讶啊！"康德写道，"那里没有尽头，只有一片真正无垠的深渊，在它面前，人类所有的智慧都会耗尽。"又过了一代人，天文学家威廉·赫歇尔（William Herschel）发现了一颗由于距离太远而肉眼难以看到的行星——天王星。赫歇尔和妹妹卡洛琳联手，相继发现了数以百计的星系。赫歇尔说，银河系外不是遮挡天堂之光的地球的影子，而是一片巨大的虚空，布满了"可能在未来化为太阳的混沌物质"。光是恒星的本质，而太阳只是数十亿恒星中的一颗，这正是伏尔泰透过牛顿的棱镜瞥见的"新宇宙"的一部分，可是，有些人却拒绝接受这种观点。

那一代的浪漫主义者尊崇光，认为光不只是牛顿那道穿透黑暗房间的铅笔粗细的光束，甚至不只是恒星的特质。在浪漫主义者眼里，也许光不再是神，也不再是他的自画像，而是美和超然的本质。如果科学的工具——诸如镜子、棱镜和方程式——剥夺了"坠落之光"的高贵，那么艺术的工具将重现它。整个浪漫主义时期，人们用诗歌赞颂光，把光编成交响乐，画布上的光比以前更闪耀了，月亮也成了媒人。光的浪漫主义时代始于一个管弦乐队的鸣响。

《创世记》（*The Creation*）这部新颖的清唱剧引起了人们的兴趣，但真正让维也纳的施瓦岑贝格宫（Schwarzenberg Palace）在1798年的一个春夜挤满了观众的，是这部作品的作曲家。当时，这座雪白的巴洛克式建筑外挤满了人，警察不得不驱散那些说只想看看他们心爱的“海顿爸爸”的围观者。约瑟夫·海顿的父亲是一位奥地利轮匠，他把音乐变成了海顿家中日常生活的一部分，海顿本人曾为皇室的国王和王子们表演，他的大部分作品得到了皇室的资助，包括协奏曲、清唱剧和一百多部交响乐。60多岁的海顿仍是欧洲最著名的作曲家之一，此时，他开始创作《创世记》。

这部清唱剧的灵感源自一位伦敦朋友给他的英文歌剧脚本，它改编自《创世记》和弥尔顿的《失乐园》，详细讲述了《圣经》中的创世过程，甚至第一句话也是“起初……”。海顿对此很感兴趣，尤其是在见过天文学家威廉·赫歇尔之后，赫歇尔告诉他，宇宙浩瀚无垠，充满了光。回到维也纳，海顿让一个朋友把剧本翻译成德语，然后开始祈祷。“在创作《创世记》时，我怀着前所未有的虔诚，”他后来写道，“我每天都跪下来，祈求上帝赐予我创作的力量。”

4月20日，维也纳的贵族们穿着飘逸的高领长袍，戴着扑粉的假发，聚集在皇宫的音乐厅里。厅内吊灯闪耀，裸露的脖颈和胸脯上的珠宝闪闪发光，管弦乐队登上舞台，三位独奏者紧随其后，接着是一个小合唱团，最后出场的是胖乎乎的海顿，头戴白色假发，手里拿着指挥棒，其中一位观众回忆起当时的情景：“几乎可以这么说，当他第一次鞠躬时，笼罩全场的是最深沉的沉默，是观众们一眨也不眨的眼睛，是一种最强烈的虔诚。”《创世记》以低沉的小号拉开序幕，然后就进入了富有原始气息的协奏。小调部分令人难忘，小提琴、长笛和单簧管各自演奏，不甚协调，似乎是“一片虚无”。“混沌”还在继续，观众们坐在那里，倾听音律上升、下沉、流动，三个沉重的音符后，大厅里鸦雀无声，一个穿着正装的男人走上舞台，他挺直身子，用低音开始清唱：

起初，神创造天地……

此时，小提琴和单簧管响起。这低音继续唱道：

地是空虚混沌……

此时，四个女人的和声升起，就像神的灵“运行在水面上”。女高音停歇后，他轻轻地唱出上帝的第一句话：

要有光。

三把小提琴拨动出柔和的音符。沉默再次降临。观众们静静地坐着。合唱团低低唱道：

就有了……

两秒钟后，整个乐队都吸了一口气。然后……

小号震天响，巴松管震天响，定音鼓震天响，双簧管震天响，短号齐鸣，所有的声音都在一个音符中爆发。轻快的琴弦如雨后春笋般渐次加入这场盛宴，犹如翻腾的云海，渐强音越发高昂响亮。指挥台上，海顿挥舞着双臂，将小提琴的音调拔得更高，为最终的爆发做铺垫。有位朋友后来回忆说：“当光第一次迸发的时候，有人会说光是从作曲家燃烧的眼睛里射出的。”15 秒后，小号发出最后的高音，独唱者唱道，神看“光是好的”。观众们竭力控制激荡的心情。光，第一道光，发出了回响。又过了几分钟，热闹才平息下来，新的咏叹调开始了。

在接下来的十年里，海顿的《创世记》成了欧洲讨论最多的音乐作品，从伦敦到圣彼得堡的音乐厅，观众都能听到“光”。在巴黎，这部清唱剧取悦了拿破仑，而在维也纳，贝多芬也用钢琴演奏它。浪漫主义的光散发出了它的诱惑，下一个拜倒的是一位画家。

在伦勃朗去世后的130年里，几乎没有哪幅油画再呈现绚丽夺目的光。伦勃朗画中的水果和花瓶仍然闪烁着光芒，但巴洛克和风格主义画家更喜欢醒目的棕褐色背景和柔和的光线，似乎没有艺术家特别着迷于光。就在海顿把光变为音乐的同一年，一个矮小、朴实、沉默寡言、孑然一身的画家爱上了光。

约瑟夫·马洛德·威廉·透纳（Joseph Mallord William Turner）在伦敦工业的烟尘中长大，对光深深着迷。1775年，也就是透纳出生的那一年，泰晤士河上的黎明刚刚降临，伦敦的天空里充斥着工厂烟囱的黑烟，画家约翰·康斯特布尔（John Constable）回忆道：“像烧焦玻璃里的珍珠”。透纳的父亲是一个贫穷的理发师，母亲又精神失常，他被光——穿透薄暮的光——深深吸引。虽然他不信教，但他已经逐渐开始相信：“太阳就是上帝。”他在去世前不久表达了这个观点。他十几岁时就开始展露才华，二十出头的时候就被人拿来和伦勃朗相比，但就像伦勃朗的早期画作一样，透纳的作品也没有表现出特别的光，他画的风景画比大多数画家都要明亮，光辉遍洒草地、庄园和大教堂，这种平淡无奇的光线也反映了透纳本人的性格。在光的所有门徒中——前苏格拉底学派思想家、修道士、诗人、怪人——透纳无疑是最愚钝的。他不爱与人接触，只有在被孩子们包围时才露出微笑，这让每个人都觉得他特别平庸。“人们对他一知半解，”《伦敦时报》（*London Times*）写道，“似乎让他觉得有意思。”透纳没有写过值得纪念的著作，只是匆匆地记过一些关于艺术的笔记，也只有那些一心想了解他长途跋涉在寻找什么的人才有兴趣阅读。“他一定是因为他的作品才受人爱戴，”透纳的一位熟人说，“因为他这个人并不出众，他的言谈也不脱俗。”

1798 年，透纳已经靠风景画赚了不少钱，便开始画他童年时期看见的光——被工业黑烟荫蔽的阳光。诗歌对他是一个启示。透纳曾在伦敦皇家艺术学院（Royal Academy of Arts）学习，不久后又在那里执教，该学院开始在画廊里的挂画旁边张贴启发灵感的诗句，这种变化反映了该学院认为诗歌和绘画是“姊妹艺术”的想法，也促使透纳开始仔细研究弥尔顿的诗歌。在《失乐园》中，他读道：

> 美哉！神圣的光，上天的初生儿！
> 把你写成与无疆共万寿的不灭光线，
> 谅必不算渎圣？因为上帝就是光……

对透纳来说，弥尔顿的作品是一种启示，也许其他人也敢把太阳看作神明。不久，一位富有的艺术赞助人邀请透纳到他家欣赏一幅画，这幅画由法国艺术家克劳德·洛兰（Claude Lorrain）创作，描绘了炫目的日落前的一个海港。透纳沉浸在这奇妙的光芒中，突然哭了起来。

“你为什么哭成这样，我的孩子？”透纳的赞助人问。

“因为我永远画不出这样的画。”

不到一年，透纳就向所有旧规则发起了挑战。自达·芬奇以来，艺术家们一直认为天空是蓝色的，淡蓝色天空出现在一幅又一幅的风景画里，同样蓬松的云朵，千篇一律的光影。然而，蓝色并不是透纳记忆中伦敦天空的颜色，也不是他设想清理掉烟尘后天空的颜色，透纳的光是黄色的，那光已经渗透进他的作品里，足以令任何曾经沉浸于夕阳之美的人产生共鸣。1799 年，透纳完成了他的水彩画《喀那芬城堡》(*Caernarvon Castle*)，突然间，就像光线经牛顿的棱镜照进他的房间一样，画布上的光冲破了一切障碍。在这幅被称为“透纳代表作”的画中，炙热的太阳从背后照亮了古老的喀那芬城堡，在小画布的正中央，两便士大小的太阳与沸腾般的天空融为一体，喀那芬城堡仿佛在燃烧，在炙烤着空气，下面的河流也荡起涟漪。这已不再只是绘画的光，更是一位敢于崇拜太阳的艺术家的光，他既享受太阳带来的欢乐，也承受太阳缺席的痛苦。从这幅画开始，透纳画中的光越来越亮，黑暗越来越暗，尽管很少是在同一幅画中。其他艺术家可能更愿意接受达·芬奇的建议，但透纳读的是乔瓦尼·保罗·洛马佐，正是这位理论家启发了卡拉瓦乔。在一本速写本上，透纳潦草地写下对他的敬意：

> 光
> 直接的基色光……
> 洛马佐用它解放了神祇，引来了人们对荣光的崇拜。

到了 19 世纪，透纳继续卖着风格柔和的旧修道院和教堂的画，但在这些不是为钱而是出于热爱创作的画里，他把光放大了。他的海景画里波涛汹涌，救赎之光在上面快速运行，照耀英格兰牧场的光是明黄色的，好似蓝天不复存在。而他心爱的太阳，正如他的另一幅作品《雾中日出》(*Rising Through Vapor*)一样，散发着耀眼的光。

和其他浪漫主义者一样，透纳热爱远方的土地，也热爱所有的女人，他一生未婚，只断断续续地与一位寡妇生活过，几十年后又换了另一位。尽管有传言说他与第一个寡妇育有两女一男，但他自己常常说画才是他的孩子。在不懈的旅途中，他走遍了不列颠群岛、巴黎和阿尔卑斯山，然后带着数以百计的素描回家，在画室里画出越来越具野性的作品。有一次，他站在俯瞰泰晤士河的窗边，指向天水交界线。“你看到我的老师了吗？”他问一个朋友，“天空和水，它们多闪耀啊？我日日夜夜都在这里学习。”

1812年，透纳的风格在《暴风雪：汉尼拔和他的军队越过阿尔卑斯山》（*Snow Storm*：*Hannibal and His Army Crossing the Alps*）中又有了新的飞跃。在这幅画中，渺小的人在海浪一样卷起的乌云下跋涉，太阳像一个镶着黑边的蛋黄，其中的光，就像摩尼教和琐罗亚斯德教的神光，遭受着黑暗的威胁。接下来的几年里，太阳屡屡出现在透纳的商业画作中，但古板的伦敦艺术界让它的光辉陷入了困境，于是，1819年，透纳去了威尼斯。

生活在海边和河边的人都知道，光和水相得益彰，充满魅力，水把阳光变成亮片，把哈德孙河、阿诺河、塞纳河的水天交接处染成了比寻常陆地上的任何色调都要绚丽的色彩。长期以来，荷兰的艺术家们一直在讲“荷兰之光”，即弗美尔的《代尔夫特的风景》及周围地区天空的特殊光辉，荷兰之光从低地国家丰沛的水域上射出，透纳在威尼斯运河上也看到了类似的光芒。在去罗马之前，他没有在那里作过画，顶多画了一些素描，但当他从意大利回来时，满心都是威尼斯河上的余晖。不到一年，他画中的光就变得与其他画家截然不同。

在《威尼斯，从珠玳卡岛向东看：日出》（*Venice*，*Looking East from the Giudecca*：*Sunrise*）中，穹顶和钟楼的微弱轮廓淹没在了铂金色的地平线中；在另一幅威尼斯画作中，太阳则出现在香草色的背景上；在其他作品中，月光洒在海浪上，日光吞噬着空气。透纳余生都将与光打交道，与伦勃朗的作品相比，透纳的作品更加光彩夺目，呈现的是原始的光。评论家威廉·哈兹里特（William Hazlitt）写道，透纳“乐于回到世界最初的混沌状态，或者回到水与旱地分离、光与暗分离之时……一片‘空虚混沌’”。欣赏透纳后期的作品，就是在向太阳靠近，像但丁一样升入天堂，一点点接近光的源头，光的乐曲亦在内心翻腾。

透纳作品里的纯光并非纯粹是颜料的功劳。与伦勃朗不同，透纳使用了许多技巧，这位荷兰大师和其他大多数画家都喜欢用赭石色作为画底，透纳却采用白色作为底色。为了使他的油彩画像水彩画一样有光泽，他在画布上刷了一层发亮的底子，画作完成后，再加一层半透明的涂层柔化，画面遂变得莹亮，色泽又浅。透纳留了一个长指甲，用它涂抹和刮擦画布上的颜料，他有时甚至向颜料里吐口水，还会用过期的面包屑来突出某些色调，有人曾看到他把颜料粉和变味的啤酒混在一起。被色彩迷住的透纳用最时髦的色调作画——19 世纪初十几年的钴蓝，20 年代的祖母绿和法国群青，可只有黄色才使透纳成为“透纳”，黄色渗入白色，就像阳光融入稀薄的天空。约翰·康斯特布尔称透纳画中的色彩为“有色的蒸汽”，到 19 世纪 40 年代，透纳 60 多岁时，他被称为“光的画家”。透纳画中的光往往在巨大的风暴或波浪中翻涌，与一百年后杰克逊·波洛克（Jackson Pollock）的宣言相呼应：“我就是自然。”他最后的画作里，色彩的涡流席卷了整个画面，好似预示了研究原始能源的物理学家很快就会发现光的本质。

那些将透纳与伦勃朗相提并论的评论家感到愠怒和不解，对于刚刚到来的维多利亚时代来说，透纳的光显得过于原始。幽默杂志《笨拙》（*Punch*）给透纳的画作起了一个万能的标题：《爆发在挪威海大漩涡[①]上方的萨姆风[②]的一场台风，还有一艘着火的船，一场日食，还有月虹[③]效应。》维多利亚女王拒绝授予透纳爵位，觉得他太疯狂了，只有约翰·拉斯金（John Ruskin）——一位与透纳相识的年轻评论家——为他辩护。“你为什么责备透纳，只因他的画让你眼花缭乱？”拉斯金写道，“如果……你在这幅画前停顿哪怕一刻钟，你就会觉得天空与空间完全融为一体了，每朵云都在呼吸，每一种颜色都在散发着耀眼的、莹亮的、吸引人的光。”

英国人没有停止对透纳的讥讽，但在1870年，两位到伦敦的年轻法国画家注意到了他的画，这两个人名叫卡米耶·毕沙罗（Camille Pissarro）和克劳德·莫奈（Claude Monet）。那时，透纳已经实现了他最后的愿望，撒手人寰了。1851年，在他泰晤士河畔的画室里，瘫痪在轮椅上的透纳要求推他到窗边，在那里，他看到了上帝，随之遁入了光明。

对大多数浪漫主义者来说，把光放回它原本的基座上就够了。然而，有些人不仅反对牛顿的观点，还厌恶他这个人。对威廉·布

① 在挪威西海岸有一个名叫沃尔的大岛和一个名叫莫斯科埃的小岛，那里波涛汹涌，形成成千个转动的漩涡，漩涡滚动的方向总是朝东。许多转动的小漩涡向远处扩展，最后形成直径两千米以上的大漩涡，名叫莫斯科埃大漩涡。——译者注

② 又称西蒙风，在阿拉伯半岛和撒哈拉出现的极端干热的小规模旋风。温度常达55℃，而湿度有时低于10%。萨姆风是在晴朗无云、地面急剧增热时所产生的。——译者注

③ 在月光下出现的彩虹，又叫黑夜彩虹、黑虹。由于是由月照所产生的虹，故通常只见于夜晚。且由于月照亮度较小的关系，月虹也通常较为朦胧，且通常出现于月亮反方向的天空。——译者注

莱克来说，牛顿是所有精神事物的敌人。

> 理性和牛顿，完全是两样东西。
> 因为燕子和麻雀是这样唱的。
> 理性说奇迹，牛顿却说怀疑。
> 啊，这才是了解大自然的方式。

像前往大马士革的保罗一样，这位神秘主义诗人也看到了幻视。保罗看到了耶稣的光辉，而布莱克 10 岁时就看到过发光的天使，没有人会告诉他光不是神圣的，他也几乎没有错过任何机会来诋毁"牛顿的幻觉……这种不可能的荒谬之事"。布莱克把牛顿描绘成一个没有灵魂的数学家，跪在万物面前，手拿圆规，把所有的美都化成数字。牛顿也激怒了其他诗人。在伦敦的某个醉醺醺的晚宴上，华兹华斯、约翰·济慈等开始责备晚宴的主人——一位画家，因为他把牛顿的形象画进了最新的作品里。刚刚完成一首关于月亮的四千行诗的济慈，指责牛顿把彩虹"变成了一个棱镜"。另一个人说，牛顿是"一个什么都不信的人，除非那东西像三角形的三条边一样清楚直白"。他们继续喝酒，边喝边骂，最后，所有在场的人都敬酒讽刺牛顿，祝"牛顿身体健康，数学乱成一团"。与此同时，德国诗人弗里德里希·席勒（Friedrich Schiller）抱怨说，牛顿把太阳变成了一个"没有灵魂的火球"，席勒的朋友说话更不客气。

约翰·沃尔夫冈·冯·歌德（Johann Wolfgang von Goethe）生于 1749 年，他在启蒙运动的浪潮中出生，却成为浪漫主义的奠基人。他的小说《少年维特之烦恼》（*The Sorrows of Young Werther*）给整个欧洲的痴情男子指出了自杀这条路，他的剧作频频登上舞台，他的诗歌被贝多芬和莫扎特谱写成音乐，魏玛的家周围所有有名气的人都纷纷来找他结交。歌德还研究过骨骼、植物和地质学，这一点鲜为人知。歌德也许是最后一个敢于跨越“科学和人文之间日益扩大的鸿沟”的知识分子，他感到必须要研究光，于是便从猛烈抨击牛顿开始了。

只有最出名的思想家才有资格挑战牛顿，而歌德就是这样一位思想家，他精力充沛，富有创新精神，还极度自信。伟大的牛顿一发言，歌德就感叹道，没人关心“这个世界上是否有画家、染匠，他们像物理学家一样自由地观察大气和多彩的世界，就像美丽的姑娘一样根据自己的肤色来打扮自己”。他补充说，与此相反，浪漫主义者“有权对色彩的存在和意义感到惊叹，有权，如果可能的话，去揭开色彩的奥秘”。1788 年，从意大利旅行回来后，歌德开始用自己关于光的理论来反驳牛顿。就像在伏尔泰笔下一样，光再次吸引了那个时代最有才华的作家。

在意大利，歌德参观了几位艺术家的画室。他画过几幅画，懂得阴影和透视法，但“至于颜色，似乎一切都要靠运气”。回到德国后，歌德决定研究颜色。他回忆说道：“我相信，所有的颜色都包含在光中，和整个世界一样。”为了验证牛顿的理论，歌德借来了几面棱镜，但他还没来得及做实验，就被要求归还棱镜。就在他准备把棱镜还回去的时候，他决心通过棱镜观察一下光，这是他自童年以来从未做过的事。歌德拿起三棱镜，望着一面白色的墙壁，期待着玻璃能将光线散射成熟悉的颜色，令他吃惊的是，他看到墙上的光是……白色的。他转向窗户，同样，光还是没有颜色。然而，在窗户的横框上，歌德看到了彩色光纹，不是牛顿的长方形光谱，而是细细的条纹——窗户上部边缘是黄光，最上面是橙光，底部是蓝绿光，最下面是宝蓝光。“我的直觉让我立刻失声大喊，牛顿的理论是错误的，那时我就再没有归还棱镜的念头了。”

在接下来的20年里，歌德一边写《浮士德》(*Faust*) 和其他世界名作，一边研究色彩。牛顿先是用一块棱镜做实验，然后是两块，但歌德坚信这是不够的，受到尤里卡时刻[1]的启发，这位德国浪漫主义者开始用他的棱镜观察黑白几何图案，他又看到了牛顿从未注意到的东西。大家可以亲自一试。

首先，借一块棱镜（承诺一定会归还），把本书放在膝盖上，翻到本页的黑白图片，把棱镜放在眼前，察看这些矩形。看看歌德发现的惊喜吧。在白色矩形背景中的黑色矩形，其上方是蓝色和紫色的条纹，最下边是橙色和黄色；黑色矩形背景中的白色矩形情况恰恰相反，白色矩形充满颜色，橙色条纹逐渐褪成上方的黄色，最下方是蓝色条纹。百思不解又深深着迷的歌德，像牛顿摆弄棱镜一样摆弄着这些图案，然后跑到朋友那里分享这一奇迹。歌德写道：“我还没发现有人做完这个实验而不感到惊讶的。”显然，这种情况并不符合艾萨克·牛顿的理论。

歌德认为诗歌和科学之间没有界限，他追求两者的融合，追求一种“微妙的实证主义”。歌德的光与中国道教古老的光类似，并不脱离于观察者，而是与人类的感知完全融为一体。歌德认为，只有人类眼睛观察到的光、人类灵魂理解到的光，才值得研究，实验中孤立的光束证明不了什么。即使是最不偏不倚的实验者也会忍不住放大他想看到的东西。“实验的运用使人脱离了自然，这是一种

① 据说阿基米德洗澡时福至心灵，想出了如何测量皇冠体积的方法，因而惊喜地叫出了一声：“Eureka!”从此，有人把凡是通过神秘灵感获得重大发现的时刻叫作“尤里卡时刻”。——译者注

灾难，”歌德写道，“他们只满足于通过人造仪器所揭示的东西……实际上，显微镜和望远镜扰乱了人类天生的清醒思维。”歌德正在建造一座通往现代科学的精美桥梁，一种今天的人们仍希望它能削弱西方科学的整体方法，但这座桥很容易过火。

1810 年，歌德出版了《色彩论》(*Zur Farbenlehre*)，这本书共四卷，1 500 页，包含几百张图表，内容涵盖广泛，从光学到心理学和构想。一位学者指出，这本书“与其说是关于色彩的研究，不如说是关于色彩的神学”。歌德认为，观察者的“眼睛看不到纯粹的现象，只有灵魂才能看到”，于是他研究了肥皂泡中的后像、视错觉、彩色阴影、彩虹等。他认为，所有的这些颜色都是由黑白两色之间的水平边界造成的。“除非图像发生位移，否则棱镜色散现象就不会发生，如果没有边界，图像也不可能存在。”牛顿看到了七种不可分割的颜色，而歌德只看到了三种——他的三棱镜只显示出黄色、橙色和蓝色，他坚信其余的颜色都是光与暗混合的产物，白光不是合成物，而是“我们所知的最简单、最均质、最不可分割的实体”。牛顿那恰恰相反的论断“一定会让所有未堕落的人感到震惊，甚至恐惧”。

之后，歌德变得浪漫起来，他提出每一种颜色都与某种情绪有关，黄色：“有令人平静、快乐、微微兴奋的特性。”蓝色：“一种兴奋和宁静的矛盾体。”红色：“优雅、迷人的同时，给人一种庄重、尊贵的印象。”绿色：“能让眼睛获得强烈的舒适感。”歌德从个人推到政治，在民族性格中也看到了颜色的效果。“活泼的民族，比如法国人，喜欢强烈的颜色，尤其是积极的颜色；稳重的民族，如英国人和德国人，爱用深蓝色搭配淡黄或皮革黄。”他接着说，性别和年龄也影响人们对颜色的感知，因为“年轻时的女性喜欢玫瑰红色和海绿色，成年后则喜欢紫罗兰色和深绿色”。

和牛顿一样，歌德创造了一个色轮，但加入了诗人的感知，他将代表“君主、学者、哲学家”的紫色置于象征“天真随和者”的黄色正对面，把“演说家、历史学家、教师”喜欢的蓝色放在深受英雄和暴君喜爱的橙色正对面，绿色代表“恋人和诗人”，红色则没能进入歌德的色轮。

直到他生命的尽头，歌德都认为他的色彩理论可以与他的文学杰作媲美，可全世界其他人都不这么看。英国皇家学会和法兰西科学院都对歌德的《色彩论》置之不理，歌德谴责这些受人尊敬的团体是“行会”，并指出：“为了解释《色彩论》的争议点，我曾和最优秀的人争吵过。”就连歌德的朋友也对他的理论持怀疑态度，初露头角的哲学家亚瑟·叔本华（Arthur Schopenhauer）最初支持歌德的理论，但很快就改变了想法。一天，当他们两人讨论光的问题时，绷着脸的叔本华提出，就像谚语中说的“一棵树在森林中倒下，如果周围没有人，它就没有发出声音”，光可能也是如此。歌德爆发了：“什么？光竟然只存在于可见的范围内？不！如果光看不见你，你就不会存在！”

浪漫主义者们在歌德的理论中发现了更多东西：贝多芬认为《色彩论》比歌德后期的诗歌更有意思；透纳给他后期的一幅画加上了一个副标题——《歌德的色彩论》。20 世纪，歌德最坚定的捍卫者是奥地利教育家鲁道夫·斯坦纳（Rudolf Steiner）。“色彩是自然的灵魂，”斯坦纳写道，“当我们体验色彩时，我们就触及了它的灵魂。”今天的华德福学校（Waldorf Schools）就在斯坦纳理论的基础上，将歌德的情绪色彩应用到每个年级和每个班级。

在挑战牛顿的过程中，歌德建立了浪漫主义之光的体系。他表示，当然了，我们能看到和感觉到光，可浪漫派最浪漫的地方在于，无需理论来证明光是有灵魂的，有月亮就够了。

在浪漫主义诗人把月亮作为他们的灵感之光以前，月亮总是与神话和信仰分不开，除了广袤的星辰，只有月亮独自与黑暗作斗争。宁静的月亮在许多文化中具有重要意义，它是农民的历书、旅行者的向导，以及拥有上千个名字的女神——塞勒涅（Selene，希腊），苏摩（Soma，印度），狄安娜（Diana，罗马），奥西里斯（Osiris，埃及），伊南娜（Inanna，苏美尔），派（俾格米），月读（Tsuki-yomi，日本）……月亮象征着永恒、繁衍以及“lunar”这个形容词所暗示的——“疯狂”[①]。印度的《梨俱吠陀》提到了“月亮上的阁楼”，而《古兰经》中的历法也是依据月亮的周期制定的，里面还提到了先知穆罕默德把月亮一分为二的故事。当人们不把月光与疯狂和命运联系在一起时，它又被比作各种动物——熊、青蛙、兔子、公牛，月亮是一个猎人、纺纱工、织布工……

早期学者曾对月光的构成和影响百思不解。身着紫袍的恩培多克勒认为“柔和的月光”是“被火阻隔的空气”，像冰雹一样冻结了。亚里士多德把月亏和女性月经、满月和婴儿死亡率联系在一起。直到伽利略将望远镜对准月球表面时，月球才开始失去民间传说的光环，而浪漫主义者会重拾这一光环，并加上他们自己的理解，让月亮成为恋人们的一盏明灯。

印度的情色指南《爱经》（*The Kama Sutra*）里提到，月亮只

---

① 在欧洲文明中，从神话时期开始，人们就认为月相变化会引起人的行为变化，诱发人体内的负面因素，进而导致发疯或犯罪等，这种月亮信仰被称为“月亮疯子效应”（lunar lunacy effect）或“特兰西瓦尼亚效应”（Transylvania effect）。——译者注

是供恋人们观赏的一种消遣。意大利文艺复兴时期的游吟诗人彼特拉克（Petrarch）给他心爱的劳拉写了数百首十四行诗，但几乎没有提到月亮。同样，莎士比亚的十四行诗也拒绝将月亮浪漫化，当罗密欧“凭着一轮皎洁的月亮”宣示他的爱时，即使是朱丽叶也拒绝接受这个比喻：

> 啊，不要指着月亮起誓，它是变化无常的，
> 每个月都有盈亏圆缺。

从创世之日起，满月、月盈或月亏都照耀着人间的诸事，然而，在浪漫主义时代之前，很少有人将它与爱情联系在一起，或胆敢将它同6月押韵。

拜伦称浪漫派的其他诗人为“被月亮迷住的游吟诗人”，每个诗人似乎都同月亮建立起了一种私人关系，这种亲密的联系始于歌德，他笔下的悲剧少年维特梦想“在苍白的月光下穿越荒野”。意大利诗人贾科莫·莱奥帕尔迪（Giacomo Leopardi）写了几首诗献给“优雅的月亮……啊，让我心欢的月亮”。肖邦的夜曲就像透过树林的月光。但在所有浪漫主义者中，最像月亮的那群人生活在英格兰。

在他的自传体诗《序曲》（*The Prelude*）中，华兹华斯写道：

> 月亮于我是如此亲切；
> 因为我可以在胡思乱想中虚度光阴，
> 站在那里凝望着她，
> 当她徘徊在山间……

雪莱同样被月亮，被那“圆润的少女”迷住了，他在意大利“既奇怪又美妙”的月光下写下文字，着迷至此，以至于他的邻居

们“相信我崇拜月亮”。雪莱的月亮，通常是渐弱的，“就像一位垂死的淑女，瘦弱而苍白/裹着薄纱蹒跚而行”。华兹华斯和雪莱用几首短诗歌颂月亮，而济慈却一次又一次地为之神魂颠倒。

年轻体弱的约翰·济慈在马尔盖特的悬崖上度过了许多个夜晚，他在那里呆滞地看着月亮从闪闪发光的北海升起。济慈对诗歌和文字中那“灿烂的月亮”“发光的月亮”“柔和的月亮”“欢快的月亮”“金色的月亮”“我银色的月亮”无比推崇。最后，他于1818年将一个古希腊神话改编成史诗《恩底弥翁：诗意的浪漫经历》(*Endymion: A Poetic Romance*)。在神话中，月亮女神爱上了熟睡中的牧羊少年恩底弥翁，而他同样对女神倾心：

> 你到底有什么，月亮！能如此有力地
> 打动我的心？当我还是个孩子的时候
> 你一微笑，我就擦干眼泪……

随着长诗的展开，月神祈求宙斯让这个牧羊少年永远沉睡，这样她就可以爱怜他那俊美的脸。恩底弥翁继续他的赞歌：

> 随着我年岁的成长，你依然
> 与我所有的热忱交融；你曾是幽谷；
> 你是山之巅，圣人之笔，
> 诗人之竖琴，友人之声音，你是太阳；
> 你是河流，你赢得荣耀；
> 你是我的号角，你是我的骏马，
> 是我盛满酒的高脚杯，是我最辉煌的功绩：
> 你有着女人般的魅力，可爱的月亮！
> 你是多么狂野而和谐的曲调啊……

但是，爱月亮和月光下的爱是不一样的，济慈认为“女人般的魅力”只是月亮众多特性中的一个，而拜伦却把浪漫变成了月光的精髓。

拜伦是一位放荡的冒险家和具有传奇色彩的情圣，他很少目睹月亮从海边悬崖上升起的景象，也不借着月光写下文字。人们想象他在月光下有其他的追求。拜伦的风流韵事震惊了英国，他深知月亮对恋人们的影响，在他的杰作《唐璜》（*Don Juan*）中，升起的月亮一次又一次地引诱着主人公：

> 他们抬头望着天空，流云燃烧着辉光
> 像一片玫瑰色的海洋，广阔又明亮；
> 他们俯视着波光粼粼的大海，
> 一轮明亮的圆月自海中升起；
> 他们听到了海浪的泼溅和微风的轻语，
> 还看到彼此闪烁着光芒的黑眼睛
> ——四目相触，
> 于是嘴唇相迎，接得甜蜜一吻。
> 唐璜忘记了茱莉亚吗？
> 难道他这么快就把旧情人忘掉了？
> 我不得不说，这对我而言真是个
> 复杂的问题；但是，毫无疑问，
> 正是月亮惹起的这一切，
> 那每次心灵的悸动，岂非都是月亮的缘故，
> 不然，为何一见新的姣好面容，
> 我们可怜的心就沦陷？

因此，英国的“迷恋月亮的游吟诗人”以他们自己的形象重新

塑造了月亮——孤独、流浪、诱人，或者正如拜伦在描述许多“温柔月光下的情形”时所指出的那样：

> 不论是爱人、诗人、天文学家、
> 牧童或情郎，任何赏月之人，
> 均能在眺望中神往：
> 我们从那里获得了伟大的情思
> (但小心感冒，或者是我自己容易受凉)；
> 月神被倾诉了多少秘密；
> 她主宰海洋的潮汐和凡人的大脑，
> 还主宰心灵，假如诗歌是真的话。

1821 年，济慈死于肺结核，次年雪莱溺水而亡，拜伦很快死于高烧，布莱克则死于高龄。科学家们埋葬了歌德的《色彩论》，谴责它是“浪费人类才能的典型”。随着浪漫主义时代的消逝，海顿的《创世记》也很少再上演，很快就被贬为“三流清唱剧”。透纳最初的画作也从博物馆销声匿迹，光的浪漫主义插曲所留下的唯一遗产，是金色的、柔和的、温柔的、可爱的、亲切的、灿烂的、迷人的月亮。

1832 年，贝多芬忧伤的《园亭奏鸣曲》(*Arbor Sonata*) 更名为《月光奏鸣曲》(*Moonlight Sonata*)；拜伦的《唐璜》则吸引了新一代的读者，把月亮变成了情侣们一道固定的风景线，年轻的作家们（其中大多是法国人)；继承了拜伦的遗志，在满月下讲述他们的浪漫故事。自那以后，流行歌曲也共襄此举。浪漫派赋予了月亮一个新的使命——月光不再代表繁衍，而成了对它的呼唤；它既不左右命运，也不操控思想，而是影响心灵。1832 年，歌德提出了临终前的最后请求——请打开百叶窗，让他能看到“更多的光”。

# 第二部分

我们必须学会比过去更敏锐地思考。

——尼尔斯·玻尔（Niels Bohr）

# 第十章

# 波纹起伏——微粒与波动

我必须承认，我对光知之甚少。
我不满足于被称为光的微粒或物质
不断以惊人的速度从太阳表面发散的学说。

——本杰明·富兰克林（Benjamin Franklin）

在五百年的文明进程中，光仍然未被驯服，并且在很大程度上是未知的，那些认为它是上帝或上帝面孔的人全凭信仰，而那些研究光的人，正如牛顿自称的那样，就像是一个在海边玩耍的孩童，“永远无法到达真理之海”。人们用各种各样的工具来研究光，从插在地上的棍子开始，好奇的人还用过抛光的银器、磨砂的镜片、托勒密的杯中硬币、海赛姆的大麦粒、伽利略的望远镜和牛顿的棱镜。光激起了各色人等的兴趣，无论他们是穿长袍、戴头巾、披披风还是戴大兜帽。大学的很多学科也和光有关——神话学与宗教学、哲学与天文学、建筑学与绘画学、物理与玄学、诗歌与散文、几何学与三角学……而 19 世纪初，人们对光的了解仅此而已：

- 光沿直线运动，个别情况（衍射）下除外。
- 光的偏转角度可以计算出来。
- 和重力一样，光的亮度减弱符合平方反比定律。
- 光可以被分解成不同颜色。
- 光在空气中的传播速度是每秒 14.4 万英里（或 19.6 万英里），在水中速度更快（也或许更慢）。
- 光通过发光的以太传播，但还没有人能证明它的存在。
- 光由微粒（或波?）组成。

然后，从 1801 年开始，新一代的研究者开始探索光。当歌德寻找色彩的灵魂、拜伦把月亮浪漫化的时候，新的实验和卷土重来的怀疑主义推动光学研究走向了成熟。从 19 世纪到 20 世纪，光从"神秘之物"变成了"人的工具"，速度远超古希腊人对幻象的争论。有时，这些发现会相互冲突、相互抵消，但更多的时候，它们是同步的，像重叠的波浪一样一点点蓄积力量。

研究光的现代学者和他们的先辈一样古怪。其中一位是杰出的语言学家，他破译了罗塞塔石碑（Rosetta Stone）上的文字；有一个人，在未完善量子力学的时候，靠康加鼓打发时间；还有一个人自称是"计算机器"，却也能写出维多利亚式优美的押韵诗；其中最著名的一位是一个古怪的天才，他用光动摇了时间、空间、物质和运动，但却不爱穿袜子。他们都继承了物理学家阿尔伯特·迈克耳孙（Albert Michelson）的精神，他是第一位获得诺贝尔奖的美国科学家。当被问及为什么研究光时，迈克耳孙回答说："因为它太有趣了。"

然而，更深奥的谜团不是只靠天才就能解开的。要想从更微妙的角度思考光，嫉妒、争斗和竞争就必不可少，当然还需要一块在冰岛海岸发现的晶石。

传说，在阴天维京人靠"太阳石"驾船，水手将这块晶石朝向天空，然后转 90°，利用日光的方向性来确定方向。也许吧。直到 17 世纪 60 年代，欧洲其他国家才发现冰岛晶石的存在。当时，一位旅行者把几块半透明的石块带回哥本哈根，许多人对着这种小晶石苦思冥想。把它放在打印出来的纸上，上面的字母就会形成两重影，如投在晶石里的幽灵。有人发现冰岛晶石能分裂烛光，让两束光向不同方向发射。牛顿很快得知了这一消息。在《光学》一书中，他提到了"那种奇怪的物质，冰岛晶石"是如何分裂光束的。牛顿让光线穿过两块晶石时，注意到了另一个奇怪的现象。如果两块晶石的宽面平行，那么第二块晶石也会分裂第一块晶石的光。若将其中一块晶石旋转 90°，它只会分裂一束光。由于无法给出解释，牛顿只好诉诸假设：似乎"每一缕光都有相反的两面"。

牛顿无法用微粒论解释的现象，克里斯蒂安·惠更斯试图用他的波动论来计算。惠更斯的《光论》里有一整章关于冰岛晶石的内容。"在所有的透明物体中，"这位荷兰天文学家写道，"只有这种物体不遵循光的一般规律。"惠更斯的论文里充斥着大量的方程式，极其精确，但他却觉得冰岛晶石"不可思议"。利用斯涅耳-笛卡尔折射定律，他计算出了穿过晶石并折射成"普通"和"特殊"两种光波的角度。在欧几里得折纸图形的基础上，惠更斯绘制了类似风车的图形：波环绕着正方形和三角形。按照这个图形，一块晶石可以有两种不同的折射率，可以将一束光分成两束。然而，在解释为什么第二块晶石只分裂“普通”光而不分裂“特殊”光时，惠更斯被难倒了。“当普通光线通过晶石的上表面时，它似乎失去了物质运动所必需的某种东西，这也是产生不规则折射所必需的东西，但至于这一过程是如何发生的——直到现在，我还没有找到任何让我满意的答案。”

从牛顿或惠更斯那里了解到这种晶石的其他研究者，也进行了自己的研究。在一个设有倾斜镜面和棱镜的木制装置里，一位英国物理学家试验了冰岛晶石。一名法国学生将晶石摔在地上，碎成了完美的立方体，着迷的他继续研究，最后成为晶体学领域的先驱。另一个人解释说，这块晶石的奥秘在于光学错觉。（我自己也在网上买了一块冰岛晶石，用稳定的激光笔对准它。结果，一束红光打在远处的墙上，第二束模糊的光照在往左一英尺的点上。）所有人都在那奇怪的小晶石面前败下阵来，牛顿的微粒说无法解释它的作用，惠更斯的波动说也不能。

到了 1800 年，人类对光的研究停滞不前。距牛顿发表《光学》已经过去了将近一个世纪，在此期间，人类对光的唯一突破不在物理学领域，而在植物学领域。1779 年，荷兰医生扬·英根豪斯（Jan Ingenhousz）将绿叶浸泡在阳光下的水中，叶子冒出气泡，但一到阴凉处，气泡就停止了。英根豪斯赞扬植物具有“在阳光下净化普通空气的强大力量”。这正是光最伟大的恩赐——由光合作用产生的氧气。然而，物理学家们仍然执着于牛顿的理论。

人们普遍认为，光已经被人类掌握了。如果还有什么东西需要研究的话，牛顿肯定早就发现了。即使在启蒙运动演变到抗议和革命阶段时，牛顿的权威仍处于统治地位。然而，到了 19 世纪初，那些刚刚迈入科学生涯的人已经受够了人们对牛顿的崇拜，他们意识到，利用最新的仪器和最新的数学知识，光也许还有许多值得研究的地方，甚至有可能弄清它的本质。

谈及自己的才智时，托马斯·杨（Thomas Young）坦然接受别人对他的赞扬。18世纪90年代，剑桥大学的同学称他为“非凡的杨”。后来，这位安静的英国绅士被公认为“有史以来最敏锐的人之一”。但杨总是告诉人们，他“可以说是出生的时候已经老了，死的时候却是年轻的”，这绝无双关之意。他在蹒跚学步时就能阅读，6岁就掌握了拉丁语和希腊语，很快就能读懂贺拉斯（Horace）和维吉尔（Virgil）的原著。接着，他又学了十几种语言。15岁时，除了如饥似渴地阅读欧里庇得斯（Euripides）、索福克勒斯（Sophocles）、欧几里得、荷马和法国历史外，他还悉心研读牛顿。在阅读《光学》时，这位少年注意到“牛顿体系里有一两个难题”。在爱丁堡和哥廷根的大学里，杨把光放在一边，首先研究声音。他那篇关于声波的论文，使他牢固掌握了波动论中复杂的几何学。出于对医学的兴趣，杨还研究了人眼，并很快提出了自己的色觉理论：视网膜上只有三种颜色受体，分别是红色、绿色和蓝色，我们看到的无数颜色都是这三种颜色的组合。150年来，眼科医生都没有证实这一点。有波动说和视觉理论在前，杨很自然地转向了光，着手研究牛顿留下的谜题——衍射。

1661年，在博洛尼亚，衍射的发现者弗朗西斯科·格里马尔迪神父对光的另一种奇怪现象百思不解。他发现，穿过相邻小孔的光束形成了明亮、重叠的圆圈，但每个圆圈里都有黑色竖线。同样地，牛顿在他的色环之间也看到了黑色的缝隙，他对此的唯一解释是，光以“阵发”的形式传播——分为“容易反射的阵发”和“容易传播的阵发”。尽管对牛顿十分尊重，杨还是觉得有不同的解释。

1801 年 11 月 12 日，也就是 19 世纪刚刚开始，托马斯·杨年仅 28 岁，他学的专业是医学而不是光学，此时，他站在伦敦的顶尖科学家面前，告诉他们牛顿错了。在做题为《光和色的理论》（*On the Theory of Light and Colours*）的演讲时，他宣称光不是由微粒组成的，因为，不管光是“风炉的白心还是太阳本身的高温散发出来的……它怎么可能总是保持一个均匀的速度?”而且，当光线击中水面时，为什么一些微粒被反弹回去而另一些微粒可以穿过？杨还否定了牛顿关于冰岛晶石的结论，更倾向于惠更斯的光波计算。然后，他转向了牛顿环。通过研究牛顿环的缝隙，“我改变了之前对波动说的成见”。现在已无法得知，这一质疑究竟是让牛顿的追随者们大喊大叫，还是仅仅清了清嗓子，但任何怀疑牛顿的人都需要做更多的解释。

杨继续解释道，把光比作水。“假设一个死湖的水面上有许多相同的水波在移动……”杨描述着所有参会者都曾见过的现象——水波重叠，力量结合在一起，当波峰与波谷偶尔相遇，相互抵消，水面归于平静。“现在我坚信，当两部分光这样混合时，也会产生这种效应，我称之为光干涉的一般规律。”

杨讲完后，会议照常进行。杨——在 21 岁时就被皇家学会邀请入会——赢得了尊重，但他的理论仍需要进一步的证明，他也很快就拿出了证据。1802 年，他发明了水波槽，这是自望远镜以来首个全新的光学工具。这个精美的装置引起了人们的好奇，尤其奇怪的是为什么以前没有人想到它。所谓水波槽，就是在一个架子上放上玻璃鱼缸，下面放一根蜡烛，上面放一面镜子，前面放一块屏幕，可以轻易地投射水波运动的规律。在水中摇动一根长棒，产生晃动的波浪，它们的线条会在屏幕上闪烁。如今，杨的水波槽是物理课堂上的必备品，制作也很容易。（或者下载免费的 iPad 应用程序“水波槽”，里面可以显示各种颜色的波浪图案！）水波槽证实了杨的怀疑。他在屏幕上看到波浪相互碰撞、“干扰”，在其余静止的地方产生交叉影线。但水槽中的水波并不能证明光本身就是波，杨需要有自己的“决定性实验”。他想，如果把光并排地射入两条狭缝，会发生什么呢？

现在所说的“杨氏实验”，过去被认为“也许是现代物理学中最具影响力的实验”。如果光是交错和碰撞的波，那么这种“干涉”的表现模式应当是可预测的：两波同步时，它们的波峰相互平行，彼此增强，光就会更亮；当一个波的波峰与另一个波的波谷相遇时，它们就会相互抵消，光就会变暗，或至少变模糊。当他将两道单色光平行穿过相邻的缝隙时，杨在墙上看到了他所期望的图案——中央是一条明亮的条纹，两侧是斑马条纹般的暗线和亮线。杨在他的散文中总结道：“由此可以推断，在其运动方向上的一定距离外的均匀光具有相反的性质，它们能够中和或破坏彼此，当它们碰巧结合在一起时，就会熄灭那里的光。”

光的重叠会产生黑暗？微粒、阵发或对牛顿的信仰都不能解释这个问题。为了证明他的理论，杨首次测量了光波。数学计算很复杂，但逻辑很简单：如果光是一种波，那么光的每道波长（即波峰之间的距离）必是精确的。杨认为，要让两个波对彼此产生破坏性的干扰，一个波的波峰必须作用于另一个波的波谷，就像从海岸退去的激流阻止即将到来的海浪一样。从中央明亮的条纹往外测量，暗线出现的距离应该与光的半波长或其奇数倍成比例。杨测量了这些条纹，以及它们与蜡烛之间的距离，然后改变缝隙之间的距离，再次测量。运用相似三角形的几何原理，他得出了一个不亚于光速的惊人答案。杨知道，声波可能有几米长，但光本身就是一个奇特的独立存在物。事实证明，红色光波的长度极短，只有 0.000 000 65 米；紫色光波更短，只有 0.000 000 44 米。放在今天看，杨测量光波长度用的仪器像是石器时代的那样简陋，但结果的精确度与现代的计算结果只差了几纳米。如今，光波有了长度，但它们仍然处在牛顿的阴影下。

1807 年，杨发表了他的研究结果。在解释他的“波动学说”时，他画了一张波纹相交的示意图，那波纹就像扔在池塘里的石头产生的波纹一样。所有人都能看到在波纹交汇点，没有扰动，也没有光，但牛顿的忠实信徒选择视而不见。杨的理论被抨击为“人类史上最难以理解的假说之一”。杨迅速做出了回应，但没有一家报纸愿意刊登，于是他自行出版了一本小册子。“我很崇敬牛顿，”他写道，“但我没有义务相信他永远正确。”这本小册子只卖出了一份。随后，杨搬出了牛顿为自己辩护时说的话。“让他去实验吧，”在谈到一位批评者时，他这样说，“然后使尽他的浑身解数来反驳我的实验结果。”

很快，杨有了别的追求。获得医学学位后，他在英吉利海峡附近开了一家诊所，重拾对语言的研究。1814 年，他专注于一块英国士兵从埃及带回的奇特石碑，上面刻有三种不同的文字。杨可以毫无障碍地阅读古希腊文，但和其他人一样，他也破译不了古埃及的象形文字。杨痴迷于石碑上的第三种语言——古埃及通俗文字，经过一年的研究，他终于找到了线索。在考古学家已经开始怀疑刻在石头上的两种语言表达的是相同的内容时，杨发现通俗文字与象形文字“惊人地相似”，埃及符号是表音系统，每个符号都代表一个音。根据杨的发现，让-弗朗索瓦·商博良（Jean-François Champollion）很快就破译了罗塞塔石碑上的碑文。与此同时，杨的光波干涉理论也跨越了英吉利海峡，不仅挑战了牛顿，也挑战了那里的整个光学史。

自从恩培多克勒的灯发出“不知疲倦的光芒”以来，光的源泉就不是波浪，而是光线。欧几里得的《光学》开篇写道：“从眼睛里射出的光线……”佛经说光线就像混杂在一起的宝石，奥古斯丁认为上帝是“某种可理解的光线”。阿尔·肯迪的光线会辐射，而海赛姆的光线被比作扔向木头的球。如果我们突然把光当成波，它就不应该仅仅是条纹。光的本质岌岌可危。微粒是物质，而波是运动。每个人都知道声音是一种波，但很快被称为“发射论者”的微粒论者就认为，声音的行为与光不同。你可以听到拐角处传来的叫声，但你看不到那个喊叫的人。声音的传播依靠空气：把钟放在玻璃罩内，如果抽出里面的空气，钟就发不出声音，但我们仍然能看到它。牛顿曾观察到衍射光“像鳗鱼一样运动”，但他的结论是，只有微粒可以呈直线运动。“在弯曲或笔直的管道中，声音同样容易传播。”牛顿写道，“但光不会沿着弯曲的通道传播，也不会弯曲到阴影中。”

那冰岛的小晶石呢？

英国拒绝托马斯·杨的波动论之后，光的火炬就传递给了法国。在经历了革命之后，在征服和失去了半个欧洲之后，在接下来的一个世纪里，法国比古希腊以来的任何一个国家都更加痴迷于光。第一次灯光秀，第一张摄影图片，第一座现代灯塔，对光速最精确的测量，在画布上应用最新的光学理论，以及第一部电影，统统发生在巴黎及其周围，而这一切的火花是从一所学校里点燃的。

早在1794年的夏天，当法国正被暴民和大屠杀包围之时，公共事业中心学校（Ecole Centrale des Travaux Publics）在巴黎的拉丁区悄然开课了，和法国大革命一样，它的目标是创造未来。不到一年，这所学校就改名为巴黎综合理工大学（Ecole Polytechnique），法国顶尖的技术人才纷纷来到这里，这些自信、爱国、严格的老师们以微积分、土木工程、化学、物理和光学为基础，制定了一套严格的课程。虽然理工大学里的光学课讲得很差，一名学生说光学老师"有名无实"，但光学课在理工大学里的地位让所有学生——未来的化学家、物理学家、工程师、数学家、生物学家——都对光产生了好奇。理工大学的老师们相信牛顿的微粒论，就像他们坚信牛顿的万有引力和运动定律一样。即使在后来，拿破仑把巴黎综合理工大学变成了一所军事学院，它仍然源源不断地培养出一些聪明、活跃的人，他们愿意冒着事业毁灭和友谊破碎的风险来捍卫牛顿。这一代人的名字被写进了科学史，也写在了埃菲尔铁塔上，巨大的拱门上烙着72个名字。

安培（Ampere）　傅科（Foucault）　斐索（Fizeau）
菲涅耳（Fresnel）　阿拉果（Arago）

他们当中，有一些是隐居在实验室和教室里的学者，但也有很多是外交官，老于世故的巴黎人，以及穿越沙漠和乘气球翱翔的冒险家。拿破仑认为他们是法国最优秀、最聪明的人，于是征召了大学的42名学生伴他征服埃及。从巴黎综合理工大学毕业的学生根本不指望任什么闲职或者终身职位，他们只爱教学、旅行，对科学真理进行无休止的争论，其热忱程度就像他们对待自己的祖国那样。然而，这所学校很快就出现了代沟。在牛顿权威统治下长大的老师们害怕那些急于挑战他们的学生，到了 1807 年，挑战愈演愈烈，先是冰岛晶石之争，然后是托马斯·杨的干涉理论。这两者都可以解释或驳倒，但进一步的挑战将更难对付，这些元老认为，唯一能证明这些后起之秀错了的办法就是比赛。

1807 年 12 月，法兰西科学院提出了最新的比赛方案：参赛者需要用克里斯蒂安·惠更斯的波动论说来解释冰岛晶石的分裂光线。只有少数年轻科学家去尝试了，最终的获胜者经历了一场比“微粒说与波动说”更残酷的较量。

虽然艾蒂安-路易斯·马吕斯（Etienne-Louis Malus）算不上一个家喻户晓的名字，但几乎每个家庭里都有他发明的设备。1798 年，马吕斯被迫从巴黎综合理工大学退学，与拿破仑一道前往埃及，从他所看到的恐怖中逃生以后，他走向了光。马吕斯身材魁梧，腰板笔直，留一头黑色卷发，蓄络腮胡，但他却不是个优秀的士兵。感染了黑死病后，他被送到了雅法的传染病院，随后又回到了开罗。他在日记中写道：“大屠杀的骚乱……血腥味，伤者的呻吟，征服者的呐喊……”他看到朋友们在瘟疫中倒下，看到他们被丢弃的尸体惨遭野兽蹂躏。不知怎的，他活了下来，又被送回到战场上。他在苦难中寻找希望，于是转向了光。深夜，在尼罗河三角洲的沙滩上，他的帐篷闪闪发光，因为他在里面摆弄蜡烛和镜子，计算角度，即使他的身体在与痢疾和其他疾病作斗争，但他的精神却因此保持着活力。后来，回到巴黎后，马吕斯继续研究，他躲在卢森堡花园附近的房间里，为冰岛晶石深深着迷。当光线透过大块的晶石时，他注意到另一个惊人的现象。晶石会把所有光束分成两束，除了那些以某个精确的角度射到它表面的光束。当角度是 52°54′ 时，光线能直射过晶石。

当马吕斯得知理工大学的比赛时，他已经研究了一年光。“我住在这里，就像一个隐士，”他写道，“我整天不说一句话。”在堆满了蜡烛和晶石的房间里，他在一块铜板上刻下了以毫米为单位的刻度。然后，他把晶石放在刻度上，测量了每个双重影像的角度。他将折射定律与高级代数结合在一起，用了一个又一个方程。尽管自欧几里得时代以来，人们一直在计算光，但从未如此精确。1808年12月，马吕斯提交了他的参赛作品，理工大学的元老们虽忠于牛顿，却无法反驳他的数据，于是，他赢得了比赛。波动说可以解释冰岛晶体，但这位处境艰难的士兵并没能完成他的研究。

一个晴朗的秋日下午，马吕斯坐在他的房间里，沉默不语，郁郁寡欢。他看到阳光在卢森堡宫的窗户上闪烁，就拿起一块晶石放在眼前，就像歌德透过棱镜看世界一样，马吕斯也惊呆了。他本以为阳光的反射会是双重折射，然而透过晶石，他看到的是单一的影像。那天晚上，马吕斯仍然透过晶石凝视着水中的烛光倒影。他反复弯腰、挺身，调整光的入射角。他看了又看，检查了一遍又一遍。当烛光以36°角照射水面，双折射就会变成单折射。于是他得出结论，光线在玻璃或水的反射下会发生某种变化。

通过参考三角函数表，计算角度的正弦和余弦值，马吕斯得出结论，正如牛顿所怀疑的那样，光有“两面”。光线必然是不对称的。针对这种现象，马吕斯创造了一个我们现在仍在使用的名词——“偏振光”。当光线的“两面”对齐时，它们会穿过一些透明的表面，但会被其他表面过滤掉。为了验证他的理论，马吕斯做了一个带有旋转镜的装置，一面镜子放在另一面的上方，沿平行轴旋转。有了这个装置，他可以从任何角度反射光线。通过更多的数学运算（“平面角的余弦平方”）和更深入的观察（如果你将一块晶石旋转

90°，“普通”光线就会表现得像“特殊”光线，反之亦然），马吕斯证明了偏振原理。光不像笛卡尔的网球，而更像美式足球，两端会摇动，在某些条件下，会以完美的螺旋形运动。当光穿过冰岛晶石或以精确的角度反射时，就会发生偏振，它的“两面”就对齐了。

1811 年，巴黎综合理工大学宣布了偏振现象。第二年，艾蒂安-路易斯·马吕斯死于在埃及染上的疾病的并发症，年仅 37 岁。虽然他的名字主要为科学家们所知，但每一副像样的太阳镜都会过滤偏振光，平板电视或笔记本电脑的每一个液晶显示器都利用偏振光来使其像素变亮或变暗。（戴上太阳镜，看着你的笔记本电脑，倾斜一下头，如果你没有看到屏幕变暗，那你的太阳镜就是劣质的。）物理学家很快就会拓展马吕斯的发现，探索各种偏振光，如圆形和椭圆形，为 21 世纪的光奠定基础，但这些进展都有赖于波动理论，而这一范式仍在变化之中。越来越多的证据甚至开始动摇法国人的信心，对牛顿的抵制与日俱增，理工大学的元老们小心翼翼地盯着这些后起之秀。

弗朗索瓦·阿拉果（François Arago）就是这样一位后起之秀。他出生于法国南部，融不进巴黎，他的西班牙姓氏让一些人怀疑他是否“真的是法国人”。1803 年，阿拉果进入巴黎综合理工大学学习天文学，毕业后，他的第一份工作是证明太阳光与来自其他恒星的光速度相同。1806 年，这位身材高大、英俊潇洒的天文学家被派往西班牙，接手一个长期的项目：测量地球的经度子午线。阿拉果从远处的塔楼上发射光，对距离进行了精确的三角测量。但是，当拿破仑的军队在 1807 年入侵西班牙时，从高塔上发射光的法国人被怀疑是间谍，所以阿拉果被关进了伊比萨岛的监狱。他逃了两次，但都被抓了回去。最终重获自由后，在向马赛航行的途中，他被一阵强风吹到了北非。阿拉果乔装打扮，雇了一个向导带他穿越沙漠。当他到达巴黎时，他的故事使他名声大噪。英俊、迷人，毫无疑问是法国人的他——后来还成了法国总理——加入了法兰西科学院。他继续研究光，但很快发现，当他在国外历经磨难时，科学院早已变成了战场。

英国皇家学会的会员常常表现得像孩子，而法兰西学院（Institut de France）则满是自负的天才。在俯瞰塞纳河的学院开会时，会员们身着长礼服，面带不屑。在一个装饰着雕像和镶嵌了木地板的大房间里，成员们报告论文，授予专利，判断公众应该知道和相信什么。但是，当涉及像光这样重要的东西时，彬彬有礼就变成了背后的诽谤和公然的窃取。

1812 年，阿拉果将光线照射在云母薄片上，发现了色偏振现象，正如光可以偏振一样，七色光和所有折射光都会发生偏振。阿拉果向法兰西科学院宣布了他的发现，但在正式发表这一新发现之前，他在西班牙探险时的同伴让-巴蒂斯特·毕奥（Jean-Baptiste Biot）提出了抗议。就像罗伯特·胡克篡夺牛顿的成果一样，毕奥坚称他早就发现了色偏振。科学院的调查结果站在阿拉果那边，但彼时毕奥已经发表了他的版本，他的东西引起了轰动。阿拉果火冒三丈，毕奥则发起了公关闪电战。从此，两人不再说话，尽管他们在会议上经常大吵大闹。阿拉果虽然是牛顿主义者，但却突然对任何可能打击对手的光学理论敞开了大门。1814 年 12 月，他的开放态度得到了回报，在一次豪华的国宴上，他第一次听到了菲涅耳这个名字。

餐桌上，一个陌生人谈到了他的侄子，说他虽然病恹恹的，但很有前途。这位孱弱的年轻人是一名土木工程师，在法国偏远地区修路架桥。过去一年，他整晚整晚地研究光，最近，他给安培先生寄去了一篇论文，但安培先生没有回复。不知阿拉果先生愿意看一下吗？

就在六个月前，奥古斯丁-让·菲涅耳（Augustin-Jean Fresnel，发音像“弗雷内尔”）写信给他哥哥，坦承他对光的困惑。巴黎综合理工大学的老师们坚持认为光是由微粒构成的，但菲涅耳却开始怀疑。他听说过偏振光，但他承认：“我已经为它伤透了脑筋，但我还是搞不懂它是什么。”当他的哥哥给他寄来光学教科书时，菲涅耳开始向叛逆的理论倾斜。“我告诉你，我强烈地倾向于相信，光和热的传播就像一种特定流体的振动，”他给他的哥哥写信说，“人们可以像解释声速一样解释光速的均匀性；以及……为什么太阳照耀了我们这么久，而它的体积却没有减少，等等。”

这位法国土木工程师虽然怀疑牛顿，但却很像他。牛顿以“多虑、谨慎和多疑”闻名，菲涅耳的同事们也认为他是个冷酷的人。菲涅耳和牛顿的健康状况都很差：牛顿的大部分疾病都是他臆造出来的，但身材矮小、孱弱，有着鹰似的长相和飘忽不定的目光的菲涅耳，经常咳嗽和发热。这两个人还共有一种直觉力，即如何在黑暗的房间内分离光束，让光按照他们的期望来表现。和牛顿一样，菲涅耳也“对精确性情有独钟”，这使他写了一页又一页的方程。

1814—1819年，海顿《创世记》里的第一道光响彻整个欧洲的交响乐厅；约翰·济慈写了《恩底弥翁》（“你到底有什么，月亮……”）；约瑟夫·马洛德·威廉·透纳也吸收了威尼斯的光。与此同时，在距离英吉利海峡十几英里的一个小房间里，奥古斯丁-让·菲涅耳独自坐着，不时发抖，计算着光究竟是如何传播的，一直算到小数点后第三、第四、第五位。

菲涅耳从熟悉的地方开始——一束铅笔粗细的阳光穿过针孔。对托勒密、海赛姆和牛顿来说，通过针孔的阳光已经足够稳定，但对于菲涅耳的精确程度来说，阳光移动得太快了。他的千分尺是当地的一个铁匠制作的，精度为 0.01 毫米，但前提是他能以某种方式减缓光速。透镜无济于事，但当菲涅耳用蜂蜜——对，他的母亲养着蜜蜂——涂抹针孔时，阳光会发生轻微的折射并逗留在上面。为了研究衍射，他将光线对准一根绷紧的线，这条线在墙上投下了一些线条，中间是暗的，上下稍亮一些——一个三明治似的阴影。菲涅耳拿出千分尺。“有了焦距 2 毫米的透镜和几乎均匀的光线，我能够在非常接近其原点的地方观察这些条纹……我用千分尺测量了这个条纹与阴影边缘之间的间隔，发现它小于 0.015 毫米。”直到来到巴黎后，菲涅耳才得知托马斯·杨关于干涉理论的论文。由于不懂英文，菲涅耳没有阅读这篇文章。然而在他的房间里，菲涅耳观察到了干涉现象，以及杨的另一个发现。他挡住线上面的光，以为只有上面几层的光会消失，然而，所有的边缘，上面和下面，都消失了。显然，衍射需要波的上下边缘同时通过，要是微粒的话，根本不会这样。菲涅耳把他的结论送到了巴黎，安培先生没有理会，但阿拉果先生却很感兴趣，这位后起之秀来自只会哭诉的法兰西科学院之外，可能会帮助他挑战他自鸣得意的对手。于是，阿拉果“在天下允许的范围内”验证了菲涅耳的发现，很快，这位著名的天文学家写信给这位不知名的工程师，说他的研究结果可能“有助于证实波动说的真实性”。

1816 年 3 月，阿拉果向同事们介绍了菲涅耳，并向法兰西科学院展示了他的论文。那年夏天，菲涅耳回到巴黎，与阿拉果会面，这两个难分伯仲的法国人就光的问题谈了又谈。菲涅耳在巴黎设了一个实验室，但1816年是“没有夏天的一年”。印度尼西亚的一次火山爆发使大气层被火山灰覆盖，带来了全年的冰冻和饥荒，巴黎的夏天也比往年更加多雨。沮丧之余，菲涅耳回到家乡，继续从事他的工程工作。几个月后，他又收到了阿拉果的来信，他刚去英国拜访了托马斯·杨。阿拉果叙述道，当他向杨解释菲涅耳的成果时，这位英国人礼貌地保持沉默，但他夫人却站起来离开了房间。几分钟后，她带着丈夫的小册子回来了，翻到一页，其中详细介绍了他在干涉方面的类似实验。其中的含义很明显。读了这封信，菲涅耳决定放弃他的研究。“我已经决定继续做一名谦逊的桥梁和道路工程师，”他在给他哥哥的信中写道，“我现在明白了，为了获得一点荣誉而自寻烦恼，真是个愚蠢的行为，他们会一直为此与你争吵。”但到了第二年春天，他还是回到了自己的房间，在解决波的根本问题之前，他无法安息。

要证明波动论可信，必须借助数学。根据斯涅尔-笛卡尔定律，波穿过水时必然发生折射；在镜面上反射时，反射角必等于入射角。克里斯蒂安·惠更斯曾计算出波前就像士兵一样，在开放的空间中排队前进。根据1700年以前已知的少数光的规律，惠更斯的波动是可预测、可计算的，可是，波会不会像水一样围绕物体旋转并沿直线传播？众所周知，水撞到障碍物后会向后涌动，有人能想象光会这样逆流吗？如果波动理论本身要进步，这些模式必须在纸上得到证明。菲涅耳蜷缩在他母亲在英吉利海峡附近的房子里，开始尝试。

当菲涅耳完善他的测量时，法兰西科学院的牛顿信徒们也在布置他们的防御，这些年迈的科学家——泊松（Poisson）、拉普拉斯

(Laplace)、拉格朗日（Lagrange）——深信牛顿的一切理论都是正确的，无论是重力、运动、微积分、棱镜，还是彩虹。现在，他们竟然得相信一个还不到 30 岁、没有任何教学或科研职位、寂寂无闻的土木工程师，对光的把握却比他们的“贤明之光”更正确？这样的无稽之谈可能会无休止地继续下去，除非再来一次比赛。

1817 年 3 月 17 日，法兰西科学院宣布了这项挑战赛：参赛者要“通过精确的实验，确定直接光线和反射光线分别或同时通过一个或多个物体边缘时的一切衍射现象”。换句话说，参赛者必须用最精确的数学计算出光线是如何在障碍物周围传播的。当菲涅耳在灯光下阅读这些规则时，有一个词不断地跳出来——光线。“发光的光线……”“光线发出的光……”“光线的运动……”等等。显然，法兰西科学院对波动理论不感兴趣，菲涅耳犹豫要不要参赛。弗朗索瓦·阿拉果给他的朋友施压，安培先生——他的名字后来成为电学的一个计量单位——不得不去鼓励菲涅耳。安培给菲涅耳的叔叔写信说：“他轻而易举就能获胜。”于是，叔叔敦促他的侄子去参加由“阿拉果将军”领导的“硬仗”。参赛者有 18 个月的时间。菲涅耳请了假，离开了他的工程岗位。

菲涅耳首先抨击微粒说，它不能解释光所有的运动，因为微粒本身的运动就是有限的，箭、网球或人造丝都会像预测的那样弹跳和弯曲，但都不会在锋利的边缘发生衍射，也不会与其他光线相互干扰而生成暗条纹。菲涅耳写道：“人们可以发现光的传播会发生旋转，但仅此而已。”他认为，那些执着于微粒说的人，是在屈服于一种与人类本身一样古老的渴望——朴素简单，而他认识到，大自然“并不惧怕分析的困难”。可是，困难很快就来了。

惠更斯的波动理论没有用到微积分。17 世纪 70 年代，惠更斯在研究他的理论时，曾给年轻的戈特弗里德·莱布尼茨辅导过数学。后来也发明了微积分的莱布尼茨，经常写信给惠更斯，告诉他微积分的可能性——掌握无限回归和瞬时速度，用图表揭示自然界最微妙的力量。然而，惠更斯受的教育是笛卡尔的分析几何，他父亲本人还认识笛卡尔，所以他从未完全将微积分看作数学的一个新分支。牛顿出版《原理》一书三年后，惠更斯出版了他的《光论》，但他并未选择用微积分来更新自己的理论。如今，一个多世纪后，菲涅耳却做到了，以牛顿之矛攻牛顿之盾。

为了参加法兰西科学院的比赛，菲涅耳运用了他早期的研究成果，但花了几个月的时间来重新校整数学计算，其中的关键是微积分工具，也就是积分。积分，在方程中用简练的 $S$（$\int$）表示，代表曲线及其覆盖的面积。用积分可以计算出导弹的飞行轨迹和贝壳的优美形状，在菲涅耳看来，它还能计算出波的运动。菲涅耳将微积分应用于光波，提出了现在所称的“菲涅耳积分”。对于初学者而言，它们看起来就像现代的象形文字，代表着最烧脑的高等数学。盯着菲涅耳的方程看，你会感到自己被吸引到宇宙的无限复杂性中去了。符号和正负号就像蛋糕层层堆叠在一起，还有希腊字母，不仅有我们熟悉的 $\pi$，而且有 $\lambda$（波长）、$\Sigma$（数字的总和）和 $\kappa$（曲率），全都挤在小括号里，加上上标的指数，缩在一层又一层的大括号里。整体远远大于部分之和，如果你盯得够久，会发现菲涅耳的微积分协奏曲既有催眠性又有启发性。不妨想一下，光的现象也是如此，有一个人打开了这扇门，理解了光的复杂性，并惊叹于人类的发现。

是的，光也会像水一样旋转、逆流。在惠更斯的基础上，菲涅耳计算出了波是如何产生次级波前的。想象一下，通过一扇打开的门，你听到从隔壁房间传来的喊声，这声音听起来就像来自这扇门本身——一个新的子波。然而，原始声波的一部分还停留在那个房间，流回到了自己身上。或者，正如菲涅耳所说，如果“分子处于平衡位置（‘没有位移’），并且在那一瞬间只受到推动它们前进的力的作用，也会产生一个向后的波……那么，这两种运动在逆行波中相互抵消”。

1818 年 4 月 20 日，微粒说与波动说之战越发激烈。菲涅耳以一句拉丁格言——“富饶而朴素的自然”（Natura simplex et fecunda）——为名，用一个密封的信封提交了他的参赛作品。3 个月后，一份匿名作品出现了，这是仅有的两次试图推翻牛顿的尝试之一。裁判委员会召开了会议，其中三人是坚定的“发射论者”，另一位年轻的化学家犹豫不决，而第五位成员也是主席，就是弗朗索瓦·阿拉果。委员会审议了整个夏天、秋天，直到新的一年。为了使菲涅耳的观点更容易被接受，阿拉果将每次提到的“波”都改为“元光线”。讨论仍在继续。其中一位发射论者——受人尊敬的数学家西莫恩·泊松，做了他自己的计算。泊松认为，按照菲涅耳的断言，如果光射向一个圆盘，就会在它的影子的死角处留下一个亮点。简直荒谬！粒子论者认为他们已经出奇制胜，打败了菲涅耳，但阿拉果造了一个雀斑大小的圆盘，并向它发射了一束光，结果，在后面的墙上，在影子的中心——死角——出现了一个完美的光点。虽然泊松不甘心让步——余生里他都对微粒说深信不疑，但委员会被说服了。在提交参赛作品 11 个月后，菲涅耳终于被宣布为获胜者。他对这份荣誉并不在意，后来他告诉托马斯·杨，与发现真理的兴奋感相比，荣誉不值一提。但是，从菲涅耳赢得法兰西科学院比赛的那一刻起，微粒说就开始衰落了。

在接下来的几年里，尽管咳嗽得厉害，菲涅耳还是加强了研究。他首先关注的是冰岛晶石，为它增添了许多谜团。当他让光穿过晶体时，光束如预期那样发生了偏振，尽管有些光束相互干扰，形成了明显的条纹，但以直角偏振的光束却没有。靠着直觉和数学知识，菲涅耳提出了一个托马斯·杨拒绝接受的光的性质。波动论者认为光波沿着平行线前进，就像一只张开的手从台子上撒盐那样，声音就是这样一种波。菲涅耳却提出了另一种解释。光波可能是横向运动的，就像拴在门把手上的一根抖动的绳子一样上下摇摆。阿拉果不愿相信，但菲涅耳用微积分证明了这一点。

就在为偏振问题争破头的7年后，这位体弱多病的土木工程师已经比世界上任何人都更了解光。现在，菲涅耳这个名字不仅为埃菲尔铁塔增光添彩，也为一些光学概念增色不少，包括菲涅耳衍射、菲涅耳光斑，以及汽车前灯、照相机、投影仪和太阳能聚集器中都有的菲涅耳透镜。人们仍然在用奇妙的菲涅耳积分来计算波，从过山车的曲线到电子游戏中的模拟海浪。而菲涅耳最不朽的遗产是他战胜了艾萨克·牛顿，证明了光是以波的形式传播，这光波将持续整个世纪，在这个非凡的世纪里，光成为表演大师。

# 第十一章

# 卢米埃尔——耀眼百年的法国

今天巴黎的流浪儿……是民族的一颗美痣，同时也是一种病症。是病就得医治。如何医治呢？通过光明。

——维克多·雨果，《悲惨世界》(*Les Misérables*)

19 世纪初，乘坐高大船只进入北大西洋的水手们都知道，他们要去的是一个黑暗而危险的地方——法国。革命虽早已过去，但故事远未结束——断头台、暴乱、愤怒，以及拿破仑这个全欧洲的祸害。因其在启蒙运动中扮演的角色，巴黎逐渐有了“光之城”的称号，然而巴黎本身就是一场灾难，充斥着疾病和腐烂，空气中弥漫着夜壶的恶臭，河水被未经处理的污水染黄。光之城？显然说的不是大多数人居住的杂乱之地，当然也不是冬天的巴黎，正如《悲惨世界》中的描写：“天空成了一个气窗。整个白昼成了地窖。太阳是一副穷人的模样。”

法国的危险并不仅限于巴黎，这个国家岩石嶙峋的海岸线上几乎没有几个灯塔，每座灯塔的光都很暗淡，以至于船只在看到它的光束之前，几乎已经要撞上它了。每年，近两百艘船在法国海岸搁浅，尽管如此，水手们还是源源不断地涌向法国西海岸，在那里，吉伦特河通向波尔多市，那里的葡萄酒畅销全球。随着海岸隐约出现，水手们开始寻找港口的灯塔。

科尔杜昂灯塔（Cordouan lighthouse）是欧洲最古老、最高的灯塔之一，耸立在距西班牙以北一天航程的岩石上，堪称“海上的凡尔赛宫”。这座十层楼高的塔楼富丽堂皇，极具法国特色，一楼是为国王准备的卧室，二楼是一座小教堂，整个灯塔里到处都是雕像。然而，自笛卡尔时代它发出第一道光以来，它的光丝毫没有变强。那时，灯塔是用篝火照明，但近年来，看守人尝试用灯和镜子来照明，可是它的光线过于微弱，水手们乞求法国，让这座灯塔配得上它的“亚历山大灯塔”之名。于是，拿破仑成立了一个灯塔委员会，但很少开会，投诉也无人理睬。科尔杜昂灯塔的光仍然如摇曳的烛火。终于，1820 年，全球驰名的光学专家开始研究这个问题。

奥古斯丁-让·菲涅耳得出结论，问题在于反射。即使在最亮的灯后面放上最大的抛物面镜，也只能反射不到一半的环境光。菲涅耳运用他精妙的积分和“对精确性的情有独钟”，计算出如何通过折射而不是反射来捕捉光。几个月不到，巴黎的玻璃工厂就生产出了 3 英寸厚、20 英寸长的棱镜。按照菲涅耳的“阶梯式透镜”设计方案，玻璃制造商组装了两英尺宽的多边形板，每个板上都有棱状的晶圈，可以聚焦各个方向的光。1821 年 4 月，菲涅耳的透镜——一个 12 英尺高的玻璃蜂巢，已经准备好测试。当它被放在巴黎卢森堡花园南侧的皇家天文台的楼顶上，它发出的光束经过了塞纳河，穿过了修道院院长絮热的圣德尼教堂，越过了蒙马特山。不到一年，几百磅的棱镜和玻璃板被运到布列塔尼的悬崖边，安装在科尔杜昂灯塔上。菲涅耳虽然时而咳血，但还是在河口岩石上呼啸的风中度过了一整个春天。

1823 年 7 月 25 日，黑暗又危险的法国海岸闪耀着人类迄今为止最明亮的光芒，即便在 30 多英里外的海面上，站在桅顶上的水手们也能看到那支划过天际的白色长矛。两年后，英国水手在英吉利海峡上空看到了菲涅耳的光，“就像一颗 1 等星[①]”。年仅 39 岁的菲涅耳很快就死于肺结核，但他的光照亮了从瑞典到西班牙再到新泽西的海岸。在为水手们指明了道路之后，法国成为世界之光的守护者。法国人捕捉、反射、投射、追踪、转移、绘画、计时、冻结和装帧各种光线，仿佛是在遵循“法国之光”这一古老的说法。令巴黎综合理工大学的师生入迷的东西，也蔓延到普通大众中，光变成了一种奇观，一种时光机器，最终变成了一份给现代世界的礼物。

到 19 世纪 20 年代，塞纳河上的岛屿——西堤岛（Ile de la Cité）上的一家商店已经垄断了所有光学产品市场。对醉心于光的巴黎人来说，查尔斯-查瓦里之家（La Maison Charles-Chevalier）是一扇光之窗。查瓦里家族，先是路易-文森特，后来是他的儿子们，设计、制造和销售欧洲最多的镜片、眼镜与其他玻璃饰品。在

① 天文学术语，指恒星亮度类别。恒星的亮度和它的温度有着密切的关系，用肉眼我们就能区分出恒星间的不同亮度，古希腊人喜帕恰斯按照这种光亮程度的不同，将星光分为 6 个等级，1 等星最亮，而 6 等星最暗。每等星间亮度相差 2.512 倍，1 等星和 6 等星间在实际亮度上相差 100 倍。——译者注

俯瞰新桥拱门的闪闪发光的商店里，天文学家们来买最好的望远镜，生物学家们试用最新的显微镜，而歌剧迷们则摩挲着珍珠金或象牙白的双管镜。画家们可以买到暗箱或其最新的分支——明箱——一种能将垂直图像投射到水平面的装置，由一面棱镜和镜子组成。查尔斯-查瓦里之家还有琳琅满目的单片眼镜、夹鼻眼镜、凸面镜、凹面镜、高倍镜、普通镜子、放大镜等，其中最受欢迎的是魔灯。

魔灯发明于 17 世纪中期，有人说是由波动论者克里斯蒂安·惠更斯发明的，这是一种原始的投影仪，它的蜡烛、镜片和彩绘幻灯片能在黑暗的房间里投射出图像。忽隐忽现的鬼魂和魔鬼使观众在这个“恐惧之灯”面前不寒而栗，然而，它让巴黎人明白了光的另一个现象——人们愿意花钱看它表演。

1798 年夏天，巴黎人涌向一场比任何“恐惧之灯”都要恐怖的灯光秀。观众们排队走进一间被烛光照亮的房间，安静地坐在那里，满怀期待。一个人从幕布后走出来，轻声谈起超自然现象，告诉人们要保持怀疑。那人离开后，蜡烛熄灭了。接着，在没有任何警告的情况下，远处的墙壁炸开一道电光，骷髅、美杜莎的头和女巫在黑暗中飘浮出来。幽灵赫然耸现，在墙上舞动着，变得越来越大。烟雾很快充满了整个房间，光芒闪烁其中。这场名为《幻影》（*Fantasmagorie*）的恐怖表演持续了 90 分钟。观众们摇摇晃晃地走出房间，浑身颤抖，激动异常。消息传开了。也许有几个人知道这一切都是用投影仪完成的，但那些鬼魂是如何舞动和翻白眼的呢？全都是幻觉吗？警方并不这么认为，他们暂停了演出，因为他们担心演出会使被送上断头台的路易十六复活。进入新世纪后，随着浪漫主义者对哥特式恐怖的迷恋蔓延开来，《幻影》也登上了伦敦和纽约剧院的舞台。那时，巴黎正在为它的下一场灯光秀做准备。

在查尔斯-查瓦里之家的常客中，有一个高大的卷发男子，他有一双忧郁的大眼睛，蓄着短髭。他自信而好奇，最常看的是暗箱，但似乎也对所有的光学玩具都很着迷，也许他在十几岁时就看过《幻影》，而在查瓦里的商店里，有一个带轮子的、木制的模型，这模型装有透镜和镜子，还有一个传送朦胧灯光的锡炉管。它的价格是 250 法郎，对这位衣冠楚楚的顾客来说，倒在承受范围内，但他并不感兴趣。查尔斯-查瓦里与这位先生熟识，他是一位训练有素的风景画家，正在为巴黎歌剧院（Paris Opéra）设计布景，在高大幕布上绘制拱形门廊和废墟。虽然这位先生正处于职业的巅峰，但他却总在探究最新的透镜、最新的错觉把戏以及光的无限可能性。店员们称呼他为达盖尔先生。

在他开创作为摄影术先河的银板肖像画之前，路易-雅克-曼德·达盖尔（Louis-Jacque-Mandé Daguerre）以用光大师之名闻名整个巴黎。达盖尔在巴黎北部的一个小镇上长大，从小就开始画素描，13 岁时为他的父母画了一幅肖像，向他们证明了他的天赋，但艺术是一个前途未卜的行业，于是达盖尔被送到一个建筑师那里当学徒，他提出抗议，不久就去了巴黎。作为一个还过得去的艺术家，他设法在巴黎艺术沙龙展出了几幅自己的画，但当他被雇来画舞台布景时，他才发现内心真实的召唤。1820 年，达盖尔注意到巴黎人特别喜爱光，于是开始利用灯具、幻灯片和窗帘来模拟日落和月夜。在巴黎歌剧院，他画了埃特纳火山，用背光照亮场景，然后让顶部的灯光忽明忽暗，直到火山看起来像要爆发的样子。一位评论家说，这种效果是“最让人吃惊的”。后来，达盖尔先生让太阳从某个场景上方升起，创造了一个“光的宫殿”，在逐渐淡入的拱门和柱子下，宝石闪闪发光，这是另一个“达盖尔先生的奇迹”，而他正准备要将舞台灯光提升到一个更高的水平。

1822年7月里一个阳光明媚的早晨，人群聚集在巴黎剧院区最新的礼堂外，在这座四层楼建筑细长的拱形窗户下方，写着几个巨大的字：

透视画

上午11点，引座员带领人群穿过大厅，进入一个灯光明亮的房间。所有人都等着看达盖尔先生又创造了什么新的奇迹。当人们的眼睛适应了昏暗的环境，他们就进入一个宽敞的圆形大厅，其中一侧有一个窗户，透过窗户，人们看到了坎特伯雷大教堂的内部，但那些巨大的石头看起来没有一点人工的痕迹。工人们正在维修，许多观众发誓说他们看到工人在动，一个女人要求进入大教堂。接着，大教堂的彩色玻璃闪烁、淡入，石头在阴影中晃动。当观众们睁大眼睛看着的时候，大教堂逐渐退去，越来越小，越来越模糊，最后消失了。几分钟后，透过同一扇窗户，又出现了山脉的模糊轮廓。山峰闪闪发亮，似乎在展现自己的轮廓，阿尔卑斯山谷显露出来，里面有小木屋、喷泉和在阳光下闪闪发光的湖泊。“最引人注目的效果是光线的变化，”《伦敦时报》写道，“从一个平静、柔和、宜人、宁静的夏日开始，地平线逐渐变化，变得越来越阴沉，直到一片黑暗——显然不是黑夜的作用，而是暴风雨即将来临的黑暗——一种阴沉、狂暴的黑暗——使所有物体黯然失色，我们几乎只能听到雷声。”

表演只持续了半个小时，但达盖尔的魔法阵很快就成了巴黎的谈资。只需支付两法郎的门票，人们就可以看到由光勾勒成的田园风光。随后的透景画展示了发生山崩的瑞士山谷、沙特尔和兰斯大教堂、威尼斯大运河以及圣赫勒拿岛上（Saint Helena）的拿破仑墓。观众们一次又一次地被愚弄，他们把纸团扔向画帘，只为了确定这一切都是幻觉。媒体也为此狂喜：

- 名副其实的胜利。
- 绘画史上的新纪元。
- 达盖尔先生被列为有史以来最杰出的画家之一。

透景画表演在伦敦和柏林拉开帷幕。查尔斯-查瓦里之家很快就开始卖全景画，这是一种带背光的盒子，里面是剪影，孩子们可以模仿达盖尔的特效。

像其他魔术师一样，达盖尔不愿透露自己的秘密。他是如何让月亮升起、让河流流淌、让大教堂闪闪发光的呢？其实，每幅透景画都是用暗箱在丝质幕布上画出来的，从而创造出一种超现实的错觉，这是达盖尔作为舞台设计师学到的。然而，最大的秘密在于光。达盖尔用不透明的油彩描绘固定的物体，用稀薄、半透明的颜料绘制窗户、水流、蜡烛和其他发光的物体，甚至不用颜料，好让光线穿过。他的工作人员在舞台下面活动，变换灯光和彩色屏幕，有时也用屋顶的天窗增加亮度。这些效果——为午夜弥撒点燃蜡烛，移动跪着的人物的影子，然后熄灭蜡烛，教堂变暗——无论是大人还是孩子，都为此高兴、入迷。在一次演出中，阿尔卑斯山村里出现了一只羊，而观众席上坐着的，是路易·菲利普国王和他的小儿子。

“爸爸，这只羊是真的吗？”小王子问。

“我不知道，我的孩子，”国王回答道，“你得问达盖尔先生。”

更多的透景画表演在利物浦、柏林和斯德哥尔摩上演。在整个欧洲，达盖尔被誉为奇迹的创造者，但他还想从光中得到更多。他经常和查尔斯-查瓦里在他的店里聊天，指着暗箱中的场景。“难道没有人能够成功地定格这些完美的图像吗?”达盖尔问道。1824 年的某个时候，在他透景画剧院附近的家中，达盖尔开始尝试用化学品和铜板做实验。

近一个世纪以来，人们都知道硝酸银（也叫“月光银”）在光下会变灰或变黑，氯化银则能产生更暗的图像。18 世纪 90 年代，人们第一次成功在纸上捕捉到光的图案，当时，韦奇伍德瓷器家族的继承人托马斯·韦奇伍德（Thomas Wedgwood）在纸上涂上硝酸银，在上面放上一片叶子，然后将这块板子放在太阳下，在上面涂上薰衣草油，最后得到了一个精致的黑影，可是，韦奇伍德的“黑影照片”没有一张是持久的。没有固定剂，即使是最微弱的光线也会使硝酸银变黑。其他英国科学家尝试了各种化学物质，也只能暂时减缓它变黑的速度。1816 年，一位法国绅士在他的勃艮第庄园里开始了探索。

比起硝酸银，约瑟夫·尼塞福尔·尼埃普斯（Joseph Nicéphore Niépce）更喜欢氯化银。他的图像是当时最鲜明的，但仍然无法固定，经过多年的挫折，尼埃普斯转向了一种名字很奇怪的材料——犹太沥青，这种焦油状的物质遇光会附着在玻璃上。1826 年 5 月的一个早晨，尼埃普斯在一个玻璃酒杯里倒满沥青粉，加入薰衣草油，加热这个冒着蒸汽的黑色糊状物，然后把它分层涂在一块银板上，用熨斗加热后，他把银板放在一个暗箱中，打开镜头。八小时后，他关闭了镜头。尼埃普斯清洗了银板，洗掉了未定型的沥青，于是有了第一张照片。虽然不断移动的阴影把画面弄得模糊不清，但照片中还能看出尼埃普斯后窗的污浊的屋顶和墙壁。尼埃普斯将这一过程称为“阳光摄影法”，这个词很快就传到了查尔斯-查瓦里那里。达盖尔从查瓦里那里得知了这一突破，便写信给尼埃普斯，询问是否可以将这种工艺付诸实践。尼埃普斯给达盖尔寄去了一块用阳光摄影法蚀刻的锡板，1829 年，两人达成了合作伙伴关系。四年后，尼埃普斯去世，他将发现留给了他的儿子，但他儿子对此并不感兴趣。达盖尔则继续向前推进。

宗教崇拜过它，物理学计算过它，艺术模仿过它，诗歌颂扬过它，但最终还是化学抓住了光。达盖尔从未使用过犹太沥青，他想要的是完美的图像，而不是一些焦油状的模糊影子。他研读化学书籍，了解感光物质，最后尝试了“博洛尼亚石”，这种发光的矿物曾使伽利略对光感到好奇。他把碘蒸汽涂在银板上，制成比氯化银颜色更深的碘化银。他用碳酸逆转负像，用灯加热的氯酸钾微调对比度。有一天，达盖尔冲进了查瓦里店里。“我抓住了转瞬即逝的光！”他喊道，“我让太阳为我作画。”尽管如此，那些模糊的形状仍然会变暗。达盖尔的妻子担心他为自己的追求“着了魔”。“他总是在思考，”达盖尔夫人对一位著名的化学家说，“因此夜不能寐。”她问道，这样的梦想有可能成真吗？化学家认为这不太可能。

1835 年的一天，达盖尔完成了他的实验，将一块几乎没有曝光的板子放在他的化学品柜中。第二天早上，他拿出那块板子，准备二次使用，但突然停了下来，盯着它一动不动。板子上是一个精美的蚀刻图像，虽然很模糊，但显然是他的作品中最好的。达盖尔不知道是什么东西让这张照片显影的，于是开始在柜子里设置曝光，并逐一取出化学品，最终发现，这种物质是水银，它从一支破损的温度计中挥发出来。随后，达盖尔用这种定影剂进行了更多的实验，1837 年，他制作出了第一张永久的照片——一张烟雾缭绕的静物画，画面里是两颗泥头放在桌子上。又经过一年半的实验，其间，他曾试图争取外国的资金支持，这一天终于来了，这个日子也被每个摄影专业的学生铭记。

1839 年以前曾照亮人类历史的所有光——帝国的兴衰，国王和王后的加冕礼，孩子的可爱面孔，老人的睿智脸庞——都被时间湮没了。我们只剩下绘画，“只有绘画，”正如达·芬奇所说，“才能忠实地描绘自然界的所有可见之物。”历史与光之间的联系在巴黎的法兰西学院出现转折，那是 1839 年 8 月 19 日，星期一，这座光之城一个美丽的夏日下午。这次盛事没有留下照片，因为室内光线太弱，无法拍摄。但请想象一下，在法兰西科学院和法兰西艺术学院（Académie des Beaux-Arts）的联合集会前，风度翩翩、一头卷发的达盖尔坐在华丽的大厅里，人群涌向俯瞰着黄色的塞纳河和卢浮宫的黑色方柱的码头。自从达盖尔在艺术杂志上首次公布他偶然发现水银蒸汽的妙用以来，巴黎一直在等待这一刻。“据说达盖尔先生发现了一种方法，可以在他自己准备好的银板上接收由暗箱拍摄的图像。物理学可能从未揭示过能与此媲美的奇迹。”但四年过去了，没有任何证据，怀疑渐渐蔓延。“捕捉转瞬即逝的倒影不仅不可能实现，”德国的一家报纸提醒道，“而且这愿望本身就是在亵渎神明。神照着自己的形象造人，任何人造的机器都不能定格神的形象。”

1839 年 1 月，达盖尔希望向法国政府出售这项工艺的版权，于是在一份公开的大报上将它描述了下来。他以自己的名字命名这项发明，同时也承认了约瑟夫·尼埃普斯的功劳，声称自己只是把图像锐化了，并把曝光时间缩短到了3分钟。他提醒大家，以这样的速度拍摄人像是不可能的，但据他预测，普通人可以用达盖尔照相法拍摄自己的家园，科学家可以拍摄月球，旅行者也可以保存他们梦中的风景。“达盖尔照相法，”他总结道，“不仅仅是一种描绘自然的工具，更是一种化学和物理工艺，可以赋予自然自我复制的能力。”

但这样的奇迹是如何实现的呢？达盖尔拒绝透露。为了争取政府的支持，1839年的整个春天，他拖着那台重达100磅的相机去了卢浮宫、圣母院和其他地标性建筑。他把明信片大小的照片交给政府官员，请他们以20万法郎买下所有版权，然而，在此之前，政府还从来没有直接购买过任何发明，政客们对此犹豫不决。到了6月，公众最初的热情已经减退，巴黎重新陷入怀疑之中。作为透景画的发明者，达盖尔毕竟只是一个魔术师。7月，菲涅耳波动理论的拥护者弗朗索瓦·阿拉果，全力支持达盖尔，这位杰出的天文学家如今已是法国众议院的议员，他说服了他的同事。众议院几乎全票通过，批准政府购买“这位新画家的眼睛和铅笔”。彼时的达盖尔已经50多岁，他把收购金降低到一笔不算大的退休金。法国政府每年给达盖尔六千法郎，给约瑟夫·尼埃普斯的儿子四千法郎。

一个月后，即8月19日，这项技术的神秘面纱终于被揭开。达盖尔紧张得浑身发抖，辩称自己喉咙痛，只是默默地坐着，另一边，弗朗索瓦·阿拉果让法兰西学院人山人海的听众保持秩序。站在满是杰出人物的大厅前，阿拉果解释了这项最新的成就——它既是科学的胜利，也是法国的胜利。他的话还没说完，外面码头上的人群就喊出了秘密。

"碘化银!"

"水银!"

"次硫酸钠!"

不到一个小时，查尔斯-查瓦里之家的暗箱就销售一空。然而，捕捉光并不像按快门那么简单。阿拉果的解释让许多人感到困惑，迫使达盖尔后来在他的工作室为记者做了演示。他拿出一块涂有银的铜板，用浮石粉把它磨光，然后用硝酸溶液冲洗。把房间弄暗后，他把板子朝下放在一个装有加热的碘的盒子上，碘蒸汽经过薄纱的过滤，把板子变成了黄色。接着，达盖尔将板子装入相机——一个两英尺长、一英尺见方的金属盒，里面的镜头是查尔斯-查瓦里研磨出来的。达盖尔把相机放在窗前，看着表，那是一个灰蒙蒙的下午，照他的说法，要是晴天或在西班牙抑或意大利的话，曝光时间可以短一些。他揭开了镜头，外面，马车、马和人川流不息，但他们转瞬即逝的图像在他的板子上只是模糊的影子。达盖尔又看了看他的表。记者们坐立不安。几分钟后，他盖上了镜头，取下板子，把它靠在一个装满水银的罐子上，在罐子下面点燃了火焰。当水银达到60摄氏度时，达盖尔熄了火，让冒着蒸汽的水银冷却，将板子浸泡在硫代硫酸钠（即码头上人们喊的"次硫酸钠"）溶液中。整个过程花了半个小时。当达盖尔将窗外的太阳画下的一张五英寸见方的透明图像放在记者面前时，他们蜂拥向前。透过眼镜、单片眼镜和小眼镜，记者们审视着每个复杂的细节，最后竖起了眉毛。奇迹来了。

巴黎很快就臣服于"达盖尔照相法"。整个城市里的人们举着笨重的盒子，用三脚架让它们保持平衡。药店里的碘和水银销售一空。"我们都感受到了一种非同寻常的情感和未知的感觉，这让我们产生了一种疯狂的快乐，”一名男子回忆说，“每个人都想拍下他窗外的景色……［就算是］最糟糕的照片也给他带来了无法言喻的快乐。”到 9 月中旬，达盖尔照相法出现在伦敦和纽约。达盖尔描述这一过程的手册被翻译成多种语言，印行了八次。人们带着相机和化学物前往意大利、埃及和圣地，当他们回来时，两位法国物理学家已经通过显微镜拍下了月球的照片。一位英国化学家在固定剂中加入了氯气，将曝光时间缩短到了几秒钟。很快，那些富豪和知名人士就坐在照相机前，脖颈紧绷，几分钟后，每个人都拿着一张光彩夺目的肖像离开了达盖尔照相馆。

最早的达盖尔摄影作品与其说是照片，不如说是小小的奇迹。碘化银蚀刻的图案展示了帕特农神庙、比萨斜塔和罗马广场——和它 1840 年初现时的样子一样，空旷而荒芜。然后是著名的第一幅肖像——法国国王路易·菲利普，英国的威灵顿公爵，林肯，惠特曼，爱伦·坡。许多早期的达盖尔摄影作品展示的还是普通人——戴着褶皱帽子、面容严厉的女人，穿着制服、伟岸健壮的男人，以及凝固在时间里的孩子。其中一幅展示了达盖尔本人，他身躯丰满、肢体僵硬，为后来发展成凹版照相、平版印刷画、赛璐珞胶片、柯达相机的拍摄过程摆好姿势……

1840 年，早已闻名遐迩的达盖尔，带着他的养老金退休了，到了巴黎郊外的一个小镇上，从此只在当地的教堂里做小型透景画表演。［最近修复的大教堂内部的透景画，在马恩河畔布里的白色的圣杰维-圣波蝶教堂（Saint Gervais-Saint et Saint-Protais）展出。］达盖尔抓住了光，它再也不会转瞬即逝了。拍摄过程被简化以后，摄影把光放到了人类手中。人们对“达盖尔照相法”最初的狂热几乎没有减退过。自 1839 年以来，人类共拍摄了约 3.5 万亿张照片，而智能手机的普及更使这一数字呈指数级增加。今天，每年拍摄的照片有近 4 000 亿张，几分钟拍摄的照片比整个 19 世纪的都要多。

美国画家、发明家萨缪尔·摩尔斯（Samuel Morse）在巴黎访问达盖尔时，称他的作品为"完美的伦勃朗"。其他艺术家却不这么认为。有人说："从今天起，绘画就死了。"然而，法国的光芒才刚刚升起。

到 1848 年，这座"光之城"已经变成了一座阴暗之城。即使达盖尔照相师们只着眼于这座城市的瑰宝，附近贫困区的廉价住房还是让巴黎成了"一个腐烂的巨大工厂，贫穷、瘟疫……和疾病共同肆虐，阳光几乎从未照射进来"。一百万巴黎人中，绝大多数人每天靠半法郎过活，连买一块长棍面包都不够。在这具有里程碑意义的一年年初，腐败和丑闻引发了另一场起义。又是高墙壁垒，又是血流成河，于是，路易·菲利普政权垮台了，取代他的是另一个拿破仑——被废黜的拿破仑·波拿巴的侄子。路易·拿破仑（Louis Napoleon）虽然是由民众投票选出的，但他很快就解散了众议院，并在 1852 年宣布成为拿破仑三世皇帝。由于阴湿狭窄的街道是叛乱的温床，这位皇帝开始筹划，要彻底改造巴黎。

整个 19 世纪 50 年代，巴黎都在重建和重生。宽阔的林荫大道穿过以前的贫民窟；新广场和扩建的公园——布涝涅森林（the Bois de Boulogne）、宛赛纳森林（the Bois de Vincennes）——让光照了进来；原本排入塞纳河的下水道被改道；三分之一的人口被迫离开家园，整个住宅区被夷为平地；近两万座建筑倒下，三万四千座新建筑拔地而起。批评者谴责这场巨变和主谋乔治-欧仁·豪斯曼男爵（Baron Georges-Eugène Haussmann），但当项目完成后，巴黎终于配得上它“光之城”的称号了。现在，宽阔的林荫大道在广阔的天空下闪闪发光，城市里到处都是光——在吊灯中闪烁，在咖啡馆中闪耀，在街道两旁的一万五千盏煤气灯中熊熊燃烧。1855年，巴黎举办了首次博览会，菲涅耳发明的灯塔透镜在香榭丽舍大道（Champs-Elysées）上闪耀。自由、丰富、宜人的光开始改变巴黎人对城市、天空和彼此的看法。十年后，轮到画家们来捕捉这道光了。

埃德加·德加（Edgar Degas）抓到了舞台上照在舞者薄纱裙上的脚光；贝尔特·摩里索（Berthe Morisot）抓到了落在婴儿床上方花边上的光；奥古斯特·雷诺阿（Auguste Renoir）抓到了夏日阴影下野餐时斑驳的光；爱德华·西斯莱（Edward Sisley）抓到了冬天雪地上的光；乔治·修拉（Georges Seurat）在一个星期天的下午，抓到了大碗岛上的每一个（然后是一些）光点；克劳德·莫奈抓到了早晨柔和的灰光、中午强烈的橙光和傍晚紫色阴影下的干草堆……但无论是画舞者还是干草堆，画海景还是雪景，主题都是光。“对我来说，主旨不过是一件微不足道的事情，”莫奈说，“我想再现的是主旨和我自己之间的关系。”

正如雷诺阿所描述的那样，“醉心于阳光”的印象派打破了艺术的陈规。达·芬奇曾告诉画家们要在阴影中作画，但印象派画家即便不在纯粹的阳光下作画，也要用泛光灯照亮画室。卡拉瓦乔让明暗对比法变成了西方艺术的主要手法，他的炫目光泽成为静物的固定元素。印象派画家不屑于使用阴影和光彩，他们更喜欢来自四面八方的光。莱昂·巴蒂斯塔·阿尔伯蒂（Leon Battista Alberti）曾建议，画家应该少用纯白色，可印象派却被白雪皑皑的田野、白茫茫的大海、白色花瓶里的白花、身着白色雪尼尔纱站在白毯上的女人深深吸引。虽然几个世纪以来，画家们都陶醉于黑色，但莫奈一句话就否定了这个传统："黑色算不上颜色。"

任何参观过大型博物馆的人都熟悉印象派之光的魅力。一个又一个房间挂满了中世纪的金色画作或文艺复兴时期的赭石色画作，接着是色调阴郁的展厅，印象派画家爱德华·马奈（Edouard Manet）嘲讽这种色调是"褐色的肉汁"。印象派之前的画作中的光类似于罗马和圣经时代的光——集中而强大——流过窗户，在物体上闪烁，从云层后面迸发出来。但达盖尔已经向人们证明，"勒克斯"只是艺术家的构思，被达盖尔照相术冻结的光不是"勒克斯"，而是"流明"——可能在湖面上闪闪发光，也可能均匀地散布在大地和天空中，要画出这样的光，画家们就必须忘掉卡拉瓦乔的强光和伦勃朗的微光。当所有人都学会拍照以后，艺术需要的就不仅仅是绘画上的完美了。印象派画家描绘的光不是照相机拍下的光，而是人眼所见的光——模糊而短暂。"他们的目的，"艺术史学家安西娅·卡伦（Anthea Callen）写道，"是感知和记录直接的光感数据，或者说'视觉'……这就是印象派渴望婴儿那天真目光的原因。"革命突如其来、令人震惊，与以往的法国革命不同的是，它关乎的不是深沟高垒，而是颜料和画布。

虽然印象派画家的标志性风格各有千秋，但他们还是有一些共同的手法。卢浮宫里每一幅陈旧的杰作都在清漆和油彩中反射出自己的光芒，而印象派画家的作品却不发光。为了淡化普通油彩的光泽，他们把颜料挤在吸墨纸上，让它渗出，直到失去光泽。松脂也可以减弱光泽。莫奈有时会在他的颜料中混合一种白垩色的糊状物，古典艺术家们用过犹太沥青来加深阴影，也就是产生了第一张照片的焦油状物质。但怎么能使光变暗呢？马奈找到了答案，他用粗大的画笔来降低所有颜色的透明度。达·芬奇在画上涂抹颗粒状的清漆来实现他的晕涂效果，而印象派画家却不愿给完成的作品上清漆。自文艺复兴以来，画家们都会在光秃秃的画布上涂上深色的底漆，但继透纳之后，印象派画家选择使用纯白色的底漆。

虽然印象派画家们捕捉到的光正是巴黎人看到的光，但他们却遭受了十年的嘲弄。1864 年，他们被巴黎艺术沙龙拒之门外，只能在街对面的落选者沙龙（Salon des Refusés）[①] 展览作品。“人们走进那里，就像进入伦敦杜莎夫人蜡像馆的恐怖屋一样，”一位艺术家回忆说，“他们一进门就笑了。”维多利亚女王曾认为透纳是个疯子，而巴黎人认为印象派画家是淫秽的，他们的作品“丑陋至极”。尽管如此，这些被主流抛弃的画家还是投身于变幻无常的光，他们研究最新的色彩理论，在咖啡馆聚会，一起在户外写生，喝苦艾酒，恋爱，把他们接触到的一切都浪漫化。最终，印象派画家逐渐克服了阻力，打开了人们的视野。毕竟，这就是巴黎的模样。达盖尔把光凝固在铜版上，而印象派用的则是画布。最后，“新画”勉强站稳了脚跟。在落选者沙龙成立十几年后，一本广为流传的小册子的作者这样描述那些离经叛道者：“他们始于直觉又归于直觉，一点点成功地将阳光分解为光线和元素……即使是最博学的物理学家，在他们对光的分析中也找不到任何可以指摘的地方。”

19 世纪 90 年代中期，除了那些最古板的评论家，印象派已经改变了所有人的看法。1895 年 5 月，人群在卢浮宫以北几个街区的杜朗-卢埃尔画廊（Durand-Ruel Gallery）外排队，参观如今已远

---

① 亦被翻译为被拒绝者的沙龙，自 1863 年起，经时任法国皇帝的拿破仑三世批准成立。落选者沙龙是对当时由学院艺术占主流的官方艺术的一次对抗，一种新艺术流派——印象派——也在这次沙龙中崭露头角。——译者注

近闻名的克劳德·莫奈的最新画展。在展出的 50 幅油画中，20 幅表现的是同一个主题——鲁昂的一座大教堂。莫奈曾连续两个春天独自居住在鲁昂，在一个小公寓和附近的商店里作画，这两个地方都通向一座广场，广场又处于宏伟的哥特式大教堂的荫蔽下，教堂的主教正是看到圣德尼教堂絮热院长的哥特式光芒后不久，才开始建造这座大教堂。起初，莫奈很喜欢这座古老的大教堂，便用失去光泽的油彩大肆渲染它高耸的塔楼和玫瑰花窗，他同时在几幅画布上作画，描绘光随时间的变化。但很快，他就厌恶了教堂的每一块石头，潮湿的天气让他沮丧，无常的阳光让他愤怒，但他对这个项目仍然非常着迷。“想象一下，我在早上六点前起床，从早上七点工作到晚上六点半，”他给他的未婚妻写信说，“我总是站着——画了九幅画，简直累死人。为了它我放弃了一切，包括你，还有我的花园。”他毁掉了一些画，接着画其他的——《清晨效应》(*Morning Effect*)、《阳光下的正门》(*The Facade in Sunlight*)、《落日——灰与粉的交响曲》(*Setting Sun—Symphony in Gray and Pink*)。他精疲力竭地倒在床上，开始做噩梦——大教堂呈现出狰狞的绿色或其他什么颜色，接着倒塌在他身上。

鲁昂的第一个春天，待了五周后，莫奈放弃了，收拾好画布，回到吉维尼结婚去了。那个夏天，他一直在画他的花园和其他东西，没能驯服鲁昂的光芒。第二年 2 月，他又回到了大教堂前，天气更糟了，他的进展“令人心碎”。“我的天哪！”他在给他新婚妻子的信中说，“那些在我身上看到大师风范的人，他们的眼光都不怎么长远！是的，愿望很美好，但仅此而已！还是年轻人幸福，觉得这事轻而易举。我也曾是这样，但那已经过去了。即便如此，明天早上七点我还要去那里。”他继续画下去，直到 3 月——细雨，阳光，更连绵的细雨。他的左手拇指整天浸在调色板上，变得肿胀麻木，他的背部也疼痛不堪。他已经 50 岁出头了，却依然臣服于自己的想象和光，好在春天将他释放了。突然间，莫奈看到了“不再是 2 月天的斜光，每天越来越亮、越来越直，明天我要多画两三幅”。终于，1893 年 4 月中旬，这个系列画完了。莫奈又花了两年时间进行最后的润色，于是，展览开幕了。

人群在杜朗-卢埃尔画廊穿梭，充满好奇和惊讶，不知道该说些什么。教堂还是那座教堂，它高耸的拱门和柱廊被画在一幅又一幅画布上，不同的只是光——清晨的是蓝色，中午的是金色，下午的是灰色，雾中的是白色。评论界反应不一：有人称这些大教堂是“令人恼火和病态的”，也有人称赞这个系列的作品是“一场没有枪声的革命”，后来的艺术史学家将大教堂系列视为“19 世纪法国绘画必须要表达的最后一件事”。可是，莫奈笔下的大教堂所表达的东西，一直持续到了下一个世纪。那时，年轻的画家正在打破光的金字塔，夸大色彩，拒斥以往的所有规则。

在从君主制到革命再到帝国，然后又后退回去的过程中，法国赋予了光一个新的角色——时光机器。阳光一直是一个可靠的时钟，现在，人们可以让这个时钟停下来了，铜版或画布可以定格某个时刻。达盖尔捕捉到窗外的风景，把它展示给记者，从而定格了一个下午。莫奈笔下的哥特式正门以《上午 9 点到 10 点》和《上午 11 点 45 分到中午 12 点》为副标题，从而把时间和光变成了自己的主题。这种新驯服的光是给那些能够掌握它的人的一份礼物，每当人们把数码相机或智能手机传来传去时，我们仍然会打开这份礼物，这样所有人都能欣赏到几秒钟前拍下的场景。在这几秒钟里，场景并没有什么变化，在场的任何人都可以转身看到同样的风景、同样的面孔，更大更生动。然而，所有的人都被照片吸引住了，这就是光的样子，它就在你手中。“通过精确地切割和冻结这个时刻，”苏珊·桑塔格（Susan Sontag）说，“所有照片都证明，时间在无情地消融。”

1895年12月28日，巴黎，嘉布遣大道（Boulevard des Capucines）14号，在离巴黎歌剧院一个街区远的地方，戴礼帽的男人和穿飘逸长裙的女人成群结队地走在大街上。在大咖啡馆（Grand Café）外，一名男人向陌生人招手，示意他们去看最新的光之奇迹——活动放映机。几十个对光感兴趣的巴黎人，每人付了一个法郎，走下一个环形楼梯，坐到自己的座位上。墙上挂着一块白布。观众身后放着一个木箱，上面有一个凸出的镜头。煤油灯熄灭后，白布上出现了一个图像，图像中是一个工人站在工厂边。一张照片？这就是最新的奇迹吗？接着，外面的那个人开始转动盒子上的曲柄，灯光闪动起来，白布上的人物开始移动！行走！起初很慢，然后是正常的速度，穿着长裙的女人，穿着背带裤、戴着草帽的男人匆匆走出工厂，向右或向左拐，逐渐消失。一只狗徘徊走过，一个男人骑着自行车走过，一个孩子跑过，这些移动的图像持续了不到一分钟，片刻黑暗之后，另一场现实场景开始了。这次，一列火车驶来，巨大的火车头直奔观众而来。几个人吓得跳了起来，还有一些人冲向门外。

电影——移动的光——诞生了，发明者是里昂的两兄弟，奥古斯塔·卢米埃尔（Auguste Lumière）和路易斯·卢米埃尔（Louis Lumière）。嘉布遣大道上的卢米埃尔活动放映机很快就能每周赚七千法郎。有意思的是，巴黎人发现，“卢米埃尔”的意思本身就是“光”。

# 第十二章

## “小光球”——征服黑夜的电

这玻璃管中的电光
如此清澈。
里面既无灰尘也无烟雾，但等等！
一切都尚待探明。

——詹姆斯·克拉克·麦克斯韦

在光随着开关的拨动到来之前，光的创造与其说是一个难题，不如说是一个麻烦。最初，周围的动物——鹿或奶牛、牦牛或公牛——被宰杀、取出脂肪，很快，厨房和木屋里就弥漫着油腻的板油在生石灰桶中煮沸的恶臭味。随着混合物变稠，硫酸分解了石灰，留下油腻的浆液。接着，将悬挂在木棒上的细绳反复浸泡，直到每根灯芯上粘上一指白蜡。现在，储存在动物尸体中的能量，经冷却变成蜡烛后，就可以燃烧了。用石头敲击一大块火石，直到火花点燃灯芯，那神赐的光就开始燃烧了。另一种日常照明方法是，将动物脂肪或可燃油倒入灯中——最初是石头灯，后来变成黏土灯，再后来是玻璃灯、白镴灯、木灯和瓷灯。就这样，几个世纪过去了，几千年的夜晚都只靠蜡烛和灯来照明。

直到 18 世纪，人们才有了更先进的照明工具——双灯芯油灯。接着，在 18 世纪末，人们发现某些鲸鱼的鲸油，燃烧亮度是其他动物脂肪的两倍，于是人们乘船出海捕鲸。接下来有了阿尔冈灯，它的空心灯芯能将空气送入火焰，燃烧亮度相当于六支蜡烛，但只有欧洲及其殖民地才有阿尔冈灯。到了 19 世纪，煤气灯照亮了城市的街道和豪宅，而在世界各地的茅屋、普通房屋和村庄中，黄昏到来时，人们还只能采用古老的照明方式。19 世纪 60 年代，人们从油井中提炼出煤油，在一定程度上减少了油污、臭气和宰杀，可光仍需要火焰，而火焰会带来烟，有时还会带来火灾。仅仅是翻倒一根蜡烛或一盏灯，就可能烧毁一个家或半个城市，伦敦，莫斯科，阿姆斯特丹，东京，波士顿，芝加哥……它们的“大火”是光明与“可怕的黑暗”作斗争而付出的代价。

在蜡烛和灯照明的几千年里，那个有朝一日会照亮整个世界的光源，仍隐藏在普通的空气中。只有好奇的人才想过这一点：古希腊哲学家泰勒斯见过琥珀块冒出火花；中国的墨家和印度的胜论派也曾观察到静电。然而，近两千年过去了，人们却没有办法捕捉到这些火花。即使是牛顿，也只能把电想象成“某种最微妙的精神，它潜藏在一切身体内……无法用几句话解释清楚”。火花会让男人跳起来，让女人的头发竖起来。被莱顿瓶——一种 18 世纪用于制造静电的发明——的电极捕获的电，可以把人电得飞起来。如此不稳定、如此危险的力量，理所当然不可能成为稳定的光源。

光和电，似乎注定像风和水一样风马牛不相及。1802 年，当英国化学家汉弗莱·戴维（Humphrey Davy）让一小股电流穿过铂丝时，一道灼热的光芒在不到一秒的时间内烧毁了铂丝。七年后，戴维发明了一种特别的电灯——碳弧灯，两根接触的碳棒通电后分开时会产生火花。但对于家庭照明来说，碳弧灯过于刺眼了，当它最终被用于城市街道照明时，仍然会灼痛人们的眼睛。1878 年，罗伯特·路易斯·史蒂文森（Robert Louis Stevenson）感叹道："如今，一颗城市新星每晚都闪亮登场，它可怕、神秘、令人讨厌；一盏噩梦之灯！这样的光只应用来照亮谋杀和公罪，或者放到精神病院的走廊上。"但是，即使史蒂文森"呼吁煤气灯"，发明家仍在竞相申请小型"白炽灯"的专利。怀疑声铺天盖地。《纽约时报》（*The New York Times*）写道："清醒、严谨的电工［说］，对于宽大的空间，用电照明方便且经济，但卧室、客厅和小空间只需要几根蜡烛，不能这样照明。"家庭照明必须稳定可靠，但电却像鳗鱼一样难以捉摸，像闪电一样致命。两者最终之所以能结合，完全是因为两个善良、志趣相投的人发挥了创造力。

随着迈克尔·法拉第（Michael Faraday）和詹姆斯·克拉克·麦克斯韦的出现，光的早期研究者铺下的狭窄道路开始变宽。前苏格拉底派的自我陶醉，罗伯特·格罗斯泰斯特和罗吉尔·培根对修道院的关注，牛顿和胡克的势不两立，菲涅耳和法国学界之间的比赛——每个阶段都是注定的。学术上的争鸣仍然如常，那些试图靠光赚钱的人也依然会展开激烈的竞争，但进入 20 世纪后，研究"你称之为光的东西"的物理学家们将分享他们的发现，他们只会质疑竞争对手的研究发现，而不会攻击对方的职业操守，他们完善彼此的研究，相约长时间的会面和会议，一点一点地揭开光的谜团。这种合作也许标志着科学的成熟，或是科学与哲学的分流，但最可能的原因是光的复杂性。对光的了解越多，它就显得越陌生。数学计算会变得更难，怪事会变得更怪，一切都说明，要理解光，需要所有最优秀的头脑共同努力。从此以后，除了少数例外，那些研究光的科学家都成了绅士，从迈克尔·法拉第开始，他们学会了摒弃自负。

艾萨克·牛顿曾“对着墙”讲课，而迈克尔·法拉第在伦敦的讲座却挤满了听众，来听他《周五夜话》（Friday Evening Discourses）的维多利亚时代的人没有一个是学生，因为法拉第也不是教授。法拉第小学便辍学，是自学成才，他用自己孩子般的热情给其他科学家留下了深刻印象，他用自己敏锐的智慧揭开了笼罩在带电体上的面纱。法拉第身高只有五英尺四英寸，头发乱糟糟的，眼睛里闪烁着顽童似的光芒，他是每个学生梦寐以求的科学老师——耐心、聪明，渴望让普通的物体燃出火花。他每次讲课时，会先在面前的桌子上点燃一个小火苗，这一传统在伦敦皇家学会延续至今，由法拉第发起的每周一次的《周五夜话》也仍然在那里举行。法拉第于 1826 年发起这个讲座，后来又增加了每年为儿童举办的圣诞讲座，把他们当作“哲学家”来授课。1850 年，迈克尔·法拉第成了和查尔斯·狄更斯（Charles Dickens）一样的伦敦名人，照小说家乔治·艾略特（George Eliot）的说法，法拉第的讲座“就像歌剧一样，是一种时尚的娱乐活动”。其他人则被他的快乐所吸引，“当他阐述自然之美时，似乎到了一种狂喜的境地”。

法拉第是伦敦南端一个铁匠的儿子，当汉弗莱·戴维雇用他时，他还是个装订工学徒。这位电弧灯的发明者原本只想要一个秘书，但他发现法拉第参加了他的化学讲座，做了细致的笔记，还装订成册，准备进一步学习。于是，法拉第在伦敦皇家学会的阁楼里得到了一个房间，外加煤炭、蜡烛、每日一餐和每周 25 先令的报酬。他对电的了解仅限于《大英百科全书》(*Encyclopedia Britannica*) 中的内容，但在帮助戴维改进了新的照明装置——一种不会点燃甲烷气体的密封矿灯之后，1820 年的一天，法拉第正在实验室里工作，突然得知了一个从丹麦传来的惊人消息。物理学家汉斯·克里斯钦·奥斯特（Hans Christian Ørsted）在讲授电学时，碰巧拿起了一个电线线圈，它连接着电池，又在罗盘附近。指针动了。指针动了！电与磁会是相同的力量吗？奥斯特很快就相信，“所有现象都是由同一种力量产生的”，他所说的“现象”是指热、电、磁和光。

听到这个消息后，戴维和他的年轻学徒迅速将一个线圈缠绕在一根铁棒上，并把电线连接到电池上。同样，指针动了。戴维很快就开始嫉妒法拉第——这位伟大的化学家后来说，他最大的发现不是钠和钙，而是迈克尔·法拉第——两个人互相躲避，直到 1829 年戴维去世。从那时起，法拉第把他的一生都献给了电与磁。他对数学知之甚少，常常希望物理学能够“从象形文字中”解脱出来，由于“缺乏数学知识”，他坚持观察而不是计算自然。在整个 19 世纪 30 年代，法拉第捣鼓着原始的线圈、电池和电压表，为电学研究奠定了基础。他制作了第一台电机——将一根针悬挂在一个放在水银桶里的电磁铁上面，接上电池，法拉第和他的小舅子看着针不断旋转，这个男孩还记得他的姐夫当时在房间里乐得起舞。后来，法拉第拿一块磁铁在线圈里穿梭，发现电压表在疯狂地转动。他还发明了第一台发电机。然后，他开始思考一个根本的问题——自然的力量如何通过空气或以太传播。

法拉第先是致力于化学，然后是电学，很少关注光，而菲涅耳的研究吸引了他的注意。虽然搞不懂菲涅耳的数学计算，但法拉第对波和偏振光很感兴趣，他好奇后者是否会像磁铁一样被电流吸引。1822 年，他用一面镜子反射光，然后将偏振光照进连接着电池的各种液体，他希望看到光束的移动，但它却像牛顿所瞄准的所有轴一样笔直地前进，法拉第满心犹疑。光、电、磁——所有这些都是迅速、飘忽、波动的。虽然长期以来，人们一直认为它们是独立的“难以衡量的流体”，但法拉第确信，它们之间密切相关。

菲涅耳的波动论还为运动提供了一个新的解释。自牛顿提出他的运动定律以来，人们认为力只有两种运动方式：物体的移动要么是通过直接接触——网球或微粒，要么是通过以太在远处的作用力。电波则揭示了第三种方式——电磁场，即同心的“力线”，正如铁屑在磁铁附近的运动规律所展示的。1832 年 3 月，法拉第潦草地写了一张纸条，注明了日期，并把它塞进了一个保险箱。他曾两次被指控窃取他人的想法，包括他首创的电动机，这次他想要先发制人，避免进一步的怀疑。这张纸条记录了他逐渐形成的想法：电不仅与磁有关，而且“最可能与光有关”。法拉第把这个想法留在了他的保险箱里，又花了几年时间研究磁铁和电，当他回归光的问题时，他的发现将终结一个漫长的时代——只靠蜡烛和灯来照明的时代。

1845 年夏末，法拉第设计了他最复杂的实验。一盏油灯，一面使光偏振的棱镜，一块光束几乎无法穿透的厚玻璃，玻璃旁边是一块缠绕着铁丝的马蹄铁，这块电磁铁之巨大，甚至要用马车才能运过来。法拉第站在他的实验台前，用棱镜捕捉被厚玻璃弯曲的光束，他仍然相信偏振光在电磁场中会发生变化，然而先前的尝试——用小磁铁、薄玻璃，甚至是冰岛晶石——都失败了。法拉第在给朋友的信中说："只有最坚定的信念：光、磁和电必然是联系在一起的"，才促使他用地球上最大的磁铁再次尝试。

他一会儿点燃灯，一会儿通过透镜观察，调整光的角度。结果，光减弱、消失了，透镜挡住了偏振光。他把巨大的磁铁连接到电池上，再次通过透镜观察——有光束，光轻微地，非常轻微地弯曲了。他重复了这个实验，连上又解开巨大的马蹄铁。当电流断开时，透镜以垂直于实验台的角度阻挡了光线；当电流打开时，光线就会穿过透镜。偏振的角度改变了，被一块磁铁改变了。经过进一步的实验，用更强的磁铁将光束进一步弯曲后，法拉第在 1846 年宣布他"成功地……将一束光磁化并电化"，震惊了伦敦皇家学会。

光是有磁性的？不尽然。当一束光穿过电磁场时，它不会像穿过水或玻璃那样改变方向，法拉第看到的是偏振光像螺旋的美式足球，即光波的垂直性被磁力扭转。想象一下，你戴着太阳镜，不断调整角度，直到它挡住你笔记本电脑屏幕的光。再想象一下，你用几匹马把五百磅重的电磁铁运过来，把它放在你的屏幕旁边，通上电，这时，你就得重新调整眼镜的角度，它才能继续过滤笔记本电脑的光线。（你可能还需要一个新的硬盘驱动器。）法拉第预言，这种效应"极有可能被证明是前途非常光明的"。

法拉第笔记本中的一条记录概括了他自己的一生。"所有这些都是一个梦，"他写道，"但还是要通过一些实验来检验它。在符合自然规律的前提下，没有什么是不可能发生的。"如今，法拉第效应（Faraday Effect）被誉为"光可能是电磁能"的第一个暗示。但像所有的物理学家一样，光的研究者也需要用数学来证明。人工计算器能否帮到法拉第，就像菲涅耳积分证明波动理论那样？

1857年，在他的“磁铁弯曲光”实验的十几年后，法拉第收到了苏格兰一位年轻教授的论文。当法拉第读到论文题目——《论法拉第力线》（“On Faraday's Lines of Force”）时，他畏缩了一下，这是他自己的研究成果，被人用公式列了出来。“一开始，我看到这个问题被数学的力量表达出来时，我几乎吓到了，”法拉第回信说，“但后来我又惊奇地发现，这个问题竟然如此经得起考验。”这篇论文的作者——詹姆斯·克拉克·麦克斯韦，是一位26岁的物理学教授，在苏格兰极北部一所鲜为人知的大学任教。虽然麦克斯韦从未参加过法拉第为孩子们举办的圣诞讲座，但他体现出了孩子们的精神。在法拉第最著名的圣诞演讲《蜡烛的化学史》（*The Chemical History of a Candle*）中，他告诉孩子们：“我们来这儿是要成为哲学家的，我希望你们永远记住，每当一个结果产生时，尤其是新的结果，你们应该问一问，‘原因是什么？’‘为什么会这样？’”

麦克斯韦在一个占地六千英亩[①]的苏格兰庄园里安逸地长大，对周围的自然充满好奇，他的父母也为此高兴，“那是什么东西？……它有什么特别的用途？”麦克斯韦最早的记忆是关于阳光的。这个聪明的男孩得到了一口锡锅，他把它变成了一面镜子，把阳光照在天花板上。“是太阳！”他喊道，“我用锡锅造了个太阳！”年仅14岁时，麦克斯韦就发表了他的第一篇数学论文，但他对诗歌同样着迷。在他短暂的余生中，他一直在写抒情诗，有时会在别人的注视下即兴创作。有一次，麦克斯韦将物理学与苏格兰著名诗人罗伯特·彭斯（Robert Burns）的诗句结合在一起，写道：

---

① 1英亩约合0.004平方千米。——译者注

倘一个躯体碰到另一个
在空中飞翔，
若一个躯体撞击另一个，
它会飞吗？飞往哪里？

在剑桥大学求学期间，麦克斯韦对波动论先驱托马斯·杨的三色视觉理论——所有颜色都可以由三种颜色组成——情有独钟。麦克斯韦一直在物理学领域里畅游，他把彩纸粘在孩子的陀螺上，让它旋转，结果得到彩虹般的颜色。麦克斯韦添加了一个滑动转盘来改变每种颜色的百分比，发现可以制造出无数种深浅的颜色。几年后，他把杨的理论应用到更多的实践中，制作出了第一张彩色照片。麦克斯韦的发现出奇简单。为了使三原色混合出更多的颜色，他通过红、绿、蓝滤光器拍摄了同一物体的照片。在伦敦皇家学会的一次《周五夜话》中，他通过魔法般的幻灯片将这些图像叠加在一起，让观众们大为吃惊：墙上出现了一幅全彩的苏格兰格子呢图像。尽管彩色摄影直到 80 年后才推广开来，但詹姆斯·克拉克·麦克斯韦已经习惯了走在时代的前面。

麦克斯韦笃信宗教，在陌生人面前十分害羞，在朋友面前又魅力无穷，他喜欢文学和哲学，但似乎在物理学上更有天分。他能看到电是如何流动的，磁铁是如何吸引的，光是如何传播的，以及这三个“无法衡量的东西”是如何发挥整体作用的。他常常花数月时间撰写一篇论文，然后搁置几个月，用他自己的话说，就是让它在“独立于意识的思维中”运行。当他最终回到论文里时，就会以十足的原创性迅速写完。除了制作出第一张彩色照片外，麦克斯韦还证明土星环不可能是无空隙的，它一定像“碎砖块”。他计算了气体是如何膨胀和收缩的，为了好玩，他还计算了一张纸飘落到地面时的路径，他感叹自己有时就像“一台计算机器”，然而在光的万神殿中，只有牛顿才算是更强大的人工计算器。无论是在他的庄园里或伦敦的街道上漫步，还是在教室里讲课，麦克斯韦都会突然产生灵感，在这样的时刻，他可以“感觉到电动状态到来了”。1862年末，这种电动状态又来了，这一次，他没有停歇。“我还在构思一篇论文，”他给一个朋友写信说，“包含光的电磁理论，除非我被与之相反的观点说服，否则它就是我的杀手锏。”这篇论文写完以后，这位彬彬有礼、腼腆的苏格兰人，自然派哲学家和思想家的继承者，成了看到光编织的奇迹的第一人。

原子抑或幻象，物质抑或精神，微粒抑或波——一切都有属于自己的时代，而麦克斯韦则开创了一个新的时代。他继续法拉第的研究，开始计算电和磁是如何交织在一起的，到 1863 年，这台“计算机器”已经发明了 20 个方程式，后来简化为 4 个。麦克斯韦的方程，虽然像菲涅耳的积分一样复杂，但却接近了优美的 $E=mc^2$①。后来，爱因斯坦向他致敬道：“一个科学时代结束了，从詹姆斯·克拉克·麦克斯韦起，另一个科学时代开始了。”麦克斯韦的方程证明，在大自然中，电和磁是紧密结合在一起的；在电磁场中，他们遵循法拉第的“力线”；一个电磁场的变化会引起另一个电磁场的变化，取决于材料的导电性、原子的密度和其他一些因

---

① 即质能方程，描述质量与能量之间的当量关系的方程。在经典物理学中，质量和能量是两个完全不同的概念，它们之间没有确定的当量关系，一定质量的物体可以具有不同的能量；能量概念也比较局限，力学中有动能、势能等。在狭义相对论中，能量概念有了推广，质量和能量有确定的当量关系，物体的质量为 $m$，则相应的能量为 $E=mc^2$。——译者注

素。总的来说，麦克斯韦的方程为即将到来的电气时代铺平了道路，同时也打开了自第一个创世故事以来困住光的匣子。

在读到法拉第关于巨大的磁铁弯曲一束偏振光的记述时，麦克斯韦怀疑光是电磁的。这些线索不仅仅是巧合：光和电都遵循平方反比定律，随着距离的增加呈指数式衰减；两者都以波的形式传播，但不像声音那样以纵波的形式，而是以平行的横波形式迅速前进。这些波的速度可能是它们之间联系的关键？麦克斯韦在他的苏格兰庄园花了一个夏天思考电和光的速度，可是他把自己的书留在了伦敦，于是就只能这样思考。当他在秋天回到伦敦时，做了更多的计算，记录下电的速度是每秒 310 740 千米。这个速度略高，但已经接近 1850 年在巴黎测量的最新光速。这样高深莫测的速度怎么可能是巧合呢？更多的方程式接踵而至，1864 年 12 月，麦克斯韦站在伦敦皇家学会面前，做了《电磁场的动力学理论》（A Dynamical Theory of the Electromagnetic Field）报告。

在读到第二页之前，麦克斯韦就提出，我们彻底改变了对电、磁和光的理解。它们不是独立的，而是一种力量的不同表现形式。麦克斯韦继续说着，用一个又一个名词——通量、密度、位移、曲线——来解释每种力是如何通过“一种虚无的介质”传播的。最后，他提到了电的速度，说道：“这个速度如此接近光的速度，所以我们似乎有充分的理由得出结论，光本身（包括辐射热，以及其他可能的辐射）是一种电磁干扰，根据电磁规律，以波的形式在电磁场中传播。”台下的听众鸦雀无声，麦克斯韦继续解释。通过菲涅耳积分的 $N$ 次方、阿拉伯人的代数、惠更斯的波动论、牛顿的微积分、刚刚起步的向量以及他自己的“电动状态”，麦克斯韦给出了基本证明。光不是一种遵循自身特殊规律的神秘弥散，而是电磁波谱这个连续体的一部分。

这个启示并不完全是新的。1800 年，天文学家威廉·赫歇尔将温度计放在光谱红端以外的几英寸处，发现温度计内的水银上升了，就猜想光的内涵远不止于刺激人眼。赫歇尔认为，热量是由不可见的“发热射线”组成的，也就是现在所说的红外线。几年后，一位德国化学家发现，当放在牛顿光谱的另一端，即紫色那端之外的黑暗中，氯化银会变成紫色，这就是紫外线。而现在麦克斯韦只能说，所有的光都是光谱的一部分——电和磁交织在一起。

麦克斯韦的光——所有的光——不是一个波而是两个波。一个波携带着光束的电元素，另一个波携带着光束的磁元素，两个部分以麦克斯韦所谓的“相互拥抱”的形式传播。在前进的过程中，一个波是垂直的，另一个波则与第一个波呈 90°角，它们就像过山车和它的影子。那么，光究竟是什么？它是有史以来最可恶的绳索把戏。为了玩这个把戏，大自然将一根绳子上下摆动，同时让另一根绳子沿着水平面蜿蜒而行。在以每秒 186 000 英里的速度前进时，两个波的波峰保持同步，波峰之间的距离（波长）决定了颜色，红色是长波，蓝色和紫色是短波；峰值（振幅）越高，光就越亮。令人惊奇的不是花了这么长的时间才搞清楚这一点，而是它竟然被弄明白了。

就像麦克斯韦之后的几十年里没有彩色摄影一样，他的“动力学理论”对他的同行们来说太复杂了。当时地球上第一大国的顶级科学家——英国皇家学会的会员们，没有一个能透彻理解麦克斯韦的方程，更不要说去挑战它。后来因提出热力学定律而闻名的威廉·汤姆森（William Thompson，又称开尔文男爵），认为麦克斯韦“陷入了神秘主义”。和蔼可亲的麦克斯韦并没有费心争辩，而是继续研究其他课题——更多关于颜色和气体的研究。1865 年，他和妻子搬回了苏格兰的庄园，在那里，他带着他名为托比的猎犬散步，有时也同这只苏格兰猎犬分享他的想法。反复测量光速的过程中，麦克斯韦长出了浓密的黑胡子。几年后，他回到剑桥，建立了卡文迪许实验室（Cavendish Laboratory）[①]，电子、DNA 和其他几十项获得诺贝尔奖的发现都诞生在这个实验室。尽管被行政事务搞得焦头烂额，麦克斯韦还是抽出时间写了一本关于电磁学的教科书，长达一千多页。有人推测，如果他能活得再久一点，很可能会抢在爱因斯坦和相对论之前，但在 1878 年，他被致命的胃病打倒了，他得了腹部癌症，他母亲就在中年时死于这一疾病。48 岁时，麦克斯韦去世了。那是 1879 年，地球上已经有大约 12 个人掌握了麦克斯韦方程，然而，即使不懂电磁学的人也知道，制造更安全、更便宜的灯将会带来巨大的财富。

对家用白炽灯的探索可以追溯到 19 世纪 30 年代末。来自比利时、英国、法国、德国、俄罗斯以及后来的美洲的发明家们，努力寻找一种可以燃烧而不会烧毁的灯丝。他们用原始的电池，让弱电流通过铅笔粗细的碳、铂、铱、纸、纸板甚至石棉条，但灯泡破裂了，铂与电线熔在一起，灯丝要么熄灭要么用煤烟熏黑了玻璃。1860 年，维多利亚时代的绅士、留着圣诞老人般的白胡子的英国发明家约瑟夫·斯旺（Joseph Swan），获得了一种灯泡的专利，但

---

① 即剑桥大学的物理系，为纪念伟大的物理学家、化学家、剑桥大学校友亨利·卡文迪许，而命名为卡文迪许实验室。实验室的研究领域包括天体物理学、粒子物理学、固体物理学、生物物理学。卡文迪许实验室是近代科学史上第一个社会化和专业化的科学实验室，催生了大量足以影响人类进步的重要科学成果，包括发现电子、中子、原子核结构、DNA 的双螺旋结构等，为人类的科学发展做出了举足轻重的贡献。——译者注

一个接一个的短暂闪光让他感到沮丧，于是他转向了其他发明。1878 年，他再次测试灯丝，希望在圣诞节前造出一种可向公众展示的灯泡。那年春天，在纽约繁华的下东区一个杂乱的实验室里，一个身材高大、衣着邋遢的人在一个充满氮气的烧瓶中微微调整一个碳线圈，威廉·索耶（William Sawyer）把电线连在电池上。1878 年 3 月 7 日，索耶给他的资助者写信说：“我昨天试着把灯调到了全功率，你若见了，会以为附近有一个小太阳在照耀。”

已经获得一项白炽灯专利的索耶，申请了另一项专利，他的突破使他超越了英国的约瑟夫·斯旺和美国大有希望获胜的人物托马斯·爱迪生。两年前，就在爱迪生的留声机震惊世界之前不久，他也曾试验过白炽灯，但后来放弃了，因为他发现，“从商业角度看”，没有任何灯丝是“足够令人满意的”。威廉·索耶的“小太阳”似乎成了美国人最好的选择，但索耶不是爱迪生，他是一个声名狼藉、脾气暴躁的酒鬼，工程师和投资者对他敬而远之。索耶常对同事大发雷霆，搅进诉讼，后来又枪杀了一位邻居。他死于 1883 年，这要归咎于他的臭脾气和对白兰地的贪得无厌。

另一位孜孜研究白炽灯的发明家是海勒姆·马克沁（Hiram Maxim），在他布鲁克林的实验室里，这位魁梧的缅因州人已经获得了捕鼠器和卷发器的专利，并于 1878 年获得了“改进电灯”的专利。正如他的专利中指出的，马克沁的灯泡“结构紧凑，体积小，所以阴影很小，制造成本低，易于进行非常精细的调整，适合需要非常精确和稳定的照明的场合”。马克沁最终获得了 18 项照明专利，他在曼哈顿的一间办公室里安装了第一盏电灯，这让爱迪生忧心忡忡。可是，像许多发明家一样，马克沁是一个单打独斗的创意工厂，根本瞧不上单个的房间和紧凑的系统，他看到了“太多尚未解决的技术问题”，完全不在乎是否有一天所有家庭都用上电。几年后，爱迪生的声名鹊起让他心生沮丧，再加上陷入重婚的嫌疑，马克沁搬到了英国。在那里，他发明了一种从未上天的多翼飞行器、几种发动机以及让他获封爵士的装备——机枪。

1878 年秋，爱迪生重新开始了对电灯的探索。“一切都在我眼前，”他后来说，“这一领域还未发展完全，我还有机会。我发现，那些已经完成的工作并未发挥实际的用途，强光还未被调试到可以进入私人住宅的程度。”在重新开始探索的一个月后，爱迪生新加了一个热调节器来控制热量，还做了一个工作模型向媒体展示。“那是光，”《纽约太阳报》（*New York Sun*）写道，“清澈、寒冷、美丽。那亮度不再强烈，不会对眼睛产生任何刺激，而它的机制是如此简单、完美，简直不证自明。”《纽约太阳报》的记者没有注意到——因为爱迪生没有告诉他——这个灯泡只能亮一个小时。在华尔街的支持下，爱迪生电灯公司（Edison Electric Light Company）发行了第一支股票。

爱迪生不是在黑暗的房间里埋头苦干的隐世天才，他在新泽西州门洛帕克（Menlo Park）的实验室里聚集了东海岸最好的工程师，爱迪生称他们为“伙计”。有了这个最伟大的发明——这个研发实验室，爱迪生承诺“每十天一个小发明，每六个月左右一项大发明”。但如果没有爱迪生本人，这样的速度是不可能的。如今的他更像是一个传奇，但当时他只有 31 岁，拥有极强的自信、敏锐的商业嗅觉，挥洒着汗水，后来他称这些都是天赋。1878 年秋天，爱迪生发明小电灯的消息让煤气公司的股票暴跌，但他吹嘘的有朝一日“用 500 马力的发动机照亮整个纽约下城”的想法，仍然取决于他是否能找到持久的灯丝。

如今，电灯的电源很多——荧光灯的汞蒸汽、霓虹灯的电离、LED灯的电子放电，但在1878年，电灯的唯一电源是电阻。即使是搞不懂麦克斯韦方程的发明家也知道，连接在电池上的灯丝，当它的原子抵抗电流时，灯丝会变亮。爱迪生提出了这样一个方程式：“在给定的电流下，你的灯丝对电流的阻力越大，灯光就越亮。”但是，电阻也会产生热量，而热量又会扼杀自身的光。爱迪生尝试了一个又一个的灯丝，并认真记录下来——硅，软木，硼，红木。在他的笔记本上，失败的例子后面都标着“T. A.”，即“接着试”的简称。核桃木——T. A.，椰子——T. A.，浸透了焦油的棉花——T. A.，钓鱼线……“我用过碳化的棉花和亚麻线，”爱迪生写道，“木夹板，以各种方式卷起来的纸，还有灯黑、石墨粉和各种形式的碳，与焦油混合并轧成各种长度和直径的金属丝。”他甚至还试过两个机械师的胡须，他的手下则打赌哪根胡须会先烧掉。结果，两根都没有坚持多久。

1879年夏天，是麦克斯韦的最后一个夏天，也是爱因斯坦的第一个夏天，越来越多的人猜测，在年底之前，某个奇才将按下开关，一个小小的无烟灯泡就会亮起来，不是一瞬间，而是几个小时。曾经持怀疑态度的《纽约时报》现在也设想：“城市和村庄被电能照亮……农舍使用自己的小发电机……天然气和石油成为过去的原始物件。”整个夏天，一直到秋天，比赛都在继续。威廉·索耶在酗酒，海勒姆·马克沁染了病，托马斯·爱迪生和他的伙计们继续摸索。

最后……

1879年10月22日，爱迪生正“挑灯夜战”——这句话很快就变成了一个比喻。当晚，他的助手查尔斯·巴彻勒（Charles

Batchelor）发现“一些非常有趣的实验现象，实验品是棉线制成的碳棒”。凌晨 1 点 30 分，爱迪生和巴彻勒将他们最新的样品连接到电池上，小灯泡发出柔和的光芒，一直燃烧到深夜。当太阳升起时，灯泡仍在发光。巴彻勒猜测它的亮度相当于 30 支蜡烛或 4 盏煤油灯。它一直在燃烧，从早晨到下午。在 14 个小时后，巴彻勒提高了电压，灯丝闪了一下，灯泡碎了，真空被打破，玻璃球里充满了空气，氧气使灯丝燃烧起来，光也熄灭了。这一突破使用了碳化的棉线，与威廉·索耶、约瑟夫·斯旺和海勒姆·马克沁的设计相似，但爱迪生很快就展示了他的与众不同。

爱迪生已经拥有 250 项专利，但在 11 月 4 日，他又申请了一项，然后给他的助手们定了最后的期限。门洛帕克的机械车间开始大规模生产灯丝、玻璃、热调节器、电线、开关、保险丝和其他设备。爱迪生计划在新年前夕邀请媒体和公众进入他的实验室。圣诞节前一周，他让《纽约先驱报》（*New York Herald*）提前宣传。

> 电力照明
> ——一小片纸——
> 它能发光，且不产生气体或火焰，
> 比煤油更便宜——
> 只靠一根棉线。

这位《纽约先驱报》记者几乎无法抑制他的惊奇之情。“爱迪生的电灯，虽然看起来很不可思议，其实就是一张小小的纸条，一口气就能把它吹走。电流通过这张小纸条，产生了一种明亮、美丽的光，就像意大利秋天柔和的夕阳。”读到爱迪生新年前夕夜展览这个消息的人，开始涌向门洛帕克，铁路线甚至要增开车次，才能把周围各州的人也带过来。在火车站迎接他们的是灯光：20盏发光的路灯通向爱迪生位于克里斯蒂街的大院。正如承诺的那样，当太阳在这一年的最后一个夜晚落下时，爱迪生打开了他的实验室，数百人排队进入有顶棚的大棚，一睹这一现代奇迹。25个灯泡照亮了这个实验室，还有8个灯泡在爱迪生的办公室里闪耀。当他的助手们向人群解释电灯很快就会变得多么高效时，爱迪生把灯开了又关，关了又开。农民、银行家、穿皮草的女人、戴礼帽的男人，都站在被一个作家称为“小光球”的电灯旁边，赞赏着这位奇才——他不是第一个研究电灯的人，但却是最执着、最有智慧的一个。

在接下来的十年里，由白炽灯引发的大战，把“微粒与波动”之争衬托得像是一场小冲突。电灯已经出现，但如何交付和销售呢？当爱迪生的灯在门洛帕克发光时，碳弧灯还在酒店、豪宅和一些街道上闪烁。1880年夏天的一个晚上，在爱迪生新年派对几个月后，俄亥俄州的农场男孩查尔斯·布鲁什（Charles Brush）等待着夜幕降临，然后按下开关，启动他的发电机。正如一位记者所写的那样，印第安纳州沃巴什的街道被一种“奇异的怪光照亮，它的亮度仅次于太阳”。仅仅是沃巴什市政厅附近的一堆碳弧灯就照亮了整个市中心。“人们几乎屏住呼吸，敬畏地站在那里，仿佛是面对什么超自然的力量”，经过沃巴什的夜班火车开始减速，乘客得以欣赏这一光亮。很快，这种电弧灯就在丹佛、明尼阿波利斯和加利福尼亚的圣何塞亮了起来，然而，最初的敬畏消退以后，许多人就觉得这光线刺眼而可怕。当布鲁什的碳弧灯照亮百老汇，使它成为“不夜街”（The Great White Way）时，一些人带着雨伞来遮挡强光。用几个光球照亮整个广场也是不现实的，位于塔顶的碳弧灯仍然亮得让人不敢直视；鸟儿被吵醒，唱起了歌；人们眯起了眼睛，而爱迪生再次找到了答案。

在他的新年前夕展览之后不久，爱迪生派助手去异国他乡寻找更持久的纤维，他又测试了大约六千种物质，最后确定了竹子。与此同时，他在门洛帕克的机械车间生产了更多的灯泡、开关、电线和保险丝。1882 年 9 月 4 日，经过一个夏天的疯狂努力和超过 50 万美元的支出，爱迪生穿着黑色长礼服，戴着白色德比帽，站在华尔街德雷克塞尔-摩根公司（Drexel-Morgan）的办公室里。快到下午三点时，他看了一眼手表。几个街区外，在珍珠街 257 号，查尔斯·巴彻勒也看了看手表。三点钟一到，巴彻勒启动了一台巨大的发电机，随着一声巨大的声响和一些吓到机械师的火花，电流开始流经埋在曼哈顿金融区那条车水马龙的街道下的铜线。在他那头，爱迪生在开关处蓄势待发。办公室后面传来一声喊叫。

“赌 100 美元，它们不会持久！”

“赌了！”爱迪生说。

过了一会儿，他打开了身旁的开关，四百个小光球在整个曼哈顿下城区闪闪发光。爱迪生受到了祝贺，但直到日落时分，人们才给予他充分的赞赏。爱迪生确保了《纽约时报》的办公室也是那些被照亮的房间之一，于是，《纽约时报》回报了他的公关技巧：

> 直到七点左右，天色开始暗下去，电灯才真正显示出它的亮度和稳定性……这是一盏可以让人坐下来写上几个小时的灯……它的光线舒适、柔和，对人眼友好，几乎就像是白天的光，没有一丝闪烁，也几乎不会产生令人头疼的热量。

另一场大战蓄势待发，那就是史诗般的“电流之战”。爱迪生偏爱低压直流电，发电机只需放在相隔几英里的地方。他说，直流电是“我唯一能玩弄的”。但是，杰出的塞尔维亚移民尼古拉·特斯拉（Nicola Tesla）却提倡高压交流电，它可以为离电源很远的每个家庭送去电，而爱迪生觉得交流电的三千伏电压太可怕了。当工业家乔治·威斯汀豪斯（George Westinghouse）支持特斯拉时，爱迪生预言：“只要他安装了任何规模的交流电系统，6 个月内就会有客户因此而死，这一点注定无疑。”事实是，没有顾客死亡，倒是有几名触碰了带电电线的工人死了，另外还有一头马戏团的大象，爱迪生安排这头大象被当众电死，借此提醒公众注意危险。但一项新的发明——变压器降低了电压，方便家庭用电。经过更多的专利和数百起诉讼之后，交流电成为标准电流。那时，仿佛是在演绎琐罗亚斯德和摩尼的预言，在白炽灯的狂欢中，光明与黑暗战斗着。

- 1887 年：数千盏彩灯照射在斯塔滕岛（Staten Island）海岸一座 150 英尺高的喷泉上。
- 1889 年：纪念法国大革命一百周年的巴黎世界博览会上，总功率为 176 000 烛光的电灯闪闪发光，埃菲尔铁塔被照得通亮，塔顶上还有一个灯塔。
- 1893 年：芝加哥的“白城”（White City）在 200 000 盏灯下熠熠生辉。
- 1894 年：康尼岛（Coney Island）越野障碍赛马乐园童话般的圆顶和塔楼上挂满了电灯。
- 1901 年：布法罗的泛美博览会成了“一座活光之城”，40 000 个灯泡照亮了一座建筑和一座纪念圣光女神的雕像。

爱迪生电灯早期的广告列出了它的优点："它是最经济的人工灯；它比煤气更亮；它像阳光一样稳定；从不闪烁……"电灯的诱惑力超越了成本和便利。任何人都可以点亮蜡烛和灯，任何人都能理解它们——它们会燃烧。但电就像太阳本身一样虚无缥缈，它的光亮孕育了与今天的数字设备一样的魅力。科幻小说家亚瑟·查理斯·克拉克（Arthur C. Clarke）有一句名言："任何足够先进的技术都与魔法无异。"人类的聪明才智增加了光的魔力。没有人知道是谁制造了第一盏灯，但那些将琥珀那转瞬即逝的火花转化为纯净、可靠的光的人，他们的名字变得家喻户晓——爱迪生，特斯拉，威斯汀豪斯。他们制造的光似乎是无限的，即使每个灯泡只能使用几个星期。随着开关的拨动，光——白天的力量和夜晚的光辉——出现在一栋又一栋房子里，给人们的家庭生活带来便利。很快，人们就会认为这是理所当然的，然而在法拉第、麦克斯韦和爱迪生之后的头几十年里，灯光承载着一个新世纪的希望。

# 第十三章

# 速度——爱因斯坦与量子、粒子和波

直到地老天荒
去摘采
月亮的银苹果
和太阳的金苹果

——威廉·巴特勒·叶芝（William Butler Yeats），《流浪者安古斯之歌》（*The Song of Wandering Aengus*）

在他 17 岁的整个秋天，在一个被惯性掌控的时代，阿尔伯特·爱因斯坦（Albert Einstein）正忙着成为阿尔伯特·爱因斯坦。1895 年秋天，英国的维多利亚女王即将迎来她在位的第 58 年；古老的王朝和帝国——哈布斯堡王朝（Hapsburgs）、罗曼诺夫王朝（Romanovs）、奥斯曼帝国（Ottoman Empire）——巍然屹立；艺术和科学不断发展，但物理学却停滞不前。“物理科学重要的基本定律和事实都已被发现，”一位教授在课堂上说，“并且……因新的发现而被取代的可能性微乎其微。”

但这个后来成为“爱因斯坦”的人，在那年秋天刚刚开始崭露头角。由于没有通过苏黎世联邦理工学院（Zurich Polytechnic）的入学考试——他的物理学成绩优异，但对法语和植物学知之甚少——他被送到了苏黎世西部的一所寄宿学校。在那里，他和一个有七个孩子的家庭生活在一起，他们的父亲和爱因斯坦一样，对所有僵化或保守的东西充满鄙夷。在学校里，同学们认为这个德国移民是个“可笑的思想家”，但他比他们想象的要严肃多了。16 岁时，爱因斯坦放弃了他的德国国籍，拒绝加入犹太教，开始了“自由思想的狂欢”。在课堂上感到无聊时，他就到山上散步，在他自己的密室——他的头脑中进行实验。

他一生都在做想象实验——思想实验。那年秋天，他做了第一个思想实验。他想知道，如果他能骑在一束光上，世界会变成什么样？“如果一个人能够以光速追赶光波，”他想，“光波的排列将完全不受时间的束缚。”他知道“这是不可能的”，但他仍将花上十年的时间来思考这个问题。从一束光的角度看，时钟似乎被冻结了，它们移动的指针发出的光永远不会照到骑在光上的人。然而，就像坐在一个缓慢移动的电梯里一样，骑在光上的人几乎意识不到自己在移动。牛顿宇宙的所有古板定律都将被推翻。

20 世纪初，如此转瞬即逝而难以捉摸的光，成了宇宙的锚。首先，它的速度（在真空中）是恒定的：每秒 186 282 英里。飞过来，又飞走，照进实验室里，从火车或飞机上飞出，跨越星系，或在阿尔伯特·爱因斯坦的脑海中——它的速度都是每秒 186 282 英里。

当这一惊人的事实尘埃落定时，新的挑战令人头晕目眩——时间变慢，空间弯曲。这时，古老的“微粒与波动”之争沉渣泛起。光可能既是微粒又是波，这种令人不安的可能性不禁使人怀疑，还有什么事物是确定的。只有一个东西是确定的，固定不变、不可超越——光速。在方程式中，速度用字母 $c$ 表示，它来自拉丁语中的“celeritas”一词，意思是快速。随着这个世纪向前推进，正如托马斯·斯特尔那斯·艾略特（T. S. Eliot）所说的那样，这个常数敢于“扰动宇宙”。

然而，首先要做的是测量高深莫测的光速。

光最早的研究者曾想过它是否有速度。恩培多克勒认为有，但亚里士多德认为，光“不是一种运动”。亚历山大港口的希罗（Hero of Alexandria）——第一台蒸汽机的设计者，测试了光速。夜晚，希罗走到室外，一边朝天空看，一边低头记录。闭上你的眼睛，再睁开，你对遥远恒星的即时感知证明，光“是以无限的速度发出的”。争论仍在继续，伊斯兰科学家认为光的速度是有限的，开普勒和笛卡尔则认为它是瞬时的。1676 年，一位在巴黎工作的荷兰天文学家利用行星的运动规律，最终计算出了一束光的速度。

伽利略首次看到木星卫星以后的半个世纪里，它们的光点被绘制成图表，每颗卫星绕经木星背后的时间都被记录下来，精确到秒。奥勒·罗默（Ole Roemer）对比这些时间和他自己的观测结果，发现了一个差异。当地球和木星位于太阳系的两侧时，木卫一（lo）[①] 出

---

① 木卫一，即伊奥，是指木星的四颗伽利略卫星中最靠近木星的一颗卫星，它的直径为 3 642 千米，是太阳系第四大卫星，表面环境极其恶劣，其表面星罗棋布地散落着超过 400 座活火山，地表形态塑造周期较短。——译者注

现的时间比预计晚了好几分钟。1676 年 8 月，罗默做了一个大胆的预测：11 月 9 日，当木星离地球最远的时候，木卫一不会在下午 5 点 27 分再次出现，相反，它的光会因为穿越太阳系而延迟，最终会晚 11 分钟到达。当罗默的预测被证明是准确的时候，克里斯蒂安·惠更斯用三角测距法测量了地球到木星的距离，用距离除以时间，宣布了一个连艾萨克·牛顿都感到震惊的光速——每秒 144 000 英里。光速虽然慢了近 25%，但这只是一个开始。

半个世纪后，一位名叫詹姆斯·布拉德雷（James Bradley）的英国天文学家利用"恒星光行差"（stellar aberration）——因地球围绕太阳的轨道速度而导致恒星明显移动——逼近了光的确切速度。布拉德雷宣布，太阳光到达地球需要用 8 分 12 秒的时间，他差了 8 秒。19 世纪中期，当其他巴黎人为达盖尔照相法摆姿势时，两位法国物理学家给出了一个更精确的光速。1849 年，伊波利特·菲佐（Hippolyte Fizeau）将一束由生石灰燃烧发出的石灰光传送过一个旋转的木齿铁轮，光束被切成脉冲，在蒙马特的群山间来回飞驰。蓬头垢面的菲佐为这些脉冲计时，测量出光速为每秒 196 476 英里。更近了，更接近了……在菲佐试验的 13 年后，因用钟摆证明地球自转而闻名的莱昂·傅科，向一面每分钟 800 转转速的镜子发射了一束光，将其反射到 20 米外的一面静止的镜子上。当光束返回时，即使是以光的速度，旋转的镜子也已经转动了几分之一度。通过测量光束进出的角度，计算镜子旋转的度数，傅科测出光的速度为每秒 185 200 英里。傅科的测量结果一直被沿用到 19 世纪 70 年代末，直到一位年轻的美国海军少尉将注意力转向了光。

阿尔伯特·迈克耳孙是一位普鲁士移民的儿子，在淘金热

（Gold Rush）时期的内华达山脉的采矿营地长大。像内陆的许多男孩一样，迈克耳孙也向往大海，可他太年轻，无法在内战中服役，于是想在美国海军学院谋职，但被拒绝了。迈克耳孙身材矮小，肌肉发达，非常自信和努力，他通过步行、骑马和横贯大陆的新铁路穿越了整个大陆，到达了白宫。在那里，他谋划着拜见乌里塞斯·格兰特总统（Ulysses S. Grant），让他相信自己的能力，并成为安纳波利斯海军学校的一名学员。作为一名海军少尉，迈克耳孙通过测量风速和水速来计算船只的速度，在计算风速和水速的过程中，有些东西留在了他的脑海里。几年后，在海军学院教授物理学时，迈克耳孙读到了傅科的光速测量结果，认为他自己可以测得更精确。于是，对精确光速的追求耗尽了他的余生。

迈克耳孙的设备：一面透镜、一个蒸汽锅炉、一个音叉和两面镜子（一面固定，另一面旋转），花了他 10 美元。以这样的设备得出的精确度却堪比牛顿和他的棱镜、菲涅耳和他的积分、麦克斯韦和光本身。迈克耳孙的多次测试都是在日出或日落前一小时开始的，他发现那时的光线“足够安静，可以得到清晰的图像”。在安纳波利斯塞文河河堤上的一个储藏室里，迈克耳孙点燃了锅炉。几分钟不到，蒸汽就使镜子旋转起来，起初速度很慢，后来变快，有时甚至会从被系住的地方飞走。当这面镜子与音叉的振动相匹配，以每秒 257 转的速度旋转时——是的，每秒，在 1879 年——迈克耳孙就准备好了。他将透镜对准地平线，捕捉阳光，把它从旋转的镜子上反射出去。光束穿过枝繁叶茂的街区，准确击中了 1 985.09 英尺外的一块固定镜面，又射回了那块已经旋转了些许角度的镜面上。严谨的迈克耳孙在他的日志中记满了数据——“测试日期”“图像清晰度”“温度”“镜子转速”“图像位移”……但只有一个数字真正重要。它在每次测试中都会有些许变化，但平均而言，阿尔伯特·迈克耳孙测量到的光速是每秒 186 319 英里，比实际的光速只高出了 0.000 2%。

迈克耳孙声称他研究光“是因为它太有趣了”，但其实他对光充满了敬畏。在演讲中，他敦促未来的物理学家们注意“光和影的微妙渐变，以及每一次转动时复杂而奇妙的对称形式和组合形式”。然而，美学从未干扰过他确定光速的决心。20 世纪 20 年代，70 多岁迈克耳孙在南加州的山顶发射光线，测出了每秒 186 285 英里的光速，这个速度一直被沿用到激光时代。在他的测量结果登上头条新闻之后，这位短小精悍的年轻军官转向了光最经久不衰的谜团——以太。

亚里士多德厌憎宇宙是真空的想法，认为它当中充满以太——这是以古希腊光明之神或高空之神命名的。从那时起，“发光的以太”就成了宇宙的固定组成部分，虽然没有人见过它，但所有人都很熟悉它。罗马诗人卢克莱修写道：“星辰掠过以太。”牛顿认为它是“孤独的少数”，一种像空气一样的物质，但“更稀少，更微妙，更有弹性”。詹姆斯·克拉克·麦克斯韦在《大英百科全书》中这样描述以太：“毫无疑问，行星和恒星之间的空间不是空的，而是被一种物质或物体所占据，这肯定是我们所知的最大的而且可能是最均匀的一种物体。”

除了少数怀疑者——其中包括迈克尔·法拉第，对于所有的人来说，没有以太，光是不可想象的。两者的相似性是显而易见的：就像声音会让空气泛起涟漪一样，光也会扰动以太。有朝一日科学可能会证明，以太就像燃素（一种曾经被认为可以传递热量的虚构物质）那样异想天开——这样的想法就等于怀疑太阳和月亮的存在。到19世纪80年代，随着光速的测量不断接近准确，物理学家们转而探索另一种速度，即“以太风”的速度。

在菲涅耳虚弱的生命即将走到尽头时，他提出，地球通过以太时会产生一个“以太阻力”，这样的摩擦力，无论多么微小，都会减缓光的惊人速度。菲涅耳计算出了“以太阻力系数”，但即使以他的精确性，也无法计算出如此微小的力。1849年，在对穿越巴黎的光进行测速后不久，菲佐检验了菲涅耳的理论。如果平行光束穿过流水的管道，光应该顺着水流变快，反之则变慢。菲佐测了又测，但无论水流的方向如何，光速的变化都是微不足道的。尽管如此，人们仍然相信以太的存在，更精确的仪器肯定会检测到它。由于地球以每秒30千米（每秒18.6英里）的速度运行，所以“以太阻力”对光速的影响应该也是这么大，这取决于所测光束的方向。然而，每秒30千米只是光速的万分之一，测量如此短暂的时间需要空前的精确度。到了1881年，阿尔伯特·迈克耳孙终于有了这样的工具，既有精神上的，也有物质上的。

在柏林学习期间，迈克耳孙发明了一个以太速度计，每座现代光学实验室里都可以见到这个装置的升级版，也就是如今人们称作的干涉仪。迈克耳孙的装置使用了一面薄薄的镀银镜子，它可以让一些光线穿过，而将其余的光线反射出去。一束光以45°角射中镜子，就会变成两束，一束穿过镜子，另一束与第一束成直角反射，两束光都被装置边缘的镜子反射回到光源，从而形成“十”字形的光。按照菲涅耳的理论，“以太阻力”应该会减慢其中一束光的速度，但不会减慢另一束的光速。在向他的孩子们解释这个实验时，迈克耳孙举例说，假如游泳者在河里比赛，一个人横穿水流，另一个人顺流而下。“如果河里有水流的话，第二个游泳者将永远获胜。”当垂直的光束在返回光源的途中重叠到一起时，迈克耳孙本以为它们不会不同步，理由就是托马斯·杨第一次观察到的干涉条纹。但通过透镜，迈克耳孙没有看到暗线，只有纯光，说明河里没有水流。经过几次测试后，迈克耳孙写信给他的资助者亚历山大·格雷汉姆·贝尔（Alexander Graham Bell）。

亲爱的贝尔先生：

关于地球相对于以太运动的实验刚刚成功结束。然而，结果是否定的。

看不见、摸不着的以太并没有那么容易被否定，很快它甚至出现在美国的肖托夸夏季教育会（Chautauqua）[①]上，此时，教授和学者齐集乡村小镇和村庄。一位物理学家站在挤满了乡下人的帐篷里，手举一盘果酱。“有一件事我们是肯定的，”他说，“那就是发光的以太的真实性和实在性……一种有弹性的固体，我能给你们讲的最接近的类比就是这盘果酱。”

以太必须存在，光不可能在一个空的宇宙中传播，必须再进行一次实验。1885年，阿尔伯特·迈克耳孙准备再次尝试，这一次，他有了一个合作伙伴——爱德华·莫雷（Edward Morley）。莫雷曾是个牧师，后来成了一名有着大学院长般严谨态度的化学家，他很快就开始担心迈克耳孙。这位身材矮小的物理学家痴迷于光的速

① 开始于19世纪70年代，持续到20世纪20年代的有关文化、宗教和教育的运动，讲授的内容涵盖各个方面，包括艺术、旅游和政治等。演讲者和表演者从一个城镇旅行到另一个城镇，每到一个地方，他们就搭起帐篷，一讲就是数周。一些学者认为，夏季教育性集会是美国大众文化的第一种形式。为了纪念这种精神，纽约的肖托夸学院（Chautauqua Institute）每年仍然举办夏季教育性集会。——译者注

度，已经开始不吃不睡，就像莫雷说的那样，驱使自己“去完成一项他认为必须完美地完成的任务，使它永远不会再受到质疑”。果然，他的身体很快就垮了。1885 年 9 月，迈克耳孙精神崩溃，被送进了疗养院。莫雷怀疑他得了“脑软化”，预计他的伙伴再也无法工作了，然而到了第二年春天，两个人都回到了实验室里。

为了测量哪怕是最微小的以太风，迈克耳孙建造了一个 X 形的钢制装置，它 12 英尺长的支架被嵌入砂岩板中。接下来，他又把镜子增加到了 16 面，可以来回反射光线。每面镜子都可以通过一枚螺丝进行微调，螺丝的螺纹每英寸达一千个。最后，迈克耳孙让整个装置漂浮在一池水银上，当光以各个角度上下浮动时，它会跟着慢慢旋转。

1887 年 7 月 8 日，中午，俄亥俄州克利夫兰的凯斯应用科学院（Case School of Applied Science）的一间地下室里，科学史上“最著名的失败实验”即将开始。秃顶、戴眼镜的莫雷坐在一个角落里，而留着八字胡的迈克耳孙绕着巨大的砂岩板转圈，喊着数字。阿尔冈灯里燃烧的盐发出黄光，在 16 面镜子上反射，形成了格子状的光束。迈克耳孙喊出更多的数字，莫雷则匆匆记录下来。当他们测量逆着或顺着传说中的以太风的光速时，没有发现速度有丝毫的变化。“如果地球和发光的以太之间存在任何相对运动，”迈克耳孙宣布，“它一定非常小，小到足以完全驳倒菲涅耳对光行差的解释。”

接下来的 20 年里，物理学家们一直在否定。“如果把发光的以太从这个世界去掉，”海因里希·赫兹（Heinrich Hertz）——他发现的无线电波证明了麦克斯韦的电磁理论——写道，“那么电磁作用就无法再穿越空间了。”借助更长的运动轨迹、旋转的圆盘、山地的稀薄空气以及挂在气球上的贡都拉[①]中的旋转空气，更多的人测试了以太风，而这些测试不过证明了爱因斯坦后来对精神失常的定义——一遍又一遍地做同样的事情，期望得到不同的结果。20世纪初，各种教科书依然在兜售发光的以太，只有一点点提到——它可能不存在。然而，阿尔伯特·爱因斯坦仍在想象骑在光束上。

“如果我以速度 $c$ 追逐一束光，”他想象着，“我应该会观察到这样一束光，尽管它在空间上是振荡的，但它仍像一个静止的电磁场……”

爱因斯坦曾在瑞士的一个小州度过一年，在那里，他构思了这个思想实验，但这个谜题持续引起“精神紧张感”。这种紧张感跟随他到了苏黎世联邦理工学院，在那里，于毕业论文中他计划研究光在以太中的传播速度。得知这一实验已经完成，他便阅读了迈克耳孙和莫雷的实验记录，与那些急于否认实验结论的人不同，爱因斯坦接受了实验结果。既然他已经抛弃了他的祖国和宗教，便不难再否定以太的存在。爱因斯坦推断，如果他所谓的“光介质”不存在，那么光在任何时候、任何方向都必以同样的速度传播，这让他想象中的光束变得更加令人费解。两个观察者，一个在移动，另一个在静止，怎么可能感知到相同的光速呢？“那么，要克服的困难，”爱因斯坦后来写道，“就在于真空中光速的恒定性，而我最初却认为我们必须要抛弃这个问题。”

1900年，爱因斯坦完成了他的博士论文，但他的教授们却迟

---

① 威尼斯特有的贡都拉，其实是体验水上风情最好的工具。它的历史可追溯至11世纪，纤细的船身和扁平的船底，使它十分适合航行在狭窄又水浅的运河中。——译者注

迟不肯接受。第二年，由于极度渴望工作，他甚至考虑过在街上拉小提琴，他做了一份“专利仆人”的工作，在瑞士首都伯尔尼审查专利。他和他的新婚妻子米列娃（Mileva）住在杂货街（Kramgasse），就在伯尔尼的中世纪钟楼所在的那条街。这个钟的特点是轮中有轮，显示天空的变化，还有一个戴着帽子和铃铛的机械小丑，他的钟锤每小时抡一次。每天早上，爱因斯坦都要大步经过钟楼，到达他位于三楼的办公室，在那里简要审查当天的专利，下午，他的桌子上则杂乱地堆满了自己的研究，在他的探索中，有一项是关于光的最新惊喜。

1901 年，也就是爱因斯坦成为“专利仆人”的同一年，一位德国物理学家发现，当紫外线照射在金属板上时，会释放电子，鉴于光是电磁的，这并不奇怪，但却有一个变数。从逻辑上讲，光线越强，释放出的电子动能就越高，然而无论光有多亮，所有游离的电子能量都相同。提高能量的唯一方法是使用不同颜色的光。紧密缠绕的蓝波可以释放电子，但较长的红波则不能。如果光是由波组成的，它是怎么释放单个粒子的呢？爱因斯坦在专利局又工作了几年，伯尔尼钟楼上的小丑每小时都在报时，时间来到了 1905 年。

学者们仍然在试图解释爱因斯坦是如何崭露头角的。爱因斯坦后来回忆说，“我的脑海中爆发了一场风暴”，在爱因斯坦的奇迹之年，他迸发了几个灵感，在对光的认识方面，这一年与牛顿的棱镜之年一样重要。爱因斯坦一直在阅读物理学家恩斯特·马赫（Ernst Mach）的文章：“没有人可以预言绝对空间和绝对运动，它们只是纯粹的思想，纯粹的精神构造。”爱因斯坦也知道法国数学家亨利·庞加莱（Henri Poincaré）的理论，他提出了时间的相对性，但仍深信以太的存在。同样重要的还有爱因斯坦的独立精神：

作为一个专利审查员，他没有大量撰写论文的压力；作为一个旅居国外的德国人和不奉行习俗的犹太人，他不受文化的束缚。当然，也因为他是爱因斯坦。1905 年初，他把骑着光束的“精神紧张感”放在一边，开始研究光释放电子的问题。同年 3 月，他提交了他“奇迹之年”四篇论文中的第一篇，认为这篇文章“非常具有革命性”。

爱因斯坦的这篇革命性文章直面的是物理学中的一个紧迫性问题：物质是如何放出热量的？想象一下火中有一大块铁，当它被加热时，铁会吸收火的能量并释放出一些热量，物理学家称这种热量为黑体辐射。随着黑体辐射的加强，当电磁波从红外线传播到光谱的红色部分，黑体辐射就变得可见。继续加热，铁块的辐射将变成黄色，然后是蓝色，甚至变成紫外线，当铁被加热到白热化时，它就会发出可见光谱中所有颜色的混合光。在冷却过程中，铁会失去能量，颜色也会随之改变。但如果不让它冷却呢？想象一下，如果不是铁，而是只有一个小开口的一盒镜子。将热量注入其中，不让热量流失。当盒子受热时，能量不就会积累起来，从而改变其峰值发射的波长，从红色到黄色到蓝色再到紫外线？盒子会不会因为吸收太多的能量而爆炸？这个悖论让物理学家们感到惊疑，因为它违背了他们久经考验的理论，后来这被称为“紫外灾变”，而这个问题的答案将改变一切。

马克斯·普朗克（Max Planck）是为“紫外灾变”感到费解的人之一。这位德国物理学家郁郁寡欢，留着八字胡，那张毫无表情的脸永远是个谜。他是个保守的顾家的男人，对日耳曼的一切都感到自豪，包括他用钢琴演奏的巴赫（Bach）和勃拉姆斯（Brahms）的曲子。普朗克无意在物理学界掀起动荡，他只是在寻找“紫外灾变”的答案。他花了数年时间加热铁盒，计算每个铁盒上的小孔发出的辐射量，然而，辐射并没有不断上升，而是在一个特定的波长处达到峰值，然后以一个可预测的曲线下降。能量的某些性质本质上是在释放积聚的能量。“六年来我一直在与黑体理论作斗争，”普朗克回忆说，“我必须不惜一切代价找到一个理论上的解释。”最后，在“一种绝望的行为”中，普朗克想出了一个不同的答案。

也许能量的形式不是波，而是小包。这样的能量包不会呈现一条稳定的曲线，而是像一个阶梯，随着能量包的发射，阶梯会不断上升。普朗克绘制了能量释放的图表，计算了释放阶梯，发现每一次上升的速率都是稳定的，这个速率就是今天的普朗克常数（Planck's constant）。这个常数小得令人难以置信——只是一个小数，前面有二十几个零。然而，当普朗克把它应用于黑体辐射时，这个数字就积少成多了。高频率的光，蓝色或紫外线，一定是大包的能量。黑体在低频率时会吸收大量热量，但当它被强化到高频率时，能量包会变大、变少，这就好比一场露天音乐会的观众，他们不是步行到达、挤满场地，而是乘坐汽车和公共汽车来的，其数量受到停车位的限制。包的数量使上座率下降，使事情得到控制。这似乎说不通，但普朗克常数指出的情况更令人震惊。

普朗克的能量包从一个台阶跳跃到另一个台阶，违背了伽利略和牛顿发现的经典物理学定律。一个能量包包含的能量可以是 X，也可以是 2X 或 3X……但绝不会介于这些倍数之间。想象一下，一辆汽车以每小时 10 英里的速度行驶，然后速度突然变成了 20 英里，中间却没有经过 11 英里、12 英里、13 英里……再想象一下，一部电梯不是一层一层向上，而是突然出现在二层，根本没有经过一层和二层之间。普朗克的理论似乎很荒谬，但从数学上讲，它巧妙地躲开了“紫外灾变”。

普朗克将他的能量包命名为量子（复数形式为quanta，来自拉丁语中的“quantus”一词，意思是“有多少？”）。这位眼神忧郁的物理学家并不相信量子的存在，他只知道他已经解决了这个谜题。1900年12月14日，普朗克宣布了他的理论，这个日子让人们普遍认为，原本始于1901年的20世纪提前了两个星期。这不会是量子最后一次玩弄时间。大多数物理学家都忽视了普朗克的量子理论，但爱因斯坦回忆说：“这就像把地面从地下拔出来一样。”1905年，他打下了一个新的地基。

考虑到“光电效应”（photoelectric effect）——光如何撞落金属板的电子，爱因斯坦“非常具有革命性”的论文使用了量子理论。“根据本文考虑引用的假设，”爱因斯坦写道，“当光线从一个点传播时，能量不是连续地分布在越来越大的空间里，而是包含有限数量的能量量子，这些量子位于空间的各个点上，只能作为完整的单位产生和吸收。”只有当光是量子——爱因斯坦所说的“Lichtquanten”（意思是“光电子”）时，光电效应才能解释得通。这位专利审查员利用普朗克常数计算了能量的吸收和释放。至于为什么不同颜色的光会释放出不同动能的电子，爱因斯坦指出每种颜色的光含有的能量不同。“最简单的概念是，一个光量子将其全部能量传递给单个电子。”

十年后，爱因斯坦的光量子才被证实存在。马克斯·普朗克表示反对，说量子理论并不适用于可见光，因为每个人，甚至是爱因斯坦，都知道可见光是一种波。爱因斯坦在解释光电效应时，也提醒人们：“我坚信这一概念只是假定的，它似乎……与波动论不相容。”但爱因斯坦太忙了，根本没有时间思考微粒和波。1905年春天，在又发表了两篇论文后，他再次开始想象骑在光束上。

光怎么会以相同的速度传播，不管其方向或来源呢？这样恒定的速度是违背常理的。当我走在机场的移动人行道上时，我的速度会加到它的速度上，我步行的速度是每小时 3 英里，人行道的速度是每小时 5 英里，那我的综合速度就是每小时 8 英里，这样我就可以早一分钟等行李了。但正如迈克耳孙和莫雷的实验所展示的那样，光速并不会这么简单地相加。从一架飞驰的飞机上射出一束光，无论是向前、向后、向两侧，它的速度都是相同的——每秒 186 282 英里。光就是和宇宙中其他任何东西都不一样，它似乎不可能是恒定的，除非……

1905 年 5 月的一个上午，爱因斯坦和他的专利局同事米歇尔·贝索（Michele Besso）一起走在伯尔尼的大街上，爱因斯坦经常与贝索分享他最新的思想实验，这时他坦承，光的恒定性让他感到绝望。爱因斯坦说："我打算放弃了。"接着，就在杂货街上，当电车驶过，行人挤成一团时，他终于找到了答案。感谢庞加莱、马赫，还有他自己非凡的天才，他终于明白了。如果对于任何观察者、星系和实验，光速都是恒定的，那么时间一定是可变的。第二天，爱因斯坦冲到他的朋友面前。"谢谢你，"他对贝索说，"我已经彻底找到了这个问题的答案。"

爱因斯坦花了五个星期写出了《论动体的电动力学》（"On the Electrodynamics of Moving Bodies"），他将用自己的余生来解释它，有时用方程式，有时用笑话："把你的手放在滚热的炉子上一分钟，感觉就像一小时；坐在一个漂亮姑娘身边一小时，感觉却像一分钟。这就是相对论。"爱因斯坦在他的论文中没有提到骑在光束上的想象，但他后来称这个想法是"狭义相对论的萌芽"。爱因斯坦认为，恒定的光速让时间变成了"相对的"。

假设有两个观察者，一个坐在火车上，另一个坐在路堤上看火车经过，火车上的那个人在车厢顶部放一个手电筒，在地板上放一面镜子。当打开、关闭手电筒时，他会看到一束光直直地向下照射，又直直地向上反射，它的路是一条垂直的线。现在想象一下，路堤上的观察者会看到什么。从这个角度看，在移动的火车的带动下，光线变得有些水平，它以一定的角度射在地板上，然后以相同的角度反射回去，它的路径不是“I”字形，而是“V”字形。显然，光的“V”字形路径要比“I”字形更长。然而，如果光速恒定，它怎么可能在完全相同的时间内走过不同的距离呢？爱因斯坦意识到，“罪魁祸首”是时间。如果光速是恒定的，那时间就不可能是。解释这一悖论的唯一方法是相信——开始相信——静止的观察者感知到的时间比移动的观察者感知到的要慢。

即便是现在，这听起来也令人难以置信，甚至是荒谬的，但爱因斯坦用了一个方程即洛伦兹变换（Lorentz transformation），来计算时间是如何在喷流速度下慢得可以忽略不计的，当一个物体接近光速时时间又是如何几乎停止的（如果火车的速度接近每秒186 282英里，那么从路堤上看到的“V”字将非常长，而从火车上看到的“I”字始终不变。速度恒定的光不断运动，迫使时间几乎停止，就像火车上的乘客感受到的那样）。此后，时间证明了爱因斯坦是正确的。爱因斯坦提出相对论70年后，原子钟已足够精确，可以测出时间的膨胀。两座时钟绕着世界飞一圈，与静止的时钟相比，移动的时钟慢了几分之一秒，诚如爱因斯坦的计算。当今天的粒子加速器从原子中喷射出亚原子的 $\mu$ 子时，每个 $\mu$ 子只能存活几微秒。但是当速度接近光速时，它们的时间就会变慢，$\mu$ 子存活的时间就会变长。时间是罪魁祸首，光则是它的帮凶。

爱因斯坦的狭义相对论没有被接受，反而引起了更多的困惑。公众对它一无所知，但包括马克斯·普朗克在内的一些物理学家认为它很有意思。在专利局又工作了四年后，爱因斯坦在柏林获得了一个教职，有了更多的时间进行思想实验。很快，这些实验开始集中在重力上。迈克尔·法拉第曾用一块巨大的磁铁来扭曲偏振光，而爱因斯坦将用太阳来实现。

到了1912年夏天，人们对发光以太的信心开始减弱，迈克耳孙和莫雷实验已经广为人知。爱因斯坦认为“光介质”是“多余的”，除了少数顽固分子仍在进行相关实验外，本就从未存在过的以太逐渐模糊消逝。托马斯·爱迪生的灯光照亮了城市的酒店和上流社会的家庭，达盖尔的灯光被数百万的柯达相机捕捉，卢米埃尔兄弟的移动灯光正在塑造一个关于幻觉的产业。然而，地球上绝大部分光仍然来自天空。因此，正是太阳和它的行星启发了第一个关于光是如何形成的精确模型。

那年夏天，年轻的丹麦物理学家尼尔斯·玻尔从他的蜜月中抽出时间来研究原子。玻尔虽然出生在法拉第和麦克斯韦的时代，但却是个彻头彻尾的现代人，他热爱现代艺术，尤其是立体主义。他经常说：“画家们应该找些新东西。”他学识渊博又自以为是，说话总是慢吞吞的，总要点上烟斗，以沉默来点缀自己的话语。爱因斯坦把玻尔比作“一个极其敏感的孩子，在一种催眠状态下周游世界”。但玻尔对光没有孩子般的敬畏。作为一名理论物理学家，他不是用镜子和透镜，而是用铅笔和纸来研究。1912年的整个夏天和秋天，他都在英格兰做研究，试图寻找一个可行的原子模型。他的老板欧内斯特·卢瑟福（Ernest Rutherford）提出，微小的原子核——“就像大教堂里的一只苍蝇”——被一条轨道上的电子所环绕。可绕轨道运行的电子难道不会失去能量，撞向原子核吗？“很明显，”谈到卢瑟福的原子论时，玻尔这样说，“除了彻底地改变，我们无法以任何其他方式前进。”7个月后，玻尔意识到，答案必与量子有关。

玻尔认为，围绕原子核的轨道不是只有一条，而是许多条——形成一个原子大小的太阳系。当电子处于稳定状态时，它以内部的“静止状态”围绕原子核运行，但当电子受到光、热、电等能量的撞击时，它就会吸收这些能量包，受激电子就会从内侧的轨道飞跃到外侧的轨道。如果不再受到撞击，电子就会回到内侧的轨道，以单个光量子的形式释放其吸收的能量。玻尔的原子论解释了由燃烧的化学品发出的神秘的彩色条纹，这些迹象就像断案所用的指纹，让天文学家了解了恒星的组成。许多人对玻尔的原子论持怀疑态度，但爱因斯坦称其为“一项巨大的成就”。玻尔的量子跃迁以及更新的原子模型，为霓虹灯、荧光灯和LED灯铺平了道路。然而，要解释太阳和星星的光，还需要更微妙的思考。

玻尔量化原子一年后，爱因斯坦离婚了。米列娃带走了他们的两个儿子，留下爱因斯坦一人。在科学界之外，他默默无闻，躲在柏林一间凌乱的公寓里，有了更多的时间去思考，去想象再次骑上光束。

在这个思想实验中，他想象自己乘坐着电梯——一个稳定加速向平流层移动的小隔间，向上的运动把他压在地板上，速度越来越快，但由于没有窗户，他无法感知自己的运动，无法确定他的“重量”感是因为重力还是加速度，他认为这两者实际上是一样的，这带来了许多可能性，其中最令人吃惊的是光会弯曲。一束光从上升的电梯的洞射到对面的墙上，会射中比它射出位置略低的地方，加速似乎会使刚性的光发生弯曲。既然对电梯上的乘客来说，加速度与重力没有区别，不知重力是否也会使光弯曲。随着另一场脑海风暴，他苦苦思索着矢量和张量（测量弯曲空间的运动），然后写出了一页页的微积分、非欧几里得几何和其他“引力方程”。当广义相对论在 1915 年完成时，爱因斯坦认为这是一项“无比美丽”的成果，该理论还使光进一步扰动了宇宙。

爱因斯坦认为，引力并不是牛顿所设想的一种力，相反，就像放在毯子上的保龄球，物质使它周围的空间弯曲，恒星、卫星和行星也会弯曲周围的空间，吸引附近的物体，并且会弯曲光。就像穿过上升电梯的光束一样，经过太阳的星光也会出现偏差，它的曲率在日食期间应该是可以观察到的。爱因斯坦希望这样的测试能尽快进行，但日食来了又去，观测总被云层或第一次世界大战所阻挡。终于，1919 年 5 月，两个英国团队出发了，一个去亚马孙，另一个去西非，去拍摄日食，追踪通过黑色日轮的星光的轨迹。6 个月后，底片被冲洗出来，结果得到确认，伦敦的一个礼堂挤满了人。一位目击者指出，这一幕就像一出希腊戏剧，一面墙上挂着牛顿的画像，科学家们静静地坐在那里，等待着数字的出现。爱因斯坦曾计算过，太阳的引力会使星光偏移 1.7 秒的弧度，实际的测量结果在 1.61 和 1.98 之间。1919 年 11 月 10 日，《纽约时报》头条发表了这个消息：

> 天上的光都是歪的……
> 爱因斯坦的理论取得了巨大成功！
> 星星不在它们似乎该在的地方，
> 也不在它们被计算出来的地方，

但不需要担心。

爱因斯坦一夜成名。不到一年，他那凌乱的模样就成了天才的象征，堪比在人们头顶上闪烁的爱迪生的“小光球”。“自从光的偏转结果公开后，”爱因斯坦感叹道，“人们对我产生了如此强烈的崇拜之情，我觉得自己就像一个异教的圣像。”他对光仍然心存敬畏。他写道：“我将用整个余生来思考什么是光。”然而，他再也不会独自骑在光束上或思考光了。

进入 20 世纪 20 年代后，光量子重新唤起了在 19 世纪就认为已经解决的问题：光是微粒还是波？光量子带来的巨变经过了一次又一次测试，与以太不同的是，它通过了测试。1922 年底，在圣路易郊外的一个实验室里，亚瑟·康普顿（Arthur Compton）向一块石墨发射了 X 射线，不出所料，X 射线在各个角度都发生了偏转。但当康普顿进行测量时，他发现每条偏转的射线都失去了一个精确量的能量量子，偏转的角度越大，损失的能量就越多。和“光电效应”一样，康普顿散射（Compton scattering）认为光是微粒。然而，在每个光学实验室里，托马斯·杨的干扰线仍然显示光是波，就连爱因斯坦也感到棘手。“现在有两种光的理论，”他说，“两者都是不可或缺的，而且正如今天人们必须承认的那样，尽管理论物理学家们经过了 20 年的不懈努力，但仍然没有发现两者有任何逻辑上的联系。”

由于没有答案，各种理论如潮水般涌来。1924 年，温文尔雅的法国王爵、物理学家路易·德布罗意（Louis de Broglie）提出，光由“导波”组成。就像坐过山车一样，微粒乘着波，沿可预测的曲线前进。光既是微粒又是波。德布罗意利用一切方法，从代数到

$E=mc^2$，计算了波如何推动量子。根据爱因斯坦的说法，这位法国王爵“揭开了伟大面纱的一角”，但这一理论也被嘲弄为“法国喜剧”。与此同时，玻尔对不确定性更为自如，他坚持认为光可以是微粒，也可以是波，这取决于实验结果。接着，纽约贝尔实验室的科学家们将电子束射入晶体，结果，光像波一样衍射，但像微粒一样散射，这使“二象性”变成了一个流行词。于是，物理学界的挫折感越来越深。

在爱因斯坦奇迹之年以后的几十年里，量子理论不断发展，也建立了专门的学会。现在，思考光的复杂性所需的不仅仅是干涉仪和云室①，还需要物理学高级学位，在黑板上写满方程式的能力，以及无休止地关心光的最新谜团的意愿。

“教授，”有一天，一位同事对物理学家沃尔夫冈·泡利（Wolfgang Pauli）说，“你看起来很不开心。”

“当一个人在思考反常的塞曼效应（Zeeman effect）时，他怎么可能看起来高兴呢？”

只有一小部分物理学家能够应付数学问题，接受不确定性，在漫长的前行和交谈中坚持下去。到了20世纪20年代中期，这个专门学会的赌注越来越大，光的二象性挑战了科学的定义。亚里士多德和阿拉伯人的勾勒，科学革命的现代化，以及几个世纪以来，那些具有强迫型性格的人不断使用越来越精密的仪器的完善，一切都说明，科学依赖于准确性。必须有一种解释，有一组方程，有一系列可预测、可重复的实验，来解释每个自然现象。但是现在，光，

① 云室是显示能导致电离的粒子径迹的装置，早期的核辐射探测器，也是最早的带电粒子探测器。——译者注

这个最古老的谜题，却在藐视一切理性。微粒还是波？是微粒还是波，取决于实验？大自然绝非如此。

笑话消解了绝望的情绪。物理学家们说，他们不得不在周一、周三和周五教波动论，而在其余时间里教微粒论。另一个人打趣说，光以“波粒”的形式传播。

但是这个新学会的奠基人——爱因斯坦、玻尔等人——并不觉得好笑。在完善了玻尔的原子理论后不久，沃尔夫冈·泡利感叹道：“现在的物理学又变得一塌糊涂；无论如何，对我来说它太复杂了，我真希望自己是一个电影喜剧演员或类似的人，从来没有听说过关于物理学的任何东西。”爱因斯坦本人对量子理论也持怀疑态度。早期，他就感觉到“这是个多么糟糕……多么讨厌的麻烦”。现在，作为物理学界举世闻名的掌权者，他更坚定了抵制的决心。

光量子学会在几个特定的地点开会。玻尔在他位于哥本哈根的豪宅里接待同行，其他人则在剑桥的卡文迪许实验室碰面。每隔几年，他们就会齐聚布鲁塞尔，参加索尔维会议（Solvay Conference）。在一位富有的比利时实业家的资助下，二十几个人齐聚一堂，法国诺贝尔奖得主玛丽·居里（Marie Curie）通常也会参会，一起讨论最前沿的物理学问题。爱因斯坦称第一次索尔维会议为“女巫的安息日”，但他还是出席了会议，为他的量子理论辩护。他在会上说：“我们在普朗克的理论中发现的这种令人反感的不连续性，似乎真的存在于自然界中。”1927 年，五次会议之后，随着量子理论得到了更多的认可，爱因斯坦摆好了架势，准备与玻尔一较高低，与此攸关的是物理学、科学和确定性本身的未来。

爱因斯坦站在黑板前，画出了他最新的思想实验图：光穿过一条狭缝，在一个精确的时刻射在一块板子上。当然，这个更新后的经典模型包括了精确测量，驳斥了不确定性。玻尔呢，他停顿了一下，吸了口烟斗，回答说，光，不管是微粒还是波，在撞击时都会使板子移动，让它的位置变得不确定。辩论继续进行，爱因斯坦假设有两条狭缝，玻尔则用他的最新理论“互补性原理”进行反击。该理论是在意大利最近的一次会议上公布的，一部分是科学，另一部分是认识论。玻尔指出，我们对自然的所有了解，都取决于所提出的问题。关于光可能没有绝对的真理。如果它在某些实验中表现得像粒子，在另一些实验中表现得像波，那么这种想法就必须被接受。“物理学的任务是揭示大自然的本质？这种想法是错误的。”玻尔说，“物理学关注的是我们对自然的认识。”

争论日复一日地加剧。每次早餐时，爱因斯坦都会给玻尔带来新的思想实验，玻尔思考一整天，然后在晚餐时进行反驳，而第二天早上吃着羊角面包、喝着咖啡时又会面对另一个假设。在整个会议期间，爱因斯坦和玻尔通过他们的想象力将光子（光量子的新名称）发送出去，但令人发狂和不可置信的是，光并不服从这些全世界历史上的天才。它有时是波，有时又是粒子，迫使最理性的头脑求助于更高的权威，自然神论者爱因斯坦大怒道：“上帝不玩骰子。”无神论者玻尔回答说：“我们不能告诉上帝如何去运行这个世界。”

索尔维的辩论类似于第一个千年的教会会议，一些主教认为光是上帝的反映，其他人则视之为神圣的信使或比喻。爱因斯坦和玻尔没有得出任何结论，他们疲惫而痛苦地离开了会议。玻尔说：“舒缓的哲学——还是宗教？——是如此精雕细琢，为信徒们提供了一个柔软的枕头……”爱因斯坦说：“可这种宗教对我一点帮助都没有。”然而，在 1930 年的又一次索尔维会议上，这两个人又开始了争论。爱因斯坦叹息道："这场充斥着认识论的狂欢该结束了。"然而这一直持续到他去世。与此同时，其他人将学会接受二象性、不确定性和被解析为量子的光。"我们必须要承认量子理论。"马克斯·普朗克在他生命的最后几年中说，"相信我，它还会继续发展。"

然而，爱因斯坦无法摆脱那种精神紧张感，他坚持认为，量子理论在纸上是可行的，但仍然是不完整的。"但光到底是什么?"他在 1938 年与人合著的一本教科书中问道，"它是一道波还是一束光？……我们似乎有时必须使用其中一种理论，有时使用另一种，而有时可以同时使用这两种。我们面临着新的困难。我们对现实有两种矛盾的看法；两者单独都不能完全解释光的现象，但合在一起就能了!"

爱因斯坦像挥舞魔杖一样，用速度 $c$ 推翻了牛顿，将物理学量化，摧毁了质量、能量、空间、时间等的恒定性，而且还会有更多，他很快就会发现很多。光子如何转换成正电子和负电子？成对发射的光子的"自旋"如何保持协调，跨空间的一个光子会以某种方式向另一个光子发出信号，让另一个光子知道它的自旋已经改变？爱因斯坦称之为"鬼魅般的超距作用"，而马克斯·普朗克再次说道："我们必须接受量子理论……"

在他 73 岁那年的深秋，爱因斯坦给专利局的老朋友米歇尔·贝索写信。"这 50 年所有的思考，"爱因斯坦承认，"并没有使我更接近这个问题的答案——光量子是什么？如今，每个普通人都认为自己知道，但他们错了。"连爱因斯坦都感到困惑的量子光，却并没有出现在经文、艺术或大教堂的窗户中。即使在学术界，也很少有理论家考虑过如何使用它。然而，在爱因斯坦 1955 年去世后不到五年，量子光不再是一种理论，一种新的、危险的、耀眼的光从实验室走了出来，照进了人类的意识。一开始，人们甚至不知道该怎么称呼它。

1925年6月的赫尔戈兰岛（Heligoland），一位研究量子物理学的金发男孩得了严重的花粉症，24岁的沃纳·海森堡（Werner Heisenberg）流着鼻涕，喘着粗气，离开了他在哥廷根的教职，前往德国北海海岸30英里外岩石嶙峋的一座小岛——赫尔戈兰岛。他独自待在一间俯瞰海滩的房间里，继续进行困扰了他几个月的计算，正如他在哥本哈根的长途步行中讨论过的那样，数学再也不能预测量子行为了，而他心爱的数字就是不肯配合。为了确定云室中一个粒子的位置，海森堡必须看到它，为了看到它，就必须借助光。但是，就像爱因斯坦的光电效应中光对电子造成的位移一样，光束会使粒子稍稍移动。于是，海森堡得出结论，你越准确地判断出一个电子的位置，你就越不确定它的动量。因此，没有人能够同时确定粒子的位置和动量。对于电子、光子和所有其他粒子而言，或然性必然会取代确定性，而确定性必然永远都是难以捉摸的。

海森堡5岁开始学习希腊语，12岁开始学习微积分，深夜，他利用极端复杂的矩阵数学来计算光如何让确定性变得不可能。凌晨三点，他打开了他的代表作——不确定性原理的大门。他独自一人，欣喜若狂，感觉自己仿佛在“看着一个异常美丽的内在”。他走到夜色里，听着海浪拍打的声音，然后爬上一个俯瞰大海的海角，坐了下来。他凝视着海面，仰望着星空，等待着日出。

# 第十四章

## “追上我们的梦想”——激光和其他日常奇迹

光啊，没有人能说出你的名字，因为你完全是无名的。
光啊，你有许多名字，因为你存在于一切事物中……
你是怎么和草混在一起的？

——圣西蒙（Saint Symeon），《神圣之爱的赞美诗》
（*Hymns of Divine Love*）

考虑到太阳对人类的绝对主宰，我们应该拿出赞扬黎明那样的劲头，弄清它的光是如何产生的。如果古希腊人揭开了它的面纱，这些知识将是不朽的；如果伽利略实现了他最后的梦想——以拘禁换来“光是什么”的答案——整个欧洲都会为之惊叹；若牛顿揭开了光的本质，这样的发现将会给他的《光学》加冕。但这些早期的研究者没有一个具备必要的工具——量子理论，而当量子理论可以解释太阳的时候，几乎没有人注意到这个消息。

1938 年 8 月 15 日，当世界向另一场大战迈进时，一篇 6 页的文章出现在美国物理学会的著名杂志《物理评论》（*Physical Review*）上，它的标题是《质子结合形成氘核》（“The Formation of Deuterons by Proton Combination”），文中并没有提到太阳，它的主要作者汉斯·贝特（Hans Bethe）默默无闻。文中的数学计算极为严谨，一些概念虽然从基础化学入手，但很快就扩展到微积分、量子力学、波函数，甚至更难的领域。贝特写道，太阳是一个原子炉，将氢聚变成氦，并释放出副产品——光。这种观点在 20 世纪 20 年代就出现了，但怀疑者怀疑太阳的温度是否足以维持这种聚变。针对这个怀疑，最先提出这个想法的英国物理学家阿瑟·爱丁顿爵士（Sir Arthur Eddington）很不以为然：“那让他们找一个温度更高的地方！”但其他人指出，即使太阳的热量足够高，它也没有足够的氢。然而，哈佛天文台（Harvard Astronomical Observatory）一位年轻的英国女士却给出了相反的结论，塞西莉亚·佩恩（Cecilia Payne）在关于“恒星大气”的博士论文中写道，恒星含有地球上的常见元素，但比其他天体含有更多的氢。随之而来的是绅士们多年的“呃哼”声。与此同时，“隧道效应”（quantum tunneling）提供了另一种可能性。在量子隧道中，粒子无视经典物理学，可以穿过一个看似无法穿透的势垒。剩下的就是有人来做数学计算了。

尽管后来汉斯·贝特因在曼哈顿计划（Manhattan Project）和核武器控制方面的工作而闻名，但当他破译太阳时，他的职业生涯才刚刚开始。他身材魁梧，留着平头，有一双明亮的蓝眼睛，笑声洪亮。逃离纳粹之后，他在康奈尔大学（Cornell University）找到了安身之所。1938 年春，他回应了在一次恒星天文学会议上提出的挑战。在过去的半个世纪里，天文学和物理学共同解释了许多天光现象，光已经成了一个度量单位，光年表示光在一年内所走的距离，大约六万亿英里。天体物理学家计算出了变星脉冲，将恒星分类为从矮星（dwarf）到超巨星（supergiant），并发现了以疯狂的速度离我们远去的星系的红移（red shift）现象。但是普通的阳光呢？参加会议的杰出物理学家中有谁能解释它？贝特回忆说："人们真的不知所措，不知道该做什么，该做出什么反应。"他对这种"一无所知"感到惊讶，开始独自一人，拿着铅笔、纸和计算尺工作，每天长达 15 个小时。要解开这个永恒的谜题，就需要找出能在精确的温度下聚变并燃烧数十亿年的确切成分——化学元素及其粒子和亚原子粒子，贝特必须搞清楚相关的反应、隧道效应和氢量。到了夏初，在与乔治·华盛顿大学（George Washington University）的物理学家查尔斯·克里奇菲尔德（Charles Critchfield）商量后，贝特得到了宇宙之光的秘方。

将烤箱预热到 2 000 万开氏度，取两个氢原子核，每个由一个质子组成，施加只有恒星核心才有的压力，让温度和压力克服质子的互斥力，迫使它们碰撞，让质子聚变成氘核——重氢，释放出一个中微子（一种电中性的亚原子粒子），加上一个负电子和与之相反的量子——一个正电子，退后并发出信号。负电子和正电子很快会发生碰撞，彼此摧毁，发射出一个光子——光。但这个光子只是一个开始，为了使反应继续进行，需要加入碳，碳的催化性质使氦得以形成。通过一个又一个的反应，质子、正电子和负电子相互猛烈碰撞，释放出更多的光子，聚变成更复杂的原子核，于是光子就从太阳中心射到了你的桌子上。

汉斯·贝特并没有计算出光子离开太阳中心的不规则路径，但最初支持这个想法的亚瑟·爱丁顿想象了一段丰富多彩的游记：

> 一颗恒星的内部是混乱的原子、电子和［辐射］……试着想象一下这种混乱！凌乱的原子以每秒50英里的速度飞驰，在混战中，它们精致的电子斗篷只剩下几块碎片。丢失的电子以百倍的速度寻找新的安身点。当心！当电子靠近原子核时，几乎要发生碰撞，可它又加快速度，绕着原子核转了个急弯……接着就是一个比平常更迅猛的滑移，电子被完全捕获并附着在原子上，它的自由生涯也就结束了。这些只是一瞬间的事。原子几乎还没有把围绕它的电子排列好，就有［光］量子撞了进去。随着一次大爆炸，电子又开始了新的冒险旅程。

每秒钟，太阳都会将400万吨的质量转化为纯能量，在这一过程中产生的光子可以在这座熔炉内部跳弹100万年之久，科学家将这一过程称为“随机游走”。到达太阳表面之后，光子只用8分多钟就会迅速到达地球。经过这样的旅程之后，人类对阳光的所有赞美——从《奥义书》中的“呐喊和欢呼”到莫奈的印象派作品《日出》——似乎只是心怀感恩的人类所能提供的最微不足道的东西。

到了1938年，发达国家已经接通了电源。工业化社会随着黎明醒来，忙到来不及迎接日落。随着全球的发展，房屋在夜色的衬托下发着光，城市变成了大烛台。黑夜不再是威胁，白昼不再是避难所，在与黑暗的原始战斗中，光获胜了。“光，”英国物理学家威廉·布拉格（William Bragg）宣称，“为我们带来宇宙的消息”，但就连小学生都知道，星光不再是什么新鲜事了。任何可见的恒星可能在很久以前就烧光了，而它古老的光芒却刚刚抵达地球。随着星光逐渐消失在现代世界的耀眼光芒中，汉斯·贝特的阳光秘方没有引起多大反响，除了几条新闻，关于光是如何形成的这个答案直接进入了科学书籍。愤世嫉俗者重复着那句“太阳底下无新事”的老话，然而，当贝特最终在 1967 年因其突破性发现而获得诺贝尔奖时，已经出现了一些全新的东西，一种比太阳还亮的光。

当然，激光背后的想法来自爱因斯坦。早在 1916 年，完成了相对论的爱因斯坦仍在思考关于光的问题，他反复琢磨了尼尔斯·玻尔太阳系似的原子。玻尔曾说，当受激电子失去能量并跃迁回稳定的内侧轨道时，光量子就会自发地释放出来。在此基础上，爱因斯坦更进了一步。他意识到，只要有足够的刺激，电子就会发出光子，进而激发其他电子发出更多的光子，这些新的光子也会激发其他电子放出更多的光子，从而激发更多的电子……除了玻尔的“自发发射”，爱因斯坦还预见了光的“激射”。给原子注入足够的电磁能量，你就能创造出强大的光束，甚至让太阳都相形见绌。爱因斯坦没能活着看到第一束激光，但在他 1955 年去世的前一年，激光的继父诞生了。

鉴于雷达帮助美国打赢了第二次世界大战，美国国防部对提高其微波很感兴趣，更短、更强的波会被更小的物体反射回旋转的圆盘上，从而提高对船只和飞机的探测能力。战后，国防部开始资助微波激射的相关研究。物理学家查尔斯·汤斯（Charles Townes）和阿瑟·肖洛（Arthur Schawlow）通过激发这些长波，使它们彼此激发，于 1954 年制造出了第一个微波激射器（maser），这个源于希腊语和拉丁语的名字似乎很不自然，实际上是“Microwave Amplification by Stimulated Emission of Radiation”（通过辐射的激射放大微波）的首字母缩略词。

物理学家们知道光波也可以被放大，但没人指望短期内就能做到，它的目标与微波激射器实现的一样——一种“粒子数反转”，在这种反转中，受激电子比稳定的电子多得多，它们相互激发到越来越高的能量水平。但光波的紧密程度是微波的一万倍，因此需要一万倍的能量才能启动，即使是微波激射器的先驱查尔斯·汤斯，也没有预料到在接下来的25年里能实现光的激射。不过，计划还是制定出来了，五角大楼似乎不仅对雷达感兴趣，还对一个像燃烧镜一样古老的梦想感兴趣。

自从传说中阿基米德通过反射阳光点燃船只以来，光就成了科幻小说最喜爱的“死亡射线”。1809年，华盛顿·欧文（Washington Irving）在奇思异想的《纽约外史》（*History of New York*）一书中，想象入侵地球的月球人“用集中的阳光武装自己”。到了漫画和电影的时代，太空英雄巴克·罗杰斯（Buck Rogers）和闪电侠戈登（Flash Gordon）发射的是纯光的子弹。1938年秋天，美国人在广播中听到，据说火星人已经登陆新泽西州，他们用射线进行攻击，“就像灯塔的镜子投射出的光束”。奥逊·威尔斯（Orson Welles）的《世界大战》（*War of the Worlds*）产生了大量衍生作品，直到20世纪50年代，“冲击波”和“激光枪”一直是廉价科幻电影的固定元素，比如，《飞碟征空》（*This Island Earth*），《禁忌星球》（*Forbidden Planet*），《地球停转之日》（*The Day the Earth Stood Still*），等等。1958年，当微波激射器的发明者汤斯和肖洛写了一篇题为《红外和光学激射器》（“Infrared and Optical Masers”）的开创性论文时，现实离科幻小说又近了一步，这篇论文打响了激光历史学家杰夫·赫克特（Jeff Hecht）所谓的“发令枪”。参与第一台激光器竞赛的选手包括国际商业机器公司

(IBM)、西屋电气公司（Westinghouse)、哥伦比亚大学和麻省理工学院（MIT)，而长岛一家名为TRG的小公司有两个优势：美国国防部100万美元的拨款和戈登·古尔德（Gordon Gould)。

戈登·古尔德脸色苍白，戴着一副书呆子气的眼镜，像是从1950年代的科幻电影里走出来的。作为哥伦比亚大学的一名研究生，古尔德开始研究激射。最后，在1957年的秋天，闷在屋里连续工作了好几天后，古尔德拿出一本便笺簿，画了一个宽边突出的长矩形。在这个粗糙的设计上面，他写道："设想一根管子的一端是几面光学平面、可以部分反光的镜子。"古尔德的管子很像酒吧和餐馆里常见的霓虹灯，它怪异的光芒是由氖气中的受激电子发出的。古尔德发现，如果这根管子是不透明的，且内部衬着镜子，那么被捕获的光子就会以光速"激射"，它的光束可以"将一个物体加热到1亿度"。于是，古尔德提出了他的构想——"对激光（通过辐射激射而放大的光）可行性的粗略计算"(Some rough calculations on the feasibility of a LASER：Light Amplification by Stimulated Emission of Radiation)，首次使用了"激光"这个词。

如果古尔德知道仅凭一个设计就足以申请专利，他可能已经获得了一项专利，但他以为要有一个设备才行，于是就又接着研究了。不久，他被TRG聘用，他在设计上做出了巨大的飞跃，这给他带来无数的诉讼和40多项专利，使他既充满痛苦而又腰缠万贯。但古尔德的左翼政治观念，包括致力于普遍裁军，导致他无法获得主持国防部资助研究所需的安全许可。其他人也陷入困境，研究的问题永远比答案多。如何在管中振荡光，并最终以光束的形式释放？临界质量的电子具有衰变为稳态的可怕趋势，在此情况下要如何激发它们？如何找到合适的材料来进行激射，一种既能吸收大范围光波，又只发射一个频率的材料？这种材料必须是可控的，不需要一屋子的研究生来扭动表盘，而且必须在电磁能的强烈轰击下保持稳定。就像爱迪生寻找合适的灯丝一样，物理学家尝试了一种又一种元素，最有可能的选择是气体——钾蒸汽，铯蒸汽，氪和汞的混合体，或者氦和氖的混合体。

西奥多·梅曼（Theodore Maiman）的想法则不同。作为一名工程师的儿子，梅曼 3 岁时就进行了第一次光学实验。为了让妈妈知道冰箱的灯没有关，梅曼爬进冰箱，关上了门，他证明了自己的观点，并且不知怎的从冰箱里成功逃生。瘦小多动的梅曼从小就在一间满是管子、电池和灯泡的地下实验室里捣鼓，17 岁时，他得到了第一份工程工作，但他发现哥伦比亚大学的物理学很无聊。1952 年，他搭上便车，跨越大半个国家，来到斯坦福大学，并成功考上了该校的物理学专业研究生。获得博士学位后，梅曼开始独自环游世界，最终回到了他的家乡洛杉矶。1956 年，他被休斯实验室（Hughes Laboratories）聘用，加入了后来被他称为“技术奥林匹克”的激光研究。梅曼没有得到美国国防部的资助，当他的竞争对手带领工程师团队时，和他一起工作的只有一名研究生，好在这种独立也给了他创新的自由。其他人可能会尝试气体，但梅曼指出，晶体有“相对较高的增益系数”，这意味着少量的这种材料就可以放大足够多的原子。即使是一块大理石大小的红宝石，经过合成处理、去除杂质后，也可能起作用。当贝尔实验室的一名工程师参观休斯在加利福尼亚州马里布的新实验室时，梅曼正全心全意地投入自己的设计。“我们听说你还在研究红宝石，”他告诉梅曼，“我们已经彻底检验了红宝石用作激光器的可能性，它行不通。”但梅曼早已评估了贝尔的计算结果，他们用错了红宝石光子发射的波长。

1960年春天，休斯的同事们觉得梅曼“一心一意地投入这项工作”，有人嘲笑道：“休斯实验室会用激光做什么？”梅曼没有回答。它的用途在后来才会展现——有几千种。摆在面前的，是更多需要解决的问题。为了让他的小红宝石既反射光又发射光，他在两端都涂上了一层银，然后在一块闪闪发光的样本上开了一个针孔。银层可以充当平行的镜子，而这个孔将射出第一束激光。现在，梅曼需要的只是尽可能炫目的光，来发动这场变革，有些人称这个过程为“光泵激”（optical pumping）。

为了创造足够的“粒子数反转”，梅曼需要一种能激发红宝石一半以上原子的闪光灯，他考虑过类似于曾令罗伯特·路易斯·史蒂文森不适的碳弧灯——如今已经变成了好莱坞的溢光灯，可它们太笨重了。他还尝试了电影放映机的灯，但它太亮了，必须用空气冷却。“一盏难对付的灯。”他总结道。最后，他注意到了摄影师的闪光灯，当他的助手给他看一个闪光温度高达7 700摄氏度的灯泡时，梅曼“啊”了一声。在翻阅摄影产品目录时，他找到了一个模型——一种现成的GE闪光灯泡。于是，他在大块红宝石周围盘绕上这种灯泡，就像现在的小型荧光灯。梅曼把灯泡接到电源上，加上一个电容器，将电压控制到足以点燃闪光灯，然后把他的小装置放在一根内部衬着镜子的圆筒里。1960年5月16日下午4点，光的第二次创造开始了。

无窗的实验室里堆满了四四方方的电子设备，上面系满了黑色电缆，天花板上的荧光灯照亮了它们。在其他地方，在东海岸巨大的研究实验室里，通过连在手提箱大小的机器上的三英尺长的玻璃管，工程师们正在泵送放大的光。西奥多·梅曼的激光器还没有一个水杯大。当助手准备就绪时，他就调高了电压，一条绿线穿过了示波器的圆形屏幕，当电压达到 500 伏时，梅曼打开了闪光灯泡，绿线微微弯曲。他再次增大了电压，当电压达到 900 伏时，这条线跳了起来。“当电源电压超过 950 伏时，一切都变了!”梅曼回忆说，“输出轨迹开始以峰值强度暴升，初始的衰变时间迅速下降。”一道深红色的光充满了整个房间。梅曼的助手是色盲，根本看不见纸上的红色，但他竟然看到了这光的红色，兴奋地跳了起来。梅曼“表情呆滞、情绪疲惫”，一言不发地坐着。同事们都涌过来看这新生的光。第一台激光器并不是连续性的——这一飞跃很快就会在贝尔实验室实现——但它的脉冲已经突破了障碍。事实再次证明，爱因斯坦是有先见之明的。休斯的官员希望立即发布新闻，但梅曼坚持要进行进一步的实验。

1960 年 7 月 7 日，公众得知了这个消息。关于太阳如何发光的发现几乎没人注意到，但“光学微波激射器”迎来了在曼哈顿德尔莫尼科餐厅（Delmonico's Restaurant）① 举行的新闻发布会。休斯宣称，人类的智慧已经创造了一种“比太阳中心还要亮的原子无线光”。记者们琢磨着“相干光”，他们了解到，与散射的阳光不同，激光是完美排列的，它的单色波都是同步的，它的能量可以注入细至 2 700 万分之一英寸的细丝中。有的记者对此持怀疑态度，有的感到困惑，但贝尔和其他实验室的工程师们明白——他们输掉了这场竞赛。记者们听着梅曼提出的未来用途：远程通信、切割、焊接，甚至外科手术。然后有人问，这种“相干光”是否会变成“死

① 由德尔莫尼科兄弟创立于 1827 年，是全美第一间高档餐厅。马克·吐温、王尔德、狄更斯、罗斯福总统在内的达官显贵和文人骚客都曾经是这里的座上宾。——译者注

亡射线”。梅曼回答说，至少20年内不会，他烦透了这个问题。第二天，《洛杉矶先驱报》(*Los Angeles Herald*) 刊登了一个两英寸大字的标题：《洛杉矶人发现了科幻小说里的死亡射线》。

这种古老的恐惧也出现在了杂志上。《新共和》(*New Republic*) 的《光的子弹》，《美国》(*America*) 的《红宝石激光枪》，《美国新闻与世界报道》(*U. S. News and World Report*) 的《光线：未来的神奇武器?》。幻想被事实打败，因为每年都有新的奇迹出现。

- 1960年12月：贝尔实验室的工程师们利用第一台连续激光器发出的光束发送了信息，为了纪念电话的诞生，这条信息中的声音说道：“过来，华生，我需要你。”
- 1961年：曼哈顿哥伦比亚长老会医疗中心 (Columbia Presbyterian Medical Center) 的医生利用激光烧掉了一个视网膜肿瘤。
- 1962年5月9日：麻省理工学院的“月见计划”利用红宝石激光器从月球反射了一束光。
- 1963年：在迈克耳孙和莫雷实验的一个衍生实验中，两名麻省理工学院的科学家试图用激光探测发光的以太。它仍然不存在。
- 1964年：在纽约世界博览会上，美国电话电报公司 (AT&T) 的展馆展示了有朝一日，一束激光将如何承载1 000万次电话通话。
- 1965年：“双子座7号”(Gemini 7) 宇航员詹姆斯·洛弗尔 (James Lovell) 手持六磅重的激光器，将他的声音发传到一百英里外的夏威夷的美国宇航局跟踪站。

并且，阿基米德的声音总是频频回响。柯蒂斯·李梅（Curtis LeMay）无视梅曼和其他物理学家的质疑，宣布空军正在研制“光束定向能量武器”来击落苏联导弹。“我们的国家安全，可能依赖于与我们今天所知道的任何武器都大不相同的武器，”咬着雪茄的李梅说，“也许它们会是以光速攻击的武器……若敌人有了这种能力，他们就有可能主宰世界。”

在这个充满科技奇迹——晶体管、通信卫星和航天飞行——的时代，激光也在大众文化中大放异彩。在1964年的电影《007之金手指》(*Goldfinger*) 中，詹姆斯·邦德（James Bond）被绑在一张桌子上，一把阴险的射线枪瞄准了他的两腿之间。“你现在看到的是一个工业激光器，”邪恶的金手指告诉邦德，“它能发出一种非凡的光，在自然界是找不到的。它能在月球上投射一个点。或者在更近的距离，切割坚硬的金属。你马上就会知道。”随着一声枪响，红宝石光束切出了一条冒烟的狭缝，朝007的私处一点点逼近。(邦德逃脱了。）不到一年，电视剧里的《火星叔叔马丁》(*My Favorite Martian*) 就在他的车库里建造了一台激光器。不到两年，詹姆斯·T. 柯克舰长（Captain James T. Kirk）和“进取号”的舰员就开始将他们的相位武器调到“击昏模式”。

1967年9月，哥伦比亚广播公司（CBS）的每周节目《21世纪》(*The 21st Century*) 播出了《激光：奇妙之光》(*Laser: A Light Fantastic*)。“自从宇宙诞生以来，”沃尔特·克朗凯特（Walter Cronkite）对着一支闪烁的蜡烛宣布，“光一直没有改变。现在，人类创造了一种新的光，它的能力和特性不同于以前的任何东西，那就是激光。”在红色和绿色阴影的背景下，克朗凯特想象着各种可能性——可视电话、显微外科手术、个人电脑、通过一束光传输的全球通信。“今天的激光是一个技术前沿，”克朗凯特总结道，“我们才刚刚开始探索这个前沿。随着 21 世纪的到来，神奇的激光将照射到哪儿，这是我们面临的一个挑战。”但等待并没有那么漫长。1970 年，激光已经可以用于焊接集成电路，导航炸弹投向越南北部，修复脱落的视网膜，以及测量距离月球不到一英寸的距离。微波激射器先驱查尔斯·汤斯说：“我们正在追逐我们的梦想。”

在整个 20 世纪 70 年代，随着激光的普及，一辆特殊的福特货车让加利福尼亚州帕萨迪纳的居民伤透了脑筋。这辆棕色伊克诺莱恩（Econoline）的足迹遍布全城，车上装饰着圆圈、波形曲线和角线，时不时会有物理学研究生拦下司机，问他：“为什么你的车上到处都是费恩曼图？”司机微笑着回答：“因为我是理查德·费恩曼(Richard Feynman)。”

理查德·P. 费恩曼喜欢光，更多的是因为它的古怪，而不是它的光芒。当其他人为不可能的量子理论暴跳如雷时，费恩曼却乐在其中。有意思的是，作为常春藤大学的博士，他却满口纽约街头的粗话，于是，在他的物理学讲座中，你会听到“神经病”“蠢笨”“荒唐”等词语。“有那么一瞬间，我知道了大自然是如何运作的，”他曾说，“它优雅而美丽，而且该死的耀眼”。从他职业生涯的初期，费恩曼的顽皮就为他的才智增添了传奇色彩。1943 年，刚从普林斯顿大学毕业的费恩曼就投身曼哈顿计划，业余时间他会偷偷潜进满是绝对机密的洛斯阿拉莫斯国家实验室（Los Alamos），学习如何打开保险柜，一切只是为了好玩。才 20 多岁的他，就常发表热情洋溢的演讲，吸引了洛斯阿拉莫斯国家实验室的全体成员：尼尔斯·玻尔、汉斯·贝特、J. 罗伯特·奥本海默（J. Robert Oppenheimer）等。奥本海默认为费恩曼是“此地年轻物理学家中最杰出的那一个”。很少有人知道的是，在周末，费恩曼会搭车到阿尔伯克基（Albuquerque），去一家疗养院看望他垂死的妻子。当艾琳（Arlene）在原子弹完成前不久死于肺结核时，心神错乱的费恩曼更加坚定了他的决心：一生都要像个孩子一样快乐。在接下来的40年里，他在夜总会跳舞打鼓，用诙谐的讲课逗乐学生，他和经他微调的量子光似乎决心要颠覆人们的预期。“他本身，”一位同事写道，“就很像电子。”

战争结束后，费恩曼离开洛斯阿拉莫斯，到了康奈尔大学，与活力四射的汉斯·贝特一同工作，两位教授苦苦研究自爱因斯坦-玻尔之争以来一直存在的谜题。在微观层面上，当光子与物质相互作用时，当光“与草混合”时，数学就失灵了。贝特回忆起当时的困惑：

> 我们的想法是，既然有了电子的量子理论，告诉你原子是如何构成的，还告诉你如何计算原子的能级，还有辐射的量子理论……问题是要把这两个东西结合在一起，而且必须要注意狭义相对论。问题是，如果你只用第一近似值进行所有计算，那这个量子电动力学会很奏效。可如果你试着算得更精确，结果就会是：无穷。这显然是错的……所以必须找到一种方法来摆脱无穷的问题。

贝特尝试过，但失败了。其他人，包括哈佛大学的朱利安·施温格尔（Julian Schwinger）和东京教育大学（Tokyo University of Education）的朝永振一郎（Sin-Itiro Tomonaga），都做了令人头疼的计算，似乎都有效。1949年，理查德·费恩曼拿起一支笔，像往常做计算时那样敲着手指，画出了这该死的东西。

尼尔斯·玻尔太阳系般的原子理论一直是教科书中的固定内容，但长期以来，物理学家一直在对它进行完善。电子似乎以波的形式绕原子核运行，以一种无人能想象到的方式发光——直到费恩曼图的出现。费恩曼把光子画成波形曲线，把电子画成箭头，按顺序对它们的碰撞进行了编号：第1个电子撞击光子……第2个光子甩出……垂直的y轴表示时间的流逝，我们可以把纸盖在图表上，向上滑动，看着光和物质混合，就像动画一样。费恩曼图显示，光和物质的碰撞符合经过仔细计算的概率。但这些图看起来更像意大利面，而不是宇宙的任何图像。有人说，自然不可能如此怪诞，也不可能被如此简单地解释，可一张又一张的图还是显示了（而不是描述了）光子的发射和吸收，光的散射和光的弥散。

费恩曼把他的图表说成是一些“考虑不周的半视觉的图”。但在1965年获得诺贝尔物理学奖后，他把这些线条和波形曲线画在自己的小货车上，绕着他的“第二故乡”——帕萨迪纳的加州理工学院（Caltech）——兜风，他的车牌上写着六个字母——“QANTUM”（加州车牌只允许写六个字母）。尽管费恩曼的图表看起来很幼稚，但一位物理学家称它们为“冲破云层的太阳，带着彩虹和金罐”。有了这些图表，物理学家不必拥有麦克斯韦或费恩曼的头脑，也能看到光与物质的相互作用。同样大受欢迎的还有费恩曼的量子电动力学，“量子电动力学，关于光和物质的奇怪理论”。只有“计算机器”才能完全掌握量子电动力学，尤其是当费恩曼增加了“概率幅”时——这些小箭头的长度和方向模拟了一个光子可能的路径。

但量子电动力学背后的数学计算是极其准确的。费恩曼经常夸口说，如果用量子电动力学的精度来测量从纽约到洛杉矶的距离，那么测量结果“将精确到人类头发的粗细”。遇到那些他解释不了的光的奥秘，他也会加以庆祝。他告诉大众，量子电动力学是“物理学的瑰宝”，能够描述光和物质最复杂的相互作用——浮油是如何形成彩虹的，光是如何从玻璃上反射但也能穿透玻璃的。然而，费恩曼承认，“从常识的角度来看，量子电动力学把自然界描述得很荒谬……所以我希望你们能接受自然本来的样子——她就是荒谬的”。

人类花了一代人的时间才充分理解了量子电动力学，更多的物理学家完善了数学计算，观察到了光更多的古怪现象。但是，当激光充斥了每一间光学实验室，费恩曼把相对论和量子理论结合在一起的混合理论，就能精确地解释光的行为——除了一些特殊情况。想想量子会如何干扰托马斯·杨的双缝实验，光线通过两条狭缝就会形成条纹，就是我们熟悉的干涉图案，当单个光子穿过狭缝时，它们仍然会发生干涉，就好像每一个光子都是完整的光波一样。光子是如何“决定”选择哪条缝的？费恩曼问道。为什么一个光子会干扰另一个？当你把探测器放在每个狭缝处，记录每个光子的路径时，会发生更“古怪”的事情——干涉图案完全消失了，屏幕上只剩下一团团光子。光讨厌被“观察”吗？费恩曼狡黠地笑了笑，给出了一个现成的答案：“如果能避免这样的话，就不要一直问自己，‘但它怎么可能是那样的？’没人知道怎么会这样。”

到了20世纪70年代中期，随着量子电动力学成为“量子光学”的基石，一个新的光学领域——光子学诞生了——研究光子在技术领域，尤其是在通信方面的应用的物理学分支。光子学工程师发明了最新的激光器，从可以放大所有频率的光的自由电子激光器，到小到可以放进口袋、便宜到可以大批量生产的激光二极管，它能读取光盘、数字影碟，还能扫描超市里的条形码。当光子在越来越长的“光管”（也就是光纤电缆）中穿行时，量子光学有助于减少随机的“噪声”。尽管量子光学比牛顿的光学或菲涅耳积分复杂得多，但它还是成了物理学研究生专业的圣杯。玩弄光的乐趣，加上开发价值数十亿美元的激光市场的公司不断增长的薪水，吸引了世界各地的人们，他们创造了大量的专业词汇，和光最早的研究者们创造的所有词汇一样多。

虽然典型的量子光学教科书总是有个副标题——“导论”，但在对从欧几里得到麦克斯韦的“经典光学”进行旋风般迅速的回顾后，紧接着第二章便出现了各种方程，然后是大量积分和矩阵，数量远远超过书中实际句子的数量。量子知识越来越深奥，揭示了光最晦涩难懂的部分——光子反聚束（photon antibunching）、高阶光子关联（high-order photon coherence）、零点能量（zero-point energy）、混沌光（chaotic light）、压缩光（squeezed light）、弹性光和非弹性光（elastic and inelastic light）、量子相位门（quantum phase gate）……量子光学实验室需要最先进的仪器设备：高灵敏度的光电倍增管、熔接机、光电二极管放大器和能放大不同气体中的光的激光器。

量子光学也使英语陷入复杂之中。托马斯·爱迪生没有把他的小光球叫作碳基灯丝白炽灯（Incandescent Bulb with Carbon-Based filament，IB-CBF），否则的话，公众或许会畏缩不前，重新使用煤气灯。然而，激光开创了电子设备命名的新时代：从简单的CD（compact disc，光盘）产生了CD-ROM（compact disc—read-only memory，只读光盘驱动器）；DVD（digital video disc，数字化视频光盘）并没有引起人们的反感；随后出现了ladar（laser detection and ranging，激光雷达）、CCD（charge-coupled devices used in telescopes，用于望远镜的电荷耦合元件）和被称为 Lasik（laser-assisted in situ keratomileusis，准分子激光手术）的眼科矫正手术。这些还只是商业产品的缩写，量子光学专业的学生还必须学习 BPP（beam parameter product，光束参数乘积）、FROG（frequency-resolved optical grating，频率分辨光学开关）、DBR（distributed Bragg reflector，分布式布拉格反射器）、REMPI（resonance-enhanced multiphoton ionization，共振增强多光子电离）和 GRENOUILLE（grating-eliminated no-nonsense observation of ultrafast-incident laser-light E fields，光栅消除超快入射激光电场实际观察）。韦伯斯特哭了。

21 世纪初，光的时代已经到来。一位身穿紫色长袍的古希腊怪人的好奇心，已经发展成为一个充满谜题和无尽创新的广阔研究领域。正如麦克斯韦所认为的那样，光仍然是纯粹的能量，但这能量不再仅是电磁能量，光催生了价值数十亿美元的产业，培养出了无数博士和博士后。光从每一个手持设备中迸发出来，在激光照亮的舞台上跳动。从地球上看，光染白了夜空；从太空上看，黄色的罗夏斑点（Rorschach splotch）区分了富裕国家和贫穷国家、农村和城市。光能做什么，能带来什么，能把我们引向何处，答案似乎是无限的。

起初，光是上帝或者他的使者。每个黎明激发的是神话和崇拜，仪式和歌曲。我们抬头看向光明，在它面前，我们忘记了恐惧。随着时间的推移，一些人学会了用镜子捕捉光，绘制光线图，通过石头引导光线，用透镜聚集光线。另一些人将它编织成比喻，或在画布上捕捉它。没有人能想象它的速度，所有人都被它的美丽惊呆了。但到了 20 世纪末，也就是量子世纪，所有的悼词，所有的探索似乎都显得那么天真，那么久远了。太阳和月亮还在转动，星星还在闪烁，但光已经被人类控制了。物理学家谈到利用光来创造像太阳一样的核聚变。有人说，光将为下一代计算机提供动力，它们的电路中通行的将是光子，而不是电子。有些人甚至谈到了利用光子纠缠作用，也就是爱因斯坦所说的“鬼魅般的超距作用”，来传送物质，就像“传送我吧，史考提”[①] 所说的那样。但在远离实验室和教室的地方，这个永恒的问题仍然存在。

光是什么？人类为这一问题着魔了大约四千年，而答案就像量子波粒实验一样，随人们的期望而变化。对艺术家来说，光是阴影的制造者，是对才华的决定性考验。对虔诚的信徒而言，光仍然是神圣的，而对垂死的人来说，它似乎是天堂的入口。对物理学家来说，光是巧妙地缠绕在一起的电波和磁波，像星星一样闪闪发光。对光子学工程师和所有利用它的日常奇迹的人来说，光是最强大、最精确的工具，可用于治疗、燃烧、测量、蚀刻、读取、唱歌……现在，在光激发好奇和敬畏的第四个千年里，它仍然是最初的模样——宇宙的魔术师。

---

① “Beam me up，Scotty”出自科幻电视剧《星际旅行：原初》(*Star Trek：The Original Series*)，剧中，柯克舰长需要被传送回“进取号”星舰时，就会向轮机长史考提发出命令。虽然这句话广为流传，但《星际旅行》电视剧和电影中实际上并没有这句台词。——译者注

# 结语

你们都是光明之子，
都是白昼之子，
我们不是属黑夜的，
也不是属幽暗的。

——《帖撒罗尼迦前书》(*Thessalonians*) 5：5

你在阳光中醒来，眯起眼睛看那逐渐蔓延的晨光。此时，你闹钟上的 LED 屏幕显示时间是 7：01。你穿好衣服，匆忙地用一种类似微波激射器的东西——微波炉烧水冲咖啡。你光盘播放机里的激光二极管，对光盘上的微小蚀刻进行解码，播放你的早间音乐。你一边狼吞虎咽地吃着英式松饼，一边通过笔记本电脑屏幕的偏振像素阅读新闻。当闹钟上的 LED 屏幕显示时间为 8：00 时，你看了看智能手机，莹亮的屏幕上显示着当天的日程。开车上班的路上，你听着另一张光盘，而你汽车上的自适应巡航控制系统，则根据激光读取的交通状况来调整车速。

开始工作时，你会启动电脑，光便成了你的工作主力。在你的电脑桌面上，万维网通过光纤带来了全世界的新闻，另一个激光二极管则追踪你鼠标的每一个操作，而每一份文件都用激光打印机打印。稍后，在对你的团队讲话时，你手里拿着一个三伏的激光器，它的红色指针在一个纯光的电子表格上滑动。下班回家的路上，你停下来买菜，激光通过每件商品的条形码读取价格，你用一张刻有彩虹全息图的信用卡付款。回到家里，你的笔记本电脑、光碟播放器和数字影碟播放机都散发着荧光，当数字时钟告诉你时间已经很晚了，于是你就关掉床边小巧的荧光灯。在你的头顶上，曾让祖先着迷的巨大星轮旋转着，但如今，它们已经在泛光灯的照耀中褪去了魔力。

光是永恒的，所以它没有尽头。光子不像其他亚原子粒子，它没有质量，所以不会衰变。创世的第一批光子，无论是由上帝还是浩渺宇宙制造的，仍存在于某处。（经过数十亿年的冷却，第一批光子成了大爆炸之后的宇宙背景光的一部分。）人类对光的敬畏似乎也是永恒的，尽管科学已经掌握了光，但成群的信徒仍然聚集在一起迎接至日的日出——每年夏天在巨石阵，每年冬天则在爱尔兰的纽格莱奇墓（Newgrange）。教室里，孩子们摆弄着透镜和镜子，光学实验室里，激光穿过稀薄的空气，光的魅力依然不减。这种二象性——不只是微粒和波，而且是神秘和奇迹的创造者——使 21 世纪的光有了四种化身：迷人之光，烦扰之光，惊人之光，永恒之光。

## 迷人之光

每年秋天，有几个晚上，东南亚缅甸的天空都会火光四射。大火始于开阔的田野，在巨大的气球下，火圈熊熊燃烧着，在成千上万人的欢呼声中，热空气使这些绘着旗帜、面孔和图画的发光球体膨胀起来，气球膨胀到最大——直径 50 英尺，缓缓升入黑暗中。火把举起，烟花响彻夜空，这一幕让人想起了佛教的创世故事。在这个故事中，最初的生灵“自体发光，飘浮在空中，光彩照人”，创造了一个“光辉的世界”。但佛祖没有预见到地面上的闪光，成百上千的智能手机被高高举起，每个屏幕里都有一个气球在翱翔。

就像预示着早期白炽灯时代的伟大的光之狂欢，光的节日正在世界各地蓬勃发展，那些最古老的光节，包括缅甸的点灯节(Tazaundaing Festival)，都有宗教渊源。在整个东南亚，10 月的五天之中，蜡烛、焰火和烟花使黑夜熠熠生辉。在印度教的光节——排灯节，数以百万计的火焰点亮古老的寺庙，可与恒河壮丽的日出媲美。在排灯节里，光远远不只是炫目的光芒，正如《印度时报》(*the Times of India*) 所言：“不管人们愿意用什么样的神话来解释，今天的排灯节真正代表的是重新点燃希望。”当冬天来临，犹太人庆祝光明节时，类似的复兴也会发生，他们点燃灯台，回顾“原本只能用一天的灯油竟然燃烧了八天”的奇迹，但最新的光节远不止蜡烛和灯。

想象一下，柏林勃兰登堡的大门在某夜被紫光照亮，第二天晚上又被红光照亮。想象一下，公园里的树木都闪耀着橘色光芒。想象一下，大教堂的球状穹顶被花朵般的柔光覆盖。现在，沿着街道漫步，两旁是闪闪发光的雕塑、光芒四射的帐篷和彩虹柱。自 2004

年以来，为期十天的柏林灯光节（Berlin Festival of Lights）于每年10月吸引游客来到这里，迄今已有多达一百万名游客来到这个复兴的德国首都。回顾最近的灯光节时，《伦敦时报》形容道："一座迷人的光之城……令人迷醉的色彩海洋。"

阿姆斯特丹也不甘落后，开始举办自己一年一度的光节。在12月的两个星期里，游客和当地人登上运河船，一边驶过发光的雕塑和泛光的船帆，一边心生赞叹。而在我参观伦勃朗故居的那年，一张发光的白床飘浮在这座城市的红灯区。更令人眼花缭乱却又更罕见的是根特灯光节（Light Festival Ghent），每三年举行一次，最近的一次是在2015年，城市的华丽外墙被色彩斑斓的激光照亮，这座古老的比利时城市变成了一个童话。根特的圣光大教堂（Cathedral of Light）将城市的一个街区变成了一座珠宝般的中殿，连絮热院长见了也会匍匐在地。欧洲最古老的灯光节当属里昂灯节（Fête de Lumières），它已从神圣烛光演变成了激光照明的野兽派风格。香港的"幻彩咏香江"（Symphony of Lights）将这座城市的天际线变成了一个迪斯科舞厅，灯光随着音乐节拍跳动。而美国才刚刚开始追赶，每年感恩节，芝加哥都会用一百万盏灯照亮其"神奇一英里"（Miracle Mile）购物区。罗得岛州的普罗维登斯则会举办一场更原始的灯光盛宴。在夏季，每两周的周六夜晚，人们就会沿着普罗维登斯河观看水火秀（WaterFire），这是一个由装满篝火的小驳船组成的水上演出。当然，每天晚上，时代广场（Times Square）和拉斯维加斯大道（Las Vegas Strip）也都有灯光节。

但迷人之光不仅仅是一种庆祝活动，21世纪或许是激光照亮的世纪，但未来的光是LED（发光二极管）。LED发明于20世纪

60 年代，其原理就是尼尔斯·玻尔的原子论，原子的受激光子在灯泡电极之间跳跃，就形成了光。第一批 LED 发的是红光，然后是绿光。强波蓝光与其他原色结合后会变成白色，而人类对这种强波蓝光 LED 的探索持续了几十年。最后，1994 年，两名日本物理学家和一名美国物理学家从氮化铟镓（indium gallium nitride）中提取出了蓝光，从那时起，LED 就成了全世界期待已久的人造光。LED 几乎不会浪费热量，消耗的能量只有白炽灯的二十分之一，在一个大约 20%的电力用于照明的世界里，LED 承载着独特的希望。在非洲村落，太阳能 LED 灯正在取代冒烟的煤油灯。2014 年，诺贝尔物理学奖被授予了蓝光 LED 的三位发明者，诺贝尔奖委员会对他们的评价是："全世界有超过 15 亿人无法用电，这一发明有望提高他们的生活质量。"为示敬意，联合国将 2015 年定为光和光基技术国际年。

美国能源部（U.S. Department of Energy）预计，到 2030 年，LED 将占据照明产品市场的四分之三，可用得着等到那时吗？你已经可以买到 LED 吊灯、LED 蜡烛、灯笼、手电筒、钥匙链、粘贴条、七色 LED 淋浴头、LED 泛光灯、落地灯、头灯、阅读灯、变色变形器……LED 已经无处不在，以至于你要是看到一头熊拿着 LED 手电筒在树林里游荡，也不会惊讶。我厨房里的 10 瓦灯泡简直是个奇迹，一个可以拧进螺帽的球体里有一圈 LED，这种灯泡的亮度和小型荧光灯一样，但耗能仅为后者的四分之一，而且不含有毒的汞。虽然它的价格是 6.99 美元，但制造商说它可以使用 22 年——也许是我这辈子需要买的最后一个灯泡。

更便宜、更亮、无处不在的 LED，正把一个曾在日落时分瑟瑟发抖的世界，变成一个能轻轻松松征服黑暗的世界。就算你不是一个浪漫主义诗人，你也会思忖，光——用华兹华斯的话来说，“是不是太多了？”

## 烦扰之光

1994年1月16日，黎明前一个半小时，加利福尼亚州北岭市（Northridge）的大地开始隆隆作响。几秒钟后，南加州被一场永远的噩梦惊醒了。睡梦中的人从床上掉下来，相框和架子砸到地板上，墙壁破裂，人行道弯曲变形，街灯闪烁熄灭，惊慌的父母们抓起睡袍或夹克，抱起孩子冲向郊区的街道。在一片漆黑中，一家人挤在一起，哭泣，颤抖。然后，有人抬头望向天空。

待到颤抖的大地归于平静，星辰默默闪烁着。“当我们带着孩子跑到外面时，”一位妇女回忆说，“我们发现所有的邻居都站在街上，仰望着天空，说‘哇!’”到了上午，洛杉矶格里菲斯天文台（Griffith Observatory）的天文学家们接到了一个又一个电话。“奇怪的天空”是怎么回事？是地震改变了它吗？“我们终于意识到我们面对的是什么问题，”天文学家埃德温·克虏伯（Ed Krupp）告诉《洛杉矶时报》（*Los Angeles Times*），“地震导致大部分电力中断，人们跑到黑夜中，看到了星星，可这时的星星对他们是如此陌生，于是他们打电话给我们，想知道发生了什么。”

任何一个曾在星空下凝望夜空，回家后却只看到暗淡穹顶的露营者，都意识到了这个问题。这片曾为黑暗所统治的大地，现在却有了太多的光。曾经，光污染只存在于城市，但现在，除了最偏远的地区，所有的夜空都已黯然失色。2001年，当制图师们制作《光污染地图》（*The World Atlas of the Artificial Night Sky Brightness*）时，他们发现了笼罩在“全球”夜空的薄纱。即使在午夜，世界上三分之二的人也看不到十几颗星星。“人类，”报告总结道，“正慢慢将自己笼罩在发光的雾中。”

在我们这个时代，被莎士比亚称为“夜晚的蜡烛”的星星，正从我们眼前消失。无论是在城市、郊区，还是在小城镇，各种购物中心光彩夺目，加油站明亮到你可以边看书边加油，炫目的霓虹灯和荧光灯似乎在与拉斯维加斯大道争奇斗艳。在郊区，安着泛光灯的房屋比海上的任何船只都要明亮。在烦扰之光的威压下，黑暗的怪物悄悄溜走了，人类与宇宙的内在联系也几乎消失殆尽。天文学家和观星者聚集在仅存的几个黑暗区域，普通的城市居民待在家里，而比黑色略浅一些的黑夜，永远不会降临。

但那些迷恋夜晚的人正在反击。自 1988 年以来，国际暗天协会（International Dark Sky Association，IDSA）一直在推广光污染的补救措施。美国的 16 个州和几个城市，包括图森（Tucson）、凤凰城（Phoenix）和科罗拉多州几乎全部的城镇，都实施了“暗天”法规，限制广告牌的亮度和“眩光炸弹”——向所有方向散发光芒的路灯——的数量。英国的“黑暗天空运动”（Campaign for Dark Skies）和意大利的“黑暗天空”（CieloBuio）也在进行类似的斗争。在天文爱好者广泛聚集的地方，当地人也会熄灭自己的灯光，伊朗南部的萨阿达特舍赫尔市（Sa'adat Shahr）被称为“天文学之城”，这里会定期调暗街灯，举行“星空派对”。2001 年，亚利桑那州的弗拉格斯塔夫（Flagstaff）成为第一个国际暗天社区（International Dark Sky Community）。国际暗天协会挑选弗拉格斯塔夫和它的“黑暗天空联盟”（Dark Skies Coalition），来落实严格的照明和暗夜规定。此后，其他数十个社区也加入了国际暗天协会，而且还将有更多社区加入，这都要归功于每年 4 月举行的国际暗天周（International Dark Sky Week）。

但黑夜之战才刚刚打响第一枪。令黑暗天空爱好者沮丧的是，未来之光，即 LED，并没有对他们的事业有所助益。虽然 LED 取代了普通路灯，节省了电力，但也增加了光的亮度，普通人可能注意不到，但观星者却能看到。老式的黄色街灯发出的光可以被望远镜过滤掉，但白色 LED 发出的高能蓝色光波很难被过滤掉，蓝光的散射范围也比其他频率的光更广，这也解释了天空为什么总是蓝色的。夏威夷大学（University of Hawaii）的天文学家理查德·温斯考特（Richard Wainscoat）说，蓝光是“噩梦般的波”。由于它的成本效益高，各城市纷纷安装起了 LED 路灯，这让天文学家非常担心。“我们必须抑制蓝光的扩散，”温斯考特告诉《天文学》（*Astronomy*）杂志，“否则，将来我们再也无法欣赏夜空了。”

对夜晚更持久的威胁，来自我们内心深处对光的热爱，我们只是觉得光越多越好，越多越安全。新墨西哥州桑迪亚国家实验室（Sandia National Laboratories）的研究人员发现，当照明成本下降时，节省下来的费用往往被用来点亮更多的灯光，“本质上是能源使用的 100％回弹”。我们为光的舒适和美丽所吸引，仍然热爱光明，也仍然为黑暗所困扰。

我们再也回不去最纯粹的夜晚了，回到黄昏将世界笼罩在“可怕的黑暗”中的时候，也没人想这么做。但当我们掌握了光，我们会默默地看着夜空消失吗？如果星辰与人类意识渐行渐远，什么样的光会激起人们的敬畏？

## 惊人之光

我们可以用晶石分开光，用磁铁弯曲光，把光放大到比太阳还亮，通过晶体反弹光，从月球上反射光，除了阻止它之外，我们对光似乎无所不能。2001 年，哈佛大学的一个物理学家团队向玻色-爱因斯坦凝聚态（Bose-Einstein condensate，BEC）的过冷云（supercooled cloud）发射了一束激光。爱因斯坦和萨特延德拉·纳特·玻色（Satyendra Nath Bose）在 1925 年就预测了玻色-爱因斯坦凝聚态的存在，但直到 70 年后人们才将它创造出来，玻色-爱因斯坦凝聚态是密度极高、不透明的亚原子粒子。为了使光减速甚至停止，丹麦物理学家莱恩·韦斯特加德·豪（Lene Vestergaard Hau）和她的团队用一束激光打开了玻色-爱因斯坦云，然后向它发射另一束光，关闭了它的网络。现在明白了吧，光既不反弹，也不弯曲，它进入了那片小小的云里，然后停止了。这个被称为“慢光”的奇迹有望延长光在光纤电缆中传播的距离。但慢光也表明，正如亚利桑那大学（University of Arizona）物理学家托马斯·米尔切（Thomas Miltser）告诉我的那样：“你能想象到的任何与光有关的事情都可能发生。”

想象一下，用光来治疗抑郁症。几十年来，季节性情感失调（seasonal affective disorder，SAD）证实，抑郁症长期折磨着艾米莉·狄金森（Emily Dickinson）：

> 一道斜射的阳光，
> 冬日的下午——
> 压抑，沉重，
> 如同教堂的乐曲。

冬季惨淡的阳光会引发抑郁症，于是市面上开始出售各种治疗季节性情感失调的“灯箱”。研究表明，对于慢性抑郁症患者，每天早上只要坐在明亮的光下15分钟，就可以对抗抑郁。虽然光疗法一度被怀疑是伪科学，但如今仍被用来治疗抑郁症、时差、睡眠障碍和痴呆症。梅奥医学中心（Mayo Clinic）已经认可光疗法为“一种已被证实的季节性情感失调治疗方法”。

与光遗传学（optogenetics）相比，灯箱似乎只是一个小小的奇迹。2011年，斯坦福大学的研究人员利用光来安抚焦虑的小鼠。卡尔·迪赛罗斯（Karl Deisseroth）博士和他的团队先用视蛋白——视网膜中吸收光子、刺激视神经的蛋白质——治疗每只小鼠的杏仁核（amygdala）——产生抑郁的大脑部位。然后，研究人员发射了蓝色光束来阻断活跃的神经元，即使被放在可能潜伏着捕食者的开阔田野里，焦虑的小鼠也平静下来了。“它们就只是蹲成一团，”迪赛罗斯说。光遗传学不只是让小鼠放松，更是在改变神经科学。如果光脉冲可以刺激杏仁核，那么通常由侵入式电探针刺激的其他功能是否可由光来完成？虽然光遗传学仍处于孵化阶段，但美国国立卫生研究院（National Institute of Health）认为它是“过去几十年来，神经科学领域最具革命性的成果”。

想象一下，激光束的持续时间只有一飞秒，即千万亿分之一秒，再想象一下，它受激产生的压力密度是太阳中心的三倍。伯克利的劳伦斯利弗莫尔国家实验室（Lawrence-Livermore Lab）的国家点火装置（National Ignition Facility，NIF）已经有了这样的激光器。2014年，国家点火装置的科学家实现了“点火”——通过聚变产生能量，就像太阳那样。这个世界上最强大的激光器将氢原子加热并压缩成氦，释放的能量比加进混合器能量远远要多。尽管仍处于起步阶段，且驱动激光器需要大量的能量，但这第一次的“点火”点燃了人类关于光最伟大的梦想。“如果我们能利用这种聚变反应，”国家点火装置的科学家塔米·马（Tammy Ma）说，“人类将得到无限可持续的能源。”

想象一下隐身，如果光能以某种方式绕过一个物体，这个物体就会变得不可见。虽然它让人想起哈利·波特的魔法斗篷，但隐身不再是巫术和魔法师的专利了。2006年，杜克大学（Duke University）的科学家在一个小陶瓷芯片上嵌入了微型电路，它的电磁场会使入射的微波发生弯曲。正如从微波激射器到激光器的演变一样，人们一直在努力让这种“超材料”改变光波的方向。同样，这一愿景也很快实现了。2008年，加州大学伯克利分校的科学家设计出了一种复合材料，它渔网状的孔洞比红色光波小，能使其周围的一些光弯曲，并让其他波长的光穿过。超材料领域是目前光学领域最热门的领域之一。虽然实现哈利·波特的隐形魔法还需要几十年的时间，但超材料让梦想家得以……

想象一下，一台电路由光激发的计算机。2010年，国际商业机器公司的光子学工程师发明了一种半导体芯片，可以将光子转换为电子，然后使用带电粒子来处理数据。四年后，两位德国科学家不再像往常那样用带电电子，而是用一个光子激活晶体管。新兴的硅纳米光子学领域预计不会取代台式电脑和笔记本电脑，但用光计算具有明显的优势——比电耗能更低、速度更快、效率更高，正如光纤相比铜质电话线更胜一筹一样。一些人预计，到2020年，工业和医学领域的超级计算机将开始转换光子。“我以为我什么都懂了，”在谈到第一个光子晶体管时，一位物理学家说，“但这个实验完全让我精疲力竭。”欢迎加入光的俱乐部。

想象光能做的一切让我疲惫不堪，于是我决定去参观位于图森的亚利桑那大学光学科学学院。尽管该学院仍然会接到当地人的电话，询问能否修理他们摔坏的眼镜，但它其实是美国顶尖的光学研究机构之一。由于忙着创造未来，学院只派给我两名研究生作为向导，他们是戴尔·卡拉斯（Dale Karas）和 R. 道森·贝克（R. Dawson Baker)。留着红胡子的卡拉斯和得克萨斯绅士似的贝克，他们选择研究光，既是为了乐趣，也是为了利益。他们只是学院三百多名学生中的两名，这些学生有男有女，来自几十个不同的国家。

在这栋闪闪发光、可以俯瞰仙人掌和沙漠天空的玻璃建筑里，光学科学学院正在推进可以追溯到古希腊和古代中国的研究。教授们忙着去开会，学生们围坐在笔记本电脑旁，卡拉斯和贝克带着我走过实验室的桌子，上面摆满了阿尔伯特·迈克耳孙的干涉仪和西奥多·梅曼的激光器的子代仪器。想象一下新桥附近的查瓦里光学商店，货架上摆放的不是玻璃小饰品，而是光学相干显微镜（optical coherent microscope)、光电倍增管（photomultiplier)、光纤传感器（fiber-optic sensor)、液晶光阀（liquid crystal light valve）……

建立一个现代光学实验室要花费数百万美元，这就是为什么学院的赞助企业名单读起来就像纳斯达克上市公司名单一样：3M、爱特蒙特光学（Edmund Optics)、力特（Optimax)、惠普（HP)、洛克希德·马丁（Lockheed-Martin)、雷神（Raytheon)、日立（Hitachi)、佳能（Canon）……然而，与教授们交谈后，我发现他们的理想主义多于商业主义，而且不乏想象力。他们向我保证，总有一天，我们能用光做到以下事情：

- 用智能手机拍摄血液样本的 3D 照片，以筛查疾病。
- 眼部手术不再局限于准分子激光，还能在眼球中植入自聚焦镜片，从而淘汰所有眼镜。

- 创建微观世界的全息图像。
- 用光学相干断层成像——一种基于光的超声波——筛查癌症。
- 用巨大的太阳能电池板发电，到 2040 年能提供全球六分之一的电力。
- 在激光和透镜的范围内，对人体内的几乎所有东西进行扫描、探测、刺激或成像。

光学科学学院的骄傲是它的镜子实验室。在亚利桑那野猫队的足球场下面，技术人员正在制作一种镜子，这种镜子将彻底改变天文学。

过去，望远镜镜面的最大直径是 5 英尺、10 英尺或 15 英尺，而斯图尔德天文台镜子实验室（Steward Observatory Mirror Lab）铸造的镜子，直径近 28 英尺。在我脚下，一个闪亮的白色圆盘躺在一个巨大的钢架里，就像一个巨大的放大镜。把大块最纯净的玻璃熔化成一个蜂窝状的网，然后让熔体每天冷却一摄氏度，持续六个月，才能制成这么大的镜子。

工艺的精髓在于抛光。计算机化的磨砂机运行了数年，才去除了玻璃中的所有杂质。如果制成的镜子有美国那么大，那么它会比得克萨斯州的狭长地带还要平。这些镜子中的任何一面都能收集到伽利略从未想象过的光。在智利建造巨型麦哲伦望远镜的天文学家，将使用其中七面。若将麦哲伦望远镜和其他未来的望远镜排成一圈又一圈，瞄准恒星，你将看到“第一道光”：第一代星系的恒星发出的光。

## 永恒之光

第一道光并非始于宇宙大爆炸。（它既没有从上帝的眼中射出，也不像海顿的《创世记》那样发出轰鸣。）根据仍在不断完善的宇宙学理论，在宇宙诞生的最初几秒钟里，在一个由超高能光子组成的沸腾的矩阵中，这些光子散射出自由浮动的电子，于是出现了混沌的基本物质——电子、夸克、中子和质子。然后，一种具有压倒性亮度的等离子体——一种包罗万象、不透明的光幕——产生了。最后，等离子体冷却到足以让电子和质子形成第一个原子，使光子在一个新形成的透明宇宙中畅通无阻地游荡。又过了四亿年——宇宙学家称之为“黑暗时代”——恒星才开始形成，将光射入宇宙。于是，对宇宙的疑问、困惑和好奇也随之而来。

2011 年 1 月，哈勃空间望远镜探测到一个 132 亿光年外的星系。随着光波的红移——由于宇宙空间的膨胀而变长，这个星系变成了一片猩红色的模糊体，哈勃望远镜花了八天时间才收集到它的光芒。由于公认大爆炸发生在 137 亿年前，UDFj-39546284 星系的光芒可能是迄今为止人类观测到的最古老的星系光。而亚利桑那大学的金大旭（Dae Wook Kim）教授，梦想着进行更深入的探索。

金在韩国长大，对物理尤其是光的奥秘很着迷。“光是独一无二的、特别的东西。”当我们站在镜子实验室里，凝视着巨大的白色圆盘时，这位年轻的教授告诉我，“光是人类唯一能用肉眼看到但却触摸不到的东西，它没有体积或质量，除了在量子领域之外——这很神奇——而且除非在特殊情况下，它不会伤害你。光是最快的东西；它不占用任何物理空间，而且几乎是自由的。这就是它一直那么神奇的原因。”

在2005年来到这所大学之前，金曾使用过望远镜，但从未想过要制造望远镜。然而，他被这些巨大的镜子迷住了，于是他攻读博士期间便开始做这方面的研究。当穷尽方程式之后，他把镜子实验室比作米开朗琪罗的雕塑《大卫》(*David*)。金告诉我，要雕塑他的杰作，米开朗琪罗只需要三样东西——凿子、双手和天赋。同样，制造这些巨大镜子的工具就是凿子；打磨我们脚下闪亮圆盘的是这个项目的双手；指挥一切的计算机，绰号为“黑客帝国”(*Matrix*)——“我是这部电影的超级粉丝。”金说——就是艺术家的天赋。

金奋力制造能找到第一代星系光的镜子，很好奇这道光能告诉我们什么。虽然从小就是基督徒，但这位和蔼可亲的教授可以毫无障碍地接纳科学和《创世记》。他说：“《圣经》不是我的物理课本。”可他仍保持着对“要有光”的好奇心。“自第一台望远镜问世以来，已经过去了四百年，”金说，“但我们终于接触到了望远镜的另一端。有趣的是，我们不知道我们会看到什么。我认为‘第一道光’会有很大的不同，它将是前所未见的。我们在回顾我们的过去。光会告诉我们，我们从哪里来，让我们知道万物的起源。它将改变人类的认知，改变我们对宇宙的认识。”

智利的巨型麦哲伦望远镜预计将于2021年开始搜寻“第一道光”。金凝视着镜子，想起了他的家人。“我有两个儿子，一个七岁，一个六岁，”他说，“都出生在图森。当这些项目完成后，我的儿子们就上大学了。有了这些望远镜、这些镜子，我的孩子们将看到宇宙的尽头。”

当我离开亚利桑那大学光学科学学院时，我确信我们已经进入了光的时代，而蒸汽和煤的时代早已远去。虽然石油依然不肯放弃权力，但光正在成为我们的天外救星。光能以最快的速度到达其他物体无法到达的地方，并带回图像。如果除了宇宙速度之外，光还有什么极限的话，那我们还没有测试过。如果“光是什么？”这个问题有最终答案——伽利略梦想找到的答案和爱因斯坦从未停止寻找的答案——那我们还没有找到。寻找本身是永恒的，它会盘旋着回到源头。

不管天气如何，不管时钟显示的是几点钟，在一年中最短的一天，光明总是迟迟才肯降临爱尔兰。雨下了一整夜，不是什么细雨，而是一场倾盆大雨，这对我们几百个来纽格莱奇迎接冬至日出的人来说真是不祥的预兆。早上 7 点，距离第一缕曙光还有两个小时，雨已经停了，但一团黑暗、潮湿的乌云却笼罩着都柏林以北一小时车程的博因河谷（Boyne River Valley）。蜿蜒的双车道公路带领我穿过灯光昏暗的村庄，走向我与黎明的约会地点。当我把车停在纽格莱奇的停车场，和几十个热情友好的人一起来到游客中心时，我听到更多的是关于圣诞节的谈论，而不是夏至。12 月下旬，在这个遥远的北方之地，光更像是一种渴望，而不是微粒或波，但鉴于天气阴沉，几乎没人期望能看到日出，那种把他们从澳大利亚、美国、法国、俄罗斯和整个不列颠群岛吸引来的日出。但如果光也是希望，那么它一定是永恒之春。我们默默地登上一辆巴士，驶过黑色的树篱，绕过一队新时代的狂欢者，他们在附近另一处圣地通宵守夜后，正向纽格莱奇行进。透过雾和街灯，我们看到他们的旗帜上画着漩涡状的圆圈，与此地大约五千年前雕刻的岩画类似。巴士带我们离开这群人，驶向更多乌云遮蔽的地点，而看到日出的可能性是微乎其微的。

纽格莱奇墓比巨石阵和金字塔的历史更悠久，是公元前 4 000

年在博因河上建造的几座长廊式墓室之一。每条原始的墓道都与太阳升起、落下的方位保持一致。几英里外的道斯墓（Dowth）正对着冬至日日落的方位，附近的诺斯墓（Knowth）和拉夫库鲁墓（Loughcrew）的石头甬道则是东西走向的，在 3 月和 9 月承接春秋分的日出。在纽格莱奇墓，一条 50 英尺长的墓道完美地对准 12 月 21 日日出的方位。自公元前 3200 年开始，每年冬至日上午 8 点 54 分，初升的太阳慢慢穿过墓道，射入墓室，不到几分钟，阳光就照亮了墓穴和骨灰盒，预示着缩短的白昼和侵蚀灵魂的无尽黑夜就要结束了。今天，这座古老的墓室将再次如期亮起——如果云层作美的话。

上午 8 点，大约 500 个人分散在东南方向的漆黑草坡上。在星条旗后，游行者手拉手围成一圈，或吟咏，或歌唱。我们其余的人站着，整理围巾和滑雪帽，在狂风中瑟瑟发抖。地平线是灰色的，只有爱尔兰的地平线才有的那种灰。纽格莱奇墓矗立在我们身后，像一块由白色花岗岩制成的巨大的芝士蛋糕，环绕着它古老的入口。它能保存下来，离不开考古学家迈克尔·J. 奥凯利（O'Kelly）的功劳。1961 年，奥凯利第一次来到这里时，发现一堆石头和一圈岩画围绕着地上的一个洞。在当地人告诉他冬至日的故事之前，他认为纽格莱奇不过只是又一个墓地罢了。据说在 12 月 21 日，在地下深处，整个坟墓在黎明时分都会亮起来，奥凯利觉得这些故事是与巨石阵的故事混淆了。然后，这位面色红润、充满活力的考古学家决定亲自去看看。1967 年 12 月 21 日黎明前，他拿着手电筒，沿着潮湿的墙壁找到了墓道的位置，这条墓道通往 20 英尺高的墓室。他坐在一片漆黑中，等待着。

光线以箭头的形式沿着墓道慢慢地照过来。第一道光照在石壁上，然后沿着地板向内蔓延——起初是一道光束，然后是一大片闪光，“照亮了一切，”奥凯利回忆道，“直到整个墓室、侧面的凹槽、地板和离地板 6 米高的墓顶，都被照得清清楚楚。”在震颤中，奥凯利感觉自己就像古人一样，他很快就看到了新石器时代的技术是如何捕捉到这么多光的——在入口甬道的上方，有一个面向朝阳的开口。光芒持续了 17 分钟，当它变暗后，奥凯利爬出来，开始工作。到 1982 年，随着翻修工作的完成，人潮开始涌来。爱尔兰田野上的至日日出很美，但每个人都想进入墓室，于是很快有了一个候补名单。2000 年，当候补时间排到了十年后时，入室名额变成了一年一度的抽签，每年吸引三万名参与者，他们都希望当地学童从碗里抽出给他们的门票。可惜的是，我没有被选中，只能在外面等着看太阳——也许吧。

8 点 15 分，四周的舞者随着一面鼓舞动了起来。天空开始发亮，半月在云间徘徊。东方的地平线仍然是灰色的，但南边出现了一片晴空，大风把我们的脸颊吹到麻木，也把锋面推向爱尔兰海。如果云以每小时 20 英里的速度移动，就能清理出日出的通道，那么，当速度接近 50 倍，夏至日的奇迹就可能如期发生。比赛开始了，我们跺着脚，吹着气，盯着地平线。智能手机显示的时间是 8：30。在河对岸，零星的农舍和绵羊点缀着一片黄绿色，天空变成了柔和的粉红色。

8 点 45 分，离那一刻还有 9 分钟，几个舞者从他们的圈子里挣脱出来，他们两脚分立，面朝东南，双臂张开，准备迎接令人狂喜的那一刻。在他们身后，其他人或稳住相机，或高举孩子，他们的脸颊在晨曦中熠熠生辉。地平线上，红霞彩云向东掠去，留下澄澈的晴空，但天空最明亮的那个地方仍然掩在云层中。太阳要输掉这场比赛了。“我们需要活人献祭。”有人用爱尔兰土腔开玩笑，但我们能做的只有抱着希望，挤在一起。

片刻之后，在头顶的鲑鱼条纹下，幸运儿们排队进入墓室。深感幸运的他们，钻进了那扇低矮的门。“小心头！小心头！”但我们这些站在斜坡上的人其实更幸运，我们看到的不是光束，而是站在整片天空下、月亮下，在浸满了血橘色和红色的地平线上，在寂寥的黄色黎明中，凝望着太阳随时都会跃起的地方，不管乌云是否会笼罩。云层开始发亮，我们不知道它们是否已经赢了比赛。东方的地平线变得清晰，风似乎完成了它的使命，但太阳在哪呢？又一分钟过去了，更亮了，更亮了！晨光遍洒山野，爬上草坡。500 张面孔迎着亮光，整个山坡都在屏息凝神，舞停了，鼓点静止了，耳畔只余风声猎猎，我们等待着，等待着。

然后，好像结局从来都是板上钉钉的那样，一团火焰从地球的边缘跃起。欢呼声响彻整个山坡，吼叫声，喝彩声，此起彼伏。人们伸开双臂，将脸庞高高抬起，仿佛是要吸光。一些狂欢者用手指环抱着太阳，其他人则相互拥抱或跪倒在地。长长的影子沿着草地一直映到后面的白色花岗岩上，就像几小时前在恒河上，片刻前在巨石阵上，光再次洒下祝福。在我旁边，一个小女孩在她父亲的怀抱里喜笑颜开。“哦，看啊！”她说，眼睛一闪一闪的，“看啊，看啊！”但我们不能再看了，太亮了。那颗饱满的、炽热的、炫目的光球烧去了地平线的所有阴霾。我们闭上眼睛，但它仿佛仍在我们眼前。

# 附录

20 世纪晚期，光的新主人们困惑不已。激光技术员、光子学工程师和少数真正了解量子光学的人，认为他们已经将光世俗化了。然而，在整个 20 世纪 80 年代和 90 年代，人们一边在用概率函数和密度矩阵解析光子，另一边关于神圣之光的传说却又东山再起。在美国和世界各地，那些曾站在死亡边缘的人讲述了自己的经历，他们似乎窥到了天堂。一个在自己的小屋里奄奄一息的美拉尼西亚（Melanesia）男孩，看到外面有一道温暖的光芒在向他招手。复原之后，男孩讲述了他“沿着那束光，穿过森林，走过一条狭窄的小路”的经历。在其他国家，一名从交通事故中生还的日本男子说，他看到了一堵“金光砌成的墙”。心脏病发作的病人，其生命体征甚至都已经消失了，却带着最不寻常的故事醒了过来，他们听到医生宣布他们已经死亡，然后看到了一条隧道，穿过隧道，在另一边遇见了一个发光的身影。这些经历无一例外，都有光，那温暖、热情、“飘浮”的光，“水晶般纯净的光”，“如此明亮，如此灿烂”，“不是你在地球上能见到的任何光”。

一开始只是几个，然后是几十个，最后出现了大量关于人们从死亡边缘回来的故事。这些故事如此相似，以至于它们获得了一个术语，即“濒死体验”（near-death experience，NDE），这个名词由精神病学家雷蒙德·穆迪（Raymond Moody）提出，也是他最先记载这些惊人的故事。1975 年，穆迪在《生命不息》（*Life After Life*）一书中描述了 50 次濒死体验，每个故事都涉及现在濒死体验现象/行业中固定的元素——灵魂出窍，隧道，隧道尽头的光，被温暖、滋养的光芒包裹，有时则是“发光的存在”。在这个日益混乱的世界里，穆迪触动了人们的要害。截至上世纪末，《生命不息》已经卖出了 1 300 万册，天堂比但丁以来的任何时候都更为耀眼。

神圣之光从未消失过——它只是被一大堆怀疑主义掩盖住了。在絮热院长的光和第一束激光之间的九个世纪里，幻视一直在人们的灵性生活中周期性地出现。与圣女贞德、阿维拉的特蕾莎、伊曼纽·斯威登堡（Emanuel Swedenborg）等见过神或天使的人一样，普通人也声称看到了圣光，而圣光常常预示着圣母玛利亚（Virgin Mary）的现世。1857 年，法国卢尔德（Lourdes）郊外的一个洞穴里出现了一道光。60 年后，在葡萄牙的法蒂玛（Fatima），“白光在树梢上掠过”。半个地球之外，五台山的“佛光”继续闪耀着，少数藏传佛教徒看到彩虹升起，这是他们最高精神境界的纯粹化身——虹光身（rainbow body）。在印度，练昆达理尼瑜伽（Kundalini yoga）的人提到“液态光”流经脊髓进入大脑。因纽特人描述了一种叫夸马内格（quamaneg）的亮光，能让他们在黑暗中看到东西。萨满教土著看到光晶体从天堂落下，而不列颠群岛的送葬者发誓说他们看到了“鬼火”，即地面上的蓝光，这种光有时会指引他们去坟墓。

死亡隧道尽头的光也不是什么新鲜事。古希腊的圣人早就描述过召唤濒死之人的神秘光芒，“在死亡边缘的灵魂，”普鲁塔克（Plutarch）写道，“会在一道美妙光芒的照耀下，进入纯净之地，去往一片载歌载舞的草地。”《圣经》中的忠实信徒雅各（Jacob）和以诺（Enoch），以及后来的使徒保罗，都描述了去往灯火通明的天堂的旅程。伊斯兰教先知穆罕默德曾在一夜之间环游世界，在灿烂的天堂做短暂的停留。14 世纪的《西藏度亡经》（*The Tibetan Book of the Dead*）描述了垂死之人是如何看到“清净实相明光”的。

然而，几个世纪以来，有关濒死体验的故事越来越少，尤其是在西方世界。除了最虔诚的信徒，所有人都对神圣之光持怀疑态度，认为它是捏造的，是东方的东西。到了 20 世纪 70 年代，怀疑主义仍然存在。第一批被从死亡边缘救回来的人不愿讨论他们看到了什么。“你很快就会觉察到，人们并不像你希望的那样容易接受这件事，”有人告诉雷蒙德·穆迪，“你没必要跳上临时演说台，告诉所有人这些事情。”或者说，至少在当时你没有这样做。

然而，到了 20 世纪 80 年代，天堂之光开始毫不掩饰地闪耀着。人们对死亡的态度缓和了，灵性与有组织的宗教分道扬镳，医学的进步挽救了更多垂死的病人。伊丽莎白·库伯勒-罗斯（Elisabeth Kübler-Ross）博士从定义死亡阶段转向收集濒死体验，在她的支持下，濒死研究领域诞生了。很快，仿佛中世纪从未结束一样，数百万人开始看到或寻求灵性之光。1982 年的盖洛普民意测验（Gallup Poll）显示，六分之一的美国人看到过来世的“光”。随着媒体的不断报道，那些从未到过死亡边缘的人也知道了它的存在，更有甚者，在1990年的大片《人鬼情未了》(*Ghost*）中，发光的帕特里克·斯威兹（Patrick Swayze）从遥远的世界回来，亲吻了容光焕发的黛米·摩尔（Demi Moore)，天堂之门便打开了。

科学家们对此很感兴趣，但不愿附和，他们进行了数十项研究，缩小了濒死体验之光的临床来源。在亚利桑那大学，两位心理学家威洛比·布里顿（Willoughby Britton）和理查德·布特辛(Richard Bootzin)，检查了死而复生的患者。他们提出假设，那些能看到光的人，通常右颞叶会异常活跃，因为右颞叶是癫痫和梦境的中枢。不出所料，他们发现这样的幻觉者“在生理上有别于”其他人——士兵、车祸受害者和心脏病患者——他们在濒死体验中感受到的不是狂想，而是恐惧。肯塔基大学（University of Kentucky）的神经学家凯文·纳尔逊（Kevin Nelson）发现，有过濒死体验的患者经常在完全清醒的情况下经历快速眼动（REM）睡眠。纳尔逊认为，濒死之光是“随着死亡的临近，快速眼动意识和清醒相互交融产生的光”。

其他研究人员给出了更浅显的解释。濒临死亡时，大脑开始停止运行，隧道不是隧道，而是通过视网膜看到的世界，因为此时视网膜的边缘已经没有血液，光也不是天堂，而是由垂死的脑干释放的化学物质发出的光。神经学原因解释了为什么幻视不仅发生在垂死的人身上，也发生在那些处于重压下的人身上，包括癫痫患者、分娩中的女性和承受几倍重力的战斗机飞行员。在研究濒死体验的文献时，神经学家奥利弗·萨克斯（Oliver Sacks）看到了幻视的经典例子。“幻视，”萨克斯写道，“不能为任何形而上的存在或地方提供证据，它们只能证明大脑有能力创造它们而已。”

濒死体验故事的传播，使雷蒙德·穆迪也开始怀疑。尽管穆迪预测，进一步的研究将带来“自柏拉图以来，对死后生命的理性理解方面的最大进步”，但他并不赞成“这一主题的书籍如雪崩一般涌现……据我所知，其中许多都是为了推销自己，从而不择手段编造故事的人”。然而雪崩仍在继续，天堂之光变成了一种商品。自从穆迪的《生命不息》出版以来，大约有 2 000 本书把读者带进了那条广为流传的隧道。这些故事略有不同。有些人说自己见到了耶稣，有些人说自己遇见了上帝，还有一些人说自己找到了失散多年的宠物。这些故事都有一个共同点，但正如它们的书名所示，《彼岸的光》(1988 年)，《被光转变》(1992 年)，《被光拥抱》(1992 年)，《光的秘密》(2009 年)，《活在光里》(2013 年)，《走向光》(2014 年) ……

人们濒死体验提出的问题比他们回答的问题更多。如果他们的光是通往未来的一扇门，那为什么不是所有死而复生的病人都有濒死体验？(只有不到 20%的人有过这种体验。) 如果所有的濒死体验都有特定的特征，这是否说明了人们都有来世，或者人类大脑具有某种共性？然而，大量书籍销量的攀升，表明人们对轻松赚钱的渴望与对精神层面的渴望一样强烈。不是每个人都能读懂但丁，也不是所有人都能负担得起去沙特尔或圣德尼大教堂的旅行，但只消花上一顿下饭店的钱，任何人都可以买上一本书，暂时放下怀疑，去看、去感受可能等待着我们的光。在光的第四个千年里，极乐之光仍然在发出召唤，就像它的第一个千年那样。

# 致谢

我们可能不都是光之子，但我们都是它的门徒，在进行这项艰巨的任务时，我幸运地遇到了许多痴迷于它的人。我特别感谢那些花时间读了我的部分手稿，并以自己的专业知识给予我帮助的人。首先是我的弟弟道格（Doug），他是一名机械工程师，帮助我理解了从黑体辐射，到阿基米德是否真的能用阳光烧毁船只等各种概念。我的妹夫大卫（David），使出了他对化学的毕生热爱，为我讲解达盖尔照相法。艺术家林恩·彼得弗罗恩特（Lynn Peterfreund）给予了我无限的鼓励，并对书中的艺术史部分给出了关键性建议。我的妻子朱莉（Julie）则敦促我不要羞于动笔，她还请她的同事康奈尔大学兽医学院的前院长唐·史密斯（Don Smith），帮我找到了马眼，为了还原笛卡尔的研究，我需要将它切开。还有许多读者，因为他们是少有的、对一切事物都怀有兴趣的人，因而被选中提前试读，包括理查德（Richard）和琼·戈德西（Joan Godsey），迪克·格莱登（Dick Gladden），比尔·亚当斯（Bill Adams）和布鲁克斯·法里斯（Brooks Faris）。

当我告诉人们我在写什么的时候，很多人只是呆呆地看着我，但更多的人给出了具体的建议。马萨诸塞大学达特茅斯分校的物理学家艾伦·W. 希什菲尔德（Alan W. Hirshfeld）审查了本书的科学部分，帮忙修改并给出建议。物理学家、《捕捉光明》（*Catching the Light*）的作者阿瑟·扎荣茨（Arthur Zajonc）告诉我，真正理解量子理论的人很少，这缓解了我对是否能写好它的担忧。我的朋友兼意大利语导师尼娜·坎尼扎罗（Nina Cannizzaro），分享了她对但丁和文艺复兴时期自然魔法的见解，这些人也是她深深喜爱的。我的朋友萨马尔（Samar）、加布里埃尔·穆萨贝克（Gabriel Moushabeck）给出了有关伊斯兰科学和文化的建议。总的来说，我对图书管理员们都充满了感激之情，但我尤其要感谢玛丽·魏登索尔（Mary Weidensaul），当我在马萨诸塞州阿默斯特的琼斯图书馆楼下搜寻材料时，针对我研究的事物，她表示出了极大的热情，给我推荐了一本书又一本书。我也很感谢巴德学院（Bard College）的语言与思维项目，即一年一度的、被称为 L+T 的新生指导项目。正是在第一次教授 L+T 的所有课程（从亚里士多德到理查德·费恩曼）之后，我萌生了从所有学科中研究光的想法。L+T 项目的几位同事，特别是托马斯·巴茨舍勒（Thomas Bartscherer）、凯伦·戈弗（Karen Gover）、凯瑟·海勒（Kythe Heller）和布莱恩·施瓦茨（Brian Schwartz），耐心地倾听了我这个新手对于哲学、宗教、伊斯兰研究和爱因斯坦的理解，而且没有笑话我。

最后，我要感谢我的经纪人，里克·巴尔金（Rick Balkin），因为他发现了这份像光一样模糊的计划的潜力。布鲁姆斯伯里出版社（Bloomsbury）的编辑杰奎琳·约翰逊（Jacqueline Johnson）以他的敏锐和耐心处理了这个虚无缥缈的主题。

而且，我有时会想，如果没有我的狗杰克逊（Jackson），我能否完成这本书？就像詹姆斯·克拉克·麦克斯韦和他的小猎犬一样，我同杰克逊分享我的想法，一起走过那么多灿烂的日出。

# 参考文献

其中所有译文均按原作者列出。

"A Conversation with James Turrell," Houston, TX: Contemporary Arts Museum, October 25, 2013. Available on YouTube.

Abdel Haleem, M. A. S., trans., *The Qur'an: Oxford World Classics*, Oxford, UK: Oxford University Press, 2005, Kindle edition.

"About Roden Crater," Roden Crater website (http://rodencrater.com/about; accessed May 12, 2015).

Acocella, Joan, "What the Hell," *New Yorker*, May 27, 2013 (www.newyorker.com/magazine/2013/05/27/what-the-hell; accessed September 15, 2013).

Aczel, Amir D., *Pendulum: Leon Foucault and the Triumph of Science*, New York: Atria Books, 2003.

Aczel, Amir N., *Descartes's Secret Notebook: A True Tale of Mathematics, Mysticism, and the Quest to Understand the Universe*, New York: Broadway Books, 2005.

Adams, Henry, *Mont St. Michel and Chartres*, New York: Penguin, 1913.

Adamson, Peter, *Al-Kindi*, Oxford, UK: Oxford University Press, 2007.
Adamson, Peter, and Richard D. Taylor, *The Cambridge Companion to Arabic Philosophy*, Cambridge, UK: Cambridge University Press, 2005.
Al-Khalili, Jim, *The House of Wisdom: How Arabic Science Saved Ancient Knowledge and Gave Us the Renaissance*, New York: Penguin, 2011.
———, *Quantum*, London: Weidenfeld & Nicholson, 2003.
American Physical Society, "Michelson and Morley," APS Physics, website (www.aps.org/programs/outreach/history/historicsites/michelson-morley.cfm; accessed May 11, 2015).
Arafat, W., and H. J. J. Winter, "The Light of the Stars—A Short Discourse by Ibn al-Haytham," *British Journal for the History of Science* 5, no. 3 (1971): 282–88.
Arago, François, *Biographies of Distinguished Scientific Men*, Boston: Ticknor & Fields, 1859. Available at Google Books.
Armstrong, Karen, *A History of God: The 4,000 Year Quest of Judaism, Christianity and Islam*, New York: Ballantine Books, 1993.
———, *The Case for God*, New York: Alfred A. Knopf, 2009.
Assumen, Jes P., *Manichaean Literature: Representative Texts Chiefly from Middle Persian and Parthian Writings*, New York: Scholars' Facsimiles & Reprints, 1975.
Attlee, James, *Nocturne: A Journey in Search of Moonlight*, Chicago: University of Chicago Press, 2011.
Aquinas, Thomas, *Summa Theologica*, trans., Fathers of the English Dominican Province, Grand Rapids, MI: Christian Classics Ethereal Library, 2009, Kindle edition.
Ball, Philip, *Universe of Stone: A Biography of Chartres Cathedral*, New York: HarperCollins, 2009.
Bambrough, Renford, ed., *The Philosophy of Aristotle*, New York: Mentor Books, 1963.
Barasch, Moshe, *Light and Color in the Italian Renaissance Theory of Art*, New York: New York University Press, 1978.
Barber, X. Theodore, "Phantasmagorical Wonders: The Magic Lantern Ghost Show in Nineteenth Century America," *Film History* 3, no. 2 (1989): 73–86.
Barnes, Jonathan, ed., *Early Greek Philosophy*, New York: Penguin, 1987.

Barocas, V., *The Nature of Light: An Historical Survey*, trans. Vasco Ronchi, London: Heinemann, 1970.

Beare, J. I., trans., *The Complete Aristotle*, Adelaide, Australia: Feedbooks.com, 2011, Kindle edition.

Behrens-Abouseif, Doris, *The Minarets of Cairo:* Islamic Architecture from the Arab Conquest to the end of the Ottoman Period, Cairo: American University in Cairo Press, 1985.

Bernstein, Jeremy, *Secrets of the Old One: Einstein 1905*, New York: Copernicus, 2006.

Binyon, Laurence, trans., *The Portable Dante*, New York: Penguin Books, 1947.

Birch, Dinah, ed., *Ruskin on Turner*, Boston, Toronto, London: Little, Brown, 1990.

Blake, William, *Complete Works of William Blake*, Delphi Poets, 2012, Kindle edition.

Bodanis, David, *$E=mc^2$: A Biography of the World's Most Famous Equation*, New York: Berkley Books, 2000.

Boggs, W. E., "Bullets of Light," *New Republic*, March 16, 1963, 5.

Bondanella, Julia Conaway, and Peter Bondanella, trans., *Lives of the Artists*, by Giorgio Vasari, Oxford, UK: Oxford University Press, 1991, Kindle edition.

Britton, Willoughby B. and Richard R. Bootzin, "Near Death Experiences and the Temporal Lobe," *Psychological Science* 15, no. 4 (April 2004): 254–58.

Brox, Jane, *Brilliant: The Evolution of Artificial Light*, Boston and New York: Houghton Mifflin Harcourt, 2010.

Buchwald, Jed Z., *The Rise of the Wave Theory of Light: Optical Theory and Experiment in the Early Nineteenth Century*, Chicago and London: University of Chicago Press, 1989.

Burke, Robert Belle, trans., *The Opus Majus of Roger Bacon, Volume II*, Philadelphia: University of Pennsylvania Press, 1928.

Burnett, D. Graham, *Descartes and the Hyperbolic Quest: Lens Making Machines and Their Significance in the Seventeenth Century*, Philadelphia: American Philosophical Society, 2005.

Buttrick, George, *The Interpreter's Bible*, Nashville: Abingdon Press, 1954.

Byron, Gordon George (Lord Bryon), *Don Juan*, Seattle: Amazon Digital Services, 2012, Kindle edition.

Cahn, Steven M., ed., *Classics of Western Philosophy*, Indianapolis: Hackett Publishing Company, 1977.

Callen, Anthea, *The Art of Impressionism: Painting Technique and the Making of Modernity*, New Haven and London: Yale University Press, 2000.

———, *Techniques of the Impressionists*, London: QED Publishing, 1982.

Campbell, Joseph, and Bill Moyers, *The Power of Myth*, New York: Doubleday, 1991.

Campbell, Louis, *The Life of James Clerk Maxwell*, Ann Arbor, MI: University of Michigan Press, 1882.

Capra, Fritjof, *Leonardo: Inside the Mind of the Great Genius of the Renaissance*, New York: Doubleday, 2007.

———, *The Tao of Physics: An Exploration of the Parallels Between Modern Physics and Eastern Mysticism*, Boston: Shambhala Publications, 2010.

Cary, Henry F., trans., *Paradiso*, Internet Sacred Text Archive (www.sacred-texts.com/chr/dante/pa23.htm; accessed September 15, 2013).

Cashford, Jules, *The Moon: Myth and Image*, New York: Four Walls Eight Windows, 2003.

Chadwick, Henry, trans., *Augustine: Confessions*, Oxford, UK: Oxford World Classics, 1998, Kindle edition.

Chen, Cheng-Yih, ed., *Science and Technology in Chinese Civilization*, Singapore: World Scientific, 1987.

Cheney, Ian, director, *The City Dark*, New York: Edgeworx Studios, 2011.

Christianson, Gale E., *In the Presence of the Creator: Isaac Newton and His Times*, New York: Macmillan, 1984.

Christopolous, Menelaos, Efimia D. Karakantza, and Olga Levaniouk, *Light and Darkness in Ancient Greek Myth and Religion*, New York, Toronto, and Plymouth, UK: Rowman & Littlefield, 2010.

Cinzano, P., T. Falchi, and C. D. Elvidge, "The First World Atlas of the Artificial Night Sky Brightness," *Monthly Notices of the Royal Astronomical Society*, August 3, 2001, 1–24.

Clark, Robin, ed., *Phenomenal: California Light, Space, Surface*, Berkeley and Los Angeles: University of California Press, 2011.
Clarke, Desmond M., trans., *René Descartes: Discourse on the Method and Related Writings*, New York: Penguin Classics, 1999.
Clegg, Brian, *The First Scientist: A Life of Roger Bacon*, New York: Carroll & Graf, 2003.
Cohen, Richard, *Chasing the Sun: The Epic Story of the Star that Gives us Life*, New York: Random House, 2010.
Collins, Theresa M., and Lisa Gitelman, *Thomas Edison and Modern America: A Brief History with Documents*, Boston and New York: Bedford/St. Martin's, 2002.
Corazza, Ornella, *Near-Death Experiences: Exploring the Mind-Body Connection*, London and New York: Routledge, 2008.
Crease, Robert P., and Charles C. Mann, *The Second Creation: Makers of the Revolution in 20th Century Physics*, New York: Macmillan, 1986.
Crew, Henry, ed., *The Wave Theory of Light: Memoirs by Huygens, Young, and Fresnel*, New York: American Book Company, 1900.
Crompton, Samuel Willard, and Michael J. Rhein, *The Ultimate Book of Lighthouses*, Rowayton, CT: Thunder Bay Press, 2000.
Crosby, Sumner McKnight, Jane Hayward, Charles T. Little, and William D. Wixom, *The Royal Abbey of Saint-Denis in the Time of Abbot Suger (1122–1151)*, New York: Metropolitan Museum of Art, 1981.
Cummings, E. E., *Complete Poems: 1913–1962*, New York and London: Harcourt Brace Jovanovich, 1963.
Daguerre, Louis Jacques-Mandé, *History and Practice of Photogenic Drawing on the True Principles of the Daguerreotype*, trans. J. S. Memes, 3rd edition, London: Smith, Elder and Co., and Edinburgh: Adam Black and Co., 1839. Available at Google Books.
DeKroon, Pieter-Rim, director, *Dutch Light*, DVD, Dutch Light Films, Amsterdam, 2003.
Della Porta, Giambattista, *Natural Magick: A Neapolitane in Twenty Books*, London: Thomas Young and Samuel Speed, 1658.
Dickinson, Emily, *The Complete Poems of Emily Dickinson*, Thomas H. Johnson, ed., Boston, Toronto: Little, Brown, 1960.
"Diwali," Religions, BBC, website (www.bbc.co.uk/religion/religions/

hinduism/holydays/diwali.shtml; accessed May 11, 2015).
Dolnick, Edward, *The Clockwork Universe: Isaac Newton, the Royal Society, and the Birth of the Modern World*, New York: Harper Perennial, 2011.
Dundes, Alan, ed., *Sacred Narrative: Readings in the Theory of Myth*, Berkeley: University of California Press, 1984.
Dustan, Bernard, *Painting Methods of the Impressionists*, New York: Watson-Guptill, 1976.
Easwaran, Eknath, trans., *The Bhagavad Gita*, 1954; reprint, Berkeley: Nilgiri Press, 2007, Kindle edition.
Eck, Diana L., *Banaras, City of Light*, New York: Columbia University Press, 1982.
"Edison's Electric Light," *New York Times*, Sept. 5, 1882, 8.
Einstein, Albert, *Autobiographical Notes*, Chicago: Open Court, 1979.
"Einstein and Lasers," Advances in Atomic Physics, website (www.psc.edu/science/Eberly/Eberly.html; accessed May 11, 2015).
Eiseley, Loren, *The Immense Journey: An Imaginative Naturalist Explores the Mysteries of Man and Nature*, New York: Vintage, 1959.
Ekrich, A. Roger, *At Day's Close: Night in Times Past*, New York: W.W. Norton, 2003.
"Electric Illumination," *New York Times*, June 15, 1879, 5.
Eliade, Mircea, "Spirit, Light, and Seed," *History of Religions* 11, no. 1 (1971): 1–30.
———, *A History of Religious Ideas, Vol. 3: From Muhammad to the Age of Reforms*, trans. Alf Hiltebeitel and Diane Apostolos-Cappadona, Chicago and London: University of Chicago Press, 1985.
Eliot, T. S., *The Complete Poems and Plays: 1909–1950*, New York: Harcourt, Brace & World, 1971.
Evans, Robert, "Blast from the Past," *Smithsonian*, July 2002.
Faraday, Michael, *The Chemical History of a Candle*, London: Chatto & Windus, 1908, Kindle edition.
Faraday, Michael, "Experimental Researches in Electricity, Nineteenth Series," *Philosophical Transactions of the Royal Society of London* 136 (1846): 2.

———, *Romanticism: A Very Short Introduction*, Oxford, UK: Oxford University Press, 2010.

Ferris, Timothy, *Coming of Age in the Milky Way*, New York: Doubleday, 1988.

Feynman, Richard, "The Character of Physical Law," The Messenger Lectures, Cornell University, Ithaca, NY, 1964. Available on YouTube.

———, *QED: The Strange Theory of Light and Matter*, Princeton: Princeton University Press, 1985.

Filipczak, Z. Zaremba, "New Light on Mona Lisa: Leonardo's Optical Knowledge and His Choice of Lighting," *Art Bulletin* 59, no. 4 (Dec., 1977): 518–23.

Forbes, Nancy, and Basil Mahon, *Faraday, Maxwell and the Electromagnetic Field: How Two Men Revolutionized Physics*, Amherst, NY: Prometheus Books, 2014, Kindle edition.

Fox, Douglas A., "Darkness and Light: The Zoroastrian View," *Journal of the American Academy of Religion* 35, no. 2 (June 1967): 129–37.

Fox, Mark, *Quantum Optics: An Introduction*, Oxford UK: Oxford University Press, 2006.

———, *Spiritual Encounters with Unusual Light Phenomena: Lightforms*, Cardiff, Wales: University of Wales Press, 2008.

Frazier, Tim, "Fusion Will Be a Huge Energy Breakthrough, Says National Ignition Facility CIO," *Forbes* online, September 29, 2014 (www.forbes.com/sites/netapp/2014/09/29/fusion-clean-energy-nif-cio/; accessed October 27, 2014).

Freeberg, Ernest, *The Age of Edison: Electric Light and the Invention of Modern America*, New York: Penguin, 2013.

Frova, Andrea, Mariapiera Marenzana, and Jim McManus, trans., *Thus Spoke Galileo: The Great Scientist's Ideas and Their Relevance to the Present Day*, Oxford, UK: Oxford University Press, 2006.

Gamow, George, *Thirty Years That Shook Physics: The Story of Quantum Theory*, Mineola, NY: Dover Publications, 1966.

Gardner, Martin, *Relativity Simply Explained*, Mineola, NY: Dover Publications, 1972.

Gaukroger, Stephen, *Descartes: An Intellectual Biography*, Oxford, UK: Clarendon Press, 1995.

Geiringer, Karl, *Haydn: A Creative Life in Music*, New York: W. W. Norton, 1946.

Gernsheim, Helmut, and Alison Gernsheim, *L. J. M. Daguerre: The History of the Diorama and the Daguerreotype*, London: Secker & Warburg, 1956.

Gleick, James, *Genius: The Life and Science of Richard Feynman*, Princeton: Princeton University Press, 1992.

———, *Isaac Newton*, New York: Random House, 2004.

Goldman, Bruce, "Scientists Discover Anti-Anxiety Circuit in Brain Region Considered the Seat of Fear," Stanford Medicine News Center, March 9, 2011(http://med.stanford.edu/news/all-news/2011/03/scientists-discover-anti-anxiety-circuit-in-brain-region-considered-the-seat-of-fear.html; accessed Oct. 2, 2014).

Goldman, Martin, *The Demon in the Ether: The Story of James Clerk Maxwell*, Edinburgh: Paul Harris Publishing, 1983.

Gorman, James, "Brain Control in a Flash of Light," *New York Times*, April 14, 2014.

Gottlieb, Robert, "Back from Heaven—The Science," *New York Review of Books*, November 6,2014(www.nybooks.com/articles/archives/2014/nov/06/back-heaven-science/? page=1; accessed October 22, 2014).

Govan, Michael, and Christine Y. Kim, *James Turrell: A Retrospective*, Los Angeles and London: Prestel Publishing, 2013.

Grafton, Anthony, *Leon Battista Alberti: Master Builder of the Italian Renaissance*, New York: Hill & Wang, 2000.

Graham, A. C., and Nathan Sivin, "A Systematic Approach to Mohist Optics, ca. 300 BCE," in Shigeru Nakayama, and Nathan Sivin, eds., *Chinese Science*, Cambridge, MA, and London: MIT Press, 1973.

Grayling, A. C., *Descartes: The Life and Times of a Genius*, New York: Walker & Co., 2005.

Grayson, Cecil, ed. and trans., *Leon Battista Alberti: On Painting and Sculpture*, New York: Phaidon, 1972.

Griffith, Ralph T. H., trans., *The Complete Rig Veda*, Seattle: Classic Century Works, 2012, Kindle edition.

Griffith, Tom, trans., *Plato, The Republic*, Cambridge, UK: Cambridge

University Press, 2000.

Hall, A. Rupert, *All Was Light: An Introduction to Newton's Opticks*, Oxford, UK: Clarendon Press, 1993.

———, "Sir Isaac Newton's Notebook, 1661–1665,"*Cambridge Historical Journal* 9, no. 2 (1948): 239–50.

Hamilton, Guy, director, *Goldfinger*, 20th Century Fox, 1964.

Hamilton, James, *A Life of Discovery: Michael Faraday, Giant of the Scientific Revolution*, New York: Random House, 2002.

Hamilton, James, *Turner: A Biography*, New York: Random House, 2003.

Hanna, John, trans., *The Elements of Sir Isaac Newton's Philosophy, by Mr. Voltaire*, London: Medicine, Science, and Technology, 1738.

Hanson, Dirk, "Drowning in Light," *Nautilus*, March 2014 (http://m.nautil.us/issue/11/light; accessed November 1, 2014).

Hastie, W., trans., *Kant's Cosmogony*, Glasgow: James Maclehose & Sons, 1900, Kindle edition.

Hawking, Stephen, ed., *A Stubbornly Persistent Illusion: The Essential Scientific Works of Albert Einstein*, Philadelphia, London: Running Press, 2007.

Haydn, Joseph, *Die Schöpfung: Ein Oratorium in Musik*, Munich: G. Henle, 2009.

Haydocke, Richard, trans., *A Tracte Containing the Arte of Curious Paintings Caruinge Buildinge Written First in Italian by Io: Paul Laumatius, Painter of Milan*, Oxford, 1598.

Headlam, Cecil, *The Story of Chartres*, London: J. M. Dent, 1930.

Hecht, Jeff, *Beam: The Race to Make the Laser*, Oxford, UK: Oxford University Press, 2005.

———, *Laser Pioneers*: rev. ed, Boston: Harcourt, Brace, Jovanovich, 1992.

Heisenberg, Werner, *Physics and Beyond: Encounters and Conversations*, New York: Harper Torchbooks, 1972.

Hibbard, Howard, *Caravaggio*, New York: Harper & Row, 1983.

Hill, Edmund, trans., *Augustine: On Genesis*, Hyde Park, NY: New City Press, 2002.

Hillenbrand, Robert, *Islamic Architecture: Form, Function, and Meaning*, New York: Columbia University Press, 2004.

Hills, Paul, *The Light of Early Italian Painting*, New Haven and London: Yale University Press, 1987.

Hirsh, Diana, *The World of Turner—1775–1851*, New York: Time-Life Books, 1969.

Hockney, David, *Secret Knowledge: Rediscovering the Lost Techniques of the Old Masters*, New and expanded edition, New York: Penguin, 2006.

Hollander, Robert and Jean, trans., *Dante: Paradiso*, New York: Anchor Books, 2007.

Holmes, Richard, *The Age of Wonder: How the Romantic Generation Discovered the Beauty and Terror of Science*, New York: Random House, 2008.

———, *Shelley: The Pursuit*, New York: NYRB Classics, 1994.

"How to Do the Divine Light Invocation," Wicca Spirituality, website (www.wicca-spirituality.com/the_divine_light_invocation.html, accessed May 21, 2015).

Hugo, Victor, *Les Misérables*, trans. Norman Denny, New York: Penguin, 1980.

———, *The Hunchback of Notre-Dame*, trans. Walter J. Cobb, New York: New American Library, 1964.

Hume, Robert Ernest, ed. and trans., *The Thirteen Principal Upanishads*, London: Oxford University Press, 1971.

Huygens, Christiaan, *Treatise on Light*, trans. Silvanus P. Thompson, Chicago: University of Chicago Press, 2011 Kindle edition.

Hyman, Arthur, and James J. Walsh, eds., *Philosophy in the Middle Ages: The Christian, Islamic, and Jewish Traditions*, New York, Evanston, and London: Harper & Row, 1967.

Irani, D. J., "The Gathas: The Hymns of Zarathushtra'(www.zarathushtra.com/z/gatha/dji/The%20Gathas%20-%20DJI. pdf; accessed May 21, 2015).

Irving, Washington, *Historical Tales and Sketches*, New York: Library of America, 1983.

Isaacson, Walter, *Einstein: His Life and Universe*, New York, London, Toronto, Sydney: Simon & Schuster, 2007.

Jager, Colin, *The Book of God: Secularization and Design in the Romantic Era*, Philadelphia: University of Pennsylvania Press, 2007.

James, William, *The Varieties of Religious Experience*, New York: Modern Library, 1936.

Jehl, Frances, *Menlo Park Reminiscences*, Dearborn, MI: Edison Institute, 1936.

Jones, Colin, *Paris: The Biography of a City*, New York: Viking, 2005.

Jonnes, Jill, *Empires of Light: Edison, Tesla, Westinghouse, and the Race to Electrify the World*, New York: Random House, 2003.

Jowett, Benjamin, trans., *Plato: The Complete Works*, Kirkland, WA: Latus ePublishing, 2011, Kindle edition.

———, *The Portable Plato*, New York: Penguin Books, 1981.

Kaku, Michio, *Physics of the Impossible: A Scientific Exploration into the World of Phasers, Force Fields, Teleportation, and Time Travel*, New York: Random House, 2008.

Kapstein, Matthew T., ed., *The Presence of Light: Divine Radiance and Religious Experience*, Chicago and London: University of Chicago Press, 2004, 286–87.

Keats, John, *John Keats: Complete Works*, Delphi Classics, 2012, Kindle edition.

Kelliher, Allan, *Experiences Near Death: Beyond Medicine and Religion*, New York and Oxford, UK: Oxford University Press, 1996.

Kemp, Martin, *The Science of Art: Optical Themes in Western Art from Brunelleschi to Seurat*, New Haven and London: Yale University Press, 1990.

Kennedy, Hugh, *When Baghdad Ruled the Muslim World: The Rise and Fall of Islam's Great Dynasty*, Cambridge, MA: Da Capo Press, 2005.

Kepler, Johannes, *Optics: Paralipomena to Witelo and the Optical Part of Astronomy*, trans. William H. Donohue, Santa Fe, NM: Green Lion Press, 2000.

Kheirandish, Elaneh, "The Many Aspects of 'Appearances': Arabic Optics to 950 AD," in Jan P. Hogendijk and Abdelhamid I. Sabra, eds., *The Enterprise of Science in Islam: New Perspectives*, Cambridge, MA: MIT Press, 2003.

Kheirandish, Elaneh, trans. and ed., *The Arabic Edition of Euclid's "Optics"*, New York: Springer-Verlag, 1999.

"King of Exalted, Glorious Sutras Called the Exalted, Sublime Golden

Light, The" Foun-dation for the Preservation of Mahayana Tradition (www. fpmt. org/education/teachings/sutras/golden - light - sutra. html; accessed May 15, 2013).

Kirk, G. S., J. E. Raven, and M. Schofield, *The Pre-Socratic Philosophers*, 2nd ed., Cambridge, UK: Cambridge University Press, 1983.

Kline, A. S., trans., "Dante: The Divine Comedy; Paradiso, Cantos XXII–XXVIII," Poetry In Translation, website(www.poetryintranslation. com/PITBR/Italian/DantPar22to28.htm#_Toc 64099971; accessed May 10, 2015).

Knight, P. L., and L. Allen, *Concepts of Quantum Optics*, London: Pergamon Press, 1983.

Koch, Howard, and Anne Froelick Taylor, "The War of the Worlds," radio drama, *Mercury Theater of the Air*, CBS, first broadcast October 30, 1938.

Koestler, Arthur, *The Sleepwalkers: A History of Man's Changing View of the Universe*, New York: Grosset & Dunlap, 1963.

Kopp, Duncan, director, "Secrets of the Sun," *Nova*, PBS, first broadcast April 25, 2012.

Koslofsky, Craig, *Evening's Empire: A History of the Night in Early Modern Europe*, Cambridge, UK: Cambridge University Press, 2011.

Kriwaczek, Paul, *In Search of Zarathustra: The First Prophet and the Ideas That Changed the World*, New York: Alfred A. Knopf, 2003.

Kübler-Ross, Elisabeth, *On Life After Death*, Berkeley: Celestial Arts, 1991.

Kumar, Manjit, *Quantum: Einstein, Bohr, and the Great Debate About the Nature of Reality*, New York, London: W. W. Norton, 2008.

"Landmarks: A Conversation with James Turrell," University of Texas, Austin, TX, October 18, 2013 (www.youtube.com/watch?v=nsGxFiFsxY8; accessed May 12, 2015).

Landon, H. C. Robert, *Haydn: Chronicle and Works*, London: Thames & Hudson, 1994.

"The Larger Sutra of Immeasurable Life, Part 1," Pure Land Buddhist Scriptures (http://buddhistfaith.tripod.com/purelandscriptures/id2.html, accessed May 14, 2013).

Le Gall, Guillaume, *La Peinture Mecanique—Le Diorama de Daguerre*,

Paris: Mare & Martin, 2013.
Leeming, David, and Margaret Leeming, *A Dictionary of Creation Myths*, New York and Oxford UK: Oxford University Press, 1994.
Levitt, Theresa, "Editing Out Caloric: Fresnel, Arago, and the Meaning of Light," *British Journal for the History of Science* 33, no. 1 (March 2000): 49–65.
———, *A Short Bright Flash: Augustin Fresnel and the Birth of the Modern Lighthouse*, New York, London: W. W. Norton, 2013.
Lewis, David, trans., *The Life of St. Teresa of Jesus*, London, New York: Thomas Baker Benziger Bros., 1904, Kindle edition.
Liedtke, Walter, *A View of Delft: Vermeer and His Contemporaries*, Zwolle: Waanders Printers, 2000.
"Light All Askew in the Heavens," *New York Times*, Nov. 10, 1919, 17.
"Light Ray: Fantastic Weapon," *U.S. News and World Report*, April 2, 1962, 47.
Lightman, Alan, *The Discoveries: Great Breakthroughs in 20th Century Science, Including the Original Papers*, New York: Random House, 2005.
Lindberg, David C., *Theories of Vision: From Al-Kindi to Kepler*, Chicago and London: University of Chicago Press, 1976.
Livingston, Dorothy Michelson, *The Master of Light: A Biography of Albert A. Michelson*, New York: Charles Scribner's Sons, 1973.
Loeb, Abraham, "The Dark Ages of the Universe," *Scientific American*, November 2006.
Long, Charles H., *ALPHA: The Myths of Creation*, New York: George Braziller, 1963.
Loudon, Rodney, *The Quantum Theory of Light*, Oxford, UK: Oxford University Press, 1973.
Lowry, Bates, and Isabel Barrett, *The Silver Canvas: Daguerreotype Masterpieces from the J. Paul Getty Museum*, Los Angeles: J. Paul Getty Museum, 1998.
Mahoney, Michael Sean, trans., *Le Monde, ou Traité de la lumieré,* New York: Abaris Books, 1979.
Maiman, Theodore H., *The Laser Odyssey*, Blaine, WA: Laser Press, 2000.
Mandelbaum, Allen, trans., *Dante: Inferno*, New York: Quality Paperback

Book Club, 1984.
———, *Dante: Paradiso*, New York: Quality Paperback Book Club, 1984.
———, *Dante: Purgatorio*, New York: Quality Paperback Book Club, 1984.
Matthaei, Ruppert, trans., *Goethe's Color Theory*, New York: Van Nostrand Reinhold Co., 1970.
Maxim, Hiram Percy, *A Genius in the Family*, New York: Dover Publications, 1962.
Maxwell, James Clerk, "A Dynamical Theory of the Electromagnetic Field," *Philosophical Transactions of the Royal Society of London* 155 (1865): 459–512.
Maxwell, James Clerk, *Five of Maxwell's Papers*, Seattle, WA: Amazon Digital Services, Kindle edition.
Maxwell, James Clerk, "To the Chief Musician upon Nabla: A Tyndallic Ode" (www.poetryfoundation.org/poem/175048; accessed May 14, 2014).
Mayer, Jerry, ed. *Bite-Sized Einstein: Quotations on Just About Everything from the Greatest Mind of the 20th Century*, New York: Macmillan, 1996.
Mayo Clinic, "Tests and Procedures: Light Therapy," Mayo Clinic website (www.mayoclinic.org/tests-procedures/light-therapy/basics/definition/prc-20009617; accessed May 12, 2015).
McClure, James Baird, *Edison and His Inventions: Including the Many Incidents, Anecdotes, and Interesting Particulars Connected with the Early and Late Life of the Great Inventor*, Chicago: Rhodes & McClure Publishing, 1889. Available at Google Books.
McDannell, Colleen, and Bernard Lang, *Heaven: A History*, New Haven: Yale University Press, 2001.
McEvoy, James, "The Metaphysics of Light in the Middle Ages," *Philosophical Studies* 26 (1979): 126–45.
McEvoy, James, *Robert Grosseteste*, Oxford, UK: Oxford University Press, 2000.
McEvoy, J. P., and Oscar Zarate, *Introducing Quantum Theory*, Cambridge, UK: Icon Books, 1999.
McLuhan, Marshall, *Understanding Media: The Extensions of Man*, New

York: McGraw-Hill, 1964.
McMahon, A. Philip, trans., *Treatise on Painting*, by Leonardo da Vinci, Princeton: Princeton University Press, 1956.
Michelson, Albert, "Experimental Determination of the Velocity of Light" (www.gutenberg.org/files/11753/11753-0.txt; accessed June 23, 2014).
———, *Light Waves and Their Uses*, Chicago: University of Chicago Press, 1903. Available at Google Books.
Millard, Andre, *Edison and the Business of Invention*, Baltimore and London: Johns Hopkins University Press, 1990.
Miller, Arthur I., *Empire of the Stars: Obsession, Friendship, and Betrayal in the Quest for Black Holes*, Boston: Houghton Mifflin, 2005.
Milton, John, *Paradise Lost* ("The Project Gutenberg Ebook of Paradise Lost, by John Milton," www.gutenberg.org/files/26/26.txt; accessed February 4, 2013).
Moffitt, John F., *Caravaggio in Context: Learned Naturalism and Renaissance Humanism*, Jefferson, NC, and London: McFarland & Co., 2004.
Mollon, J. D., "The Origin of the Concept of Interference," *Philosophical Transactions: Mathematical, Physical, and Engineering Sciences* 360, no. 1794: 807–19.
Moody, Raymond A., Jr., *Life After Life: The Investigation of a Phenomenon—Survival After Bodily Death*, 25th anniversary edition, New York: HarperCollins, 2001.
Morley, Henry, trans., *Letters on England by Voltaire*, Coventry: Cassel & Co., 1894, Kindle edition.
"Mythbusters, Presidential Challenge," *Mythbusters*, season 9, episode 10, December 8, 2010.
Nagar, Shanti Lai, *Indian Gods and Goddesses: The Early Deities from Chalcolithic to Beginning of Historical Period*, Delhi, India: BR Publishing, 2004.
Nardo, Don, *Lasers: Humanity's Magic Light*, San Diego: Lucent Books, 1990.
Newton, Isaac, *General Scholium* (http://isaac-newton.org/general-scholium/; accessed June 3, 2014).
Newton, Isaac, *Opticks: Or A Treatise of the Reflections, Refractions,*

*Inflections, and Colours of Light*, 4th ed., London: William Innys, 1730, Kindle edition.

Nicholson, Marjorie Hope, *Newton Demands the Muse: Newton's Opticks and the Eighteenth Century Poets*, Princeton: Princeton University Press, 1946.

Nylan, Michael, "Beliefs About Seeing: Optics and Moral Technologies in Early China," *Asia Major* 21, no. 1: 89–132.

O'Collins, Gerald S. J., and Mary Ann Meyers, *Light from Light: Scientists and Theologians in Dialogue*, Grand Rapids, MI, and Cambridge, UK: Wm. B. Erdmans, 2012.

"One Destination, Two Holidays: Berlin's Festival of Lights," *Sunday (London) Times*, September 7, 2014 (www. thesundaytimes.co. uk/sto/travel/Holidays/article1454796.ece; accessed October 7, 2014).

Orlet, Christopher, "Famous Last Words," *Vocabula Review*, online magazine, July–August 2002 (www.vocabula.com/index.asp; accessed February 24, 2014).

Overbye, Dennis, "American and 2 Japanese Physicists Share Nobel for Work on LED Lights," *New York Times*, October 7, 2014.

———, *Einstein in Love: A Scientific Romance*, New York: Viking, 2000.

Owen, David, "The Dark Side," *New Yorker*, August 20, 2007 (www.newyorker.com/magazine/2007/08/20/the-dark-side-2; accessed October 8, 2014).

O'Kelly, Claire, *Newgrange: A Concise Guide*, Dublin: Eden Publications, 2013.

Pais, Abraham, *Niels Bohr's Times: In Physics, Philosophy, and Polity*, Oxford, UK: Clarendon Press, 1991.

———, *Subtle Is the Lord: The Science and Life of Albert Einstein*, Oxford, UK: Oxford University Press, 1982.

Panofsky, Erwin, *Abbot Suger on the Abbey Church of St. Denis and Its Art Treasures*, Princeton: Princeton University Press, 1976.

Parisinou, Eva, *The Light of the Gods: The Role of Light in Archaic and Classical Greek Culture*, London: Gerald Duckworth, 2000.

Park, David, *The Fire Within the Eye: A Historical Essay on the Nature and Meaning of Light*, Princeton: Princeton University Press, 1998.

Parronchi, Alessandro, *Caravaggio*, Rome: Edizioni Medusa, 2002.
Pelikan, Jaroslav, *The Light of the World: A Basic Image in Early Christian Thought*, New York: Harper & Bros., Publishers, 1962.
Petroski, Henry, *Success Through Failure: The Paradox of Design*, Princeton: Princeton University Press, 2006.
Pissarro, Joachim, *Monet's Cathedral: Rouen 1892–1894*, New York: Alfred A. Knopf, 1990.
Poor, Peter, director, "The Laser: A Light Fantastic," narrated by Walter Cronkite, *Twentieth Century*, CBS News, 1967 (http://yttm.tv/v/8810; accessed May 12, 2015).
Pope, Alexander, *Delphi Complete Works of Alexander Pope*, Delphi Poets Series, 2012, Kindle edition.
———, trans., *The Iliad*, Seattle: Amazon Digital Sources, 2010, Kindle edition.
Pseudo-Dionysius the Areopagite, *De Coelesti Hierarchia*, London: Limovia.net, 2012, Kindle edition.
Rabinowitch, Eugene, "An Unfolding Discovery," *Proceedings of the National Academy of Sciences of the United States of America* 68, no. 11 (November 1971), 2875–76.
Randall, Lisa, *Warped Passages: Unraveling the Mysteries of the Universe's Hidden Dimensions*, New York: HarperCollins, 2005.
Ray, Praphulla Chandra, *A History of Hindu Chemistry: From the Earliest Times to the Middle of the Sixteenth Century CE, Vol. 1*, Calcutta: Bengal Chemical and Pharmaceutical Works, Ltd., 1903.
Razavi, Mehdi Amin, *Suhrawardi and the School of Illumination*, Surrey, UK: Curzon Press, 1997.
Reeves, Eileen, *Galileo's Glassworks: The Telescope and the Mirror*, Cambridge, MA: Harvard University Press, 2008.
Reston, James, Jr., *Galileo: A Life*, New York: HarperCollins, 1994.
Richter, Irma A., trans., *Leonardo da Vinci: Notebooks*, Oxford, UK: Oxford University Press, 2008.
Riedl, Clare C., trans., *Robert Grosseteste on Light*, Milwaukee: Marquette University Press, 1978.
Robb, Peter, *M—The Man Who Became Caravaggio*, New York: Henry Holt, 1998.

Robinson, Andrew, *The Last Man Who Knew Everything: Thomas Young, the Anonymous Genius Who Proved Newton Wrong and Deciphered the Rosetta Stone, Among Other Surprising Feats*, New York: Penguin, 2007.

Rodin, Auguste, "Gothic in the Cathedrals and Churches of France," *North American Review* 180, no. 579 (February 1905): 219–29.

Rodis-Lewis, Genevieve, *Descartes: His Life and Thought*, trans. Jane Marie Todd, Ithaca, NY: Cornell University Press, 1998.

Rong-Gong Lin II, "A Desert Plea: Let There Be Darkness," *LA Times*, January 4, 2011.

Roque, Georges, "Chevreul and Impressionism: A Reappraisal," *Art Bulletin* 7, no. 1 (1996): College Art Association, 26–39.

Rose, Charlie, "Interview with James Turrell," July 1, 2013 (www. youtube. com/watch?v=_bvg6kaWIeo and www. youtube. com/ watch?v=1-gmHA7KbcU; accessed May 12, 2015).

Rubenstein, Richard E., *When Jesus Became God: The Struggle to Define Christianity During the Last Days of Rome*, San Diego, New York, London: Harcourt, 1999.

"Ruby Ray Guns," *America*, April 6, 1963, 454.

Rudnick, "The Photogram—A History," Photograms, Art and Design, website (www.photograms.org/chapter01.html; accessed December 11, 2014).

Rudolph, Conrad, *Artistic Change at Saint-Denis: Abbot Suger's Program and the Early Twelfth-Century Controversy over Art*, Princeton: Princeton University Press, 1990.

Rudolph, Kurt, *Gnosis: The Nature and History of Gnosticism*, San Francisco: Harper & Row, 1977.

Sabra, Abdelhamid I., trans., "Ibn al-Haytham's Revolutionary Project in Optics," in Jan P. Hogendijk and Abdelhamid I. Sabra, eds. *The Enterprise of Science in Islam: New Perspectives*, Cambridge, MA, and London: MIT Press, 2003.

———, *Optics, Astronomy, and Logic*, Brookfield, VT: Ashgate Publishing, 1994.

———, *The Optics of Ibn Al-Haytham, Books I-III, On Direct Vision*, London: Warburg Institute, 1989.

Sacks, Oliver, "Seeing God in the Third Millennium," *The Atlantic*, December 12,2012(www.theatlantic.com/health/archive/2012/12/seeing-god-in-the-third-millennium/266134/; October 6, 2014).

Schama, Simon, *Citizens: A Chronicle of the French Revolution*, New York: Alfred A. Knopf, 1989.

———, *Rembrandt's Eyes*, New York: Alfred A. Knopf, 1999.

Schneider, Pierre, *The World of Manet: 1832–1883*, New York: Time-Life Books, 1968.

Scott, Robert A., *The Gothic Enterprise: A Guide to Understanding the Medieval Cathedral*, Berkeley, Los Angeles, London: University of California Press, 2003.

Seamon, David, and Arthur Zajonc, eds., *Goethe's Way of Science: A Phenomenology of Nature*, Albany, NY: State University of New York Press, 1998.

Sepper, Dennis L., *Goethe Contra Newton: Polemics and the Project for a New Science of Color*, Cambridge, UK: Cambridge University Press, 1988.

Shakespeare, William, *The Complete Works*, compact edition, Oxford, UK: Oxford University Press, 1988.

Shanes, Eric, *The Life and Masterworks of J. M. W. Turner*, New York: Parkstone Press, 2008.

———, ed., *Turner: The Great Watercolours*, London: Royal Academy of Arts, 2000.

———, *Turner's Human Landscape*, London: Heinemann, 1990.

Shapiro, Alan E., "A Study of the Wave Theory of Light in the 17th Century," *Archive for History of the Exact Sciences* 11, no. 2–3 (1973): 134–266.

———, "Huygens' 'Traite de Lumiere' and Newton's Opticks: Pursuing and Eschewing Hypotheses," *Notes and Records of the Royal Society of London* 43, no 2 (July 1989): 223–47.

———, *The Optical Papers of Isaac Newton, Volume 1: The Optical Lectures 1670–1672*, Cambridge, UK: Cambridge University Press, 1984.

Sharlin, Harold I., *The Making of the Electrical Age*, London, New York,

and Toronto: Abelard Schuman, 1963.
Shelley, Percy Bysshe, *The Complete Poetical Works*, Lexicos Publishing, 2012, Kindle edition.
Sims, Michael, *Apollo's Fire: A Journey Through the Extraordinary Wonders of an Ordinary Day*, New York: Penguin, 2007.
Singh, S., *Fundamentals of Optical Engineering*, New Delhi: Discovery Publishing House, 2009 Available at Google Books.
"Slow Light; About Light Speed," Physics Central, website (http://physicscentral.com/explore/action/light.cfm; accessed May 11, 2015).
Smith, A. Mark, *Alhacen on Refraction, Vol. Two*, Philadelphia: American Philosophical Society, 2010.
———, *Ptolemy's Theory of Visual Perception: An English Translation of the Optics with Introduction and Commentary*, Philadelphia: American Philosophical Society, 1996.
———, trans., *Alhacen's Theory of Visual Perception, Vol. One*, Philadelphia: American Philosophical Society, 2001.
———, trans., *Alhacen's Theory of Visual Perception, Vol. Two*, Philadelphia: American Philosophical Society, 2001.
Sontag, Susan, *On Photography*, New York: Picador, 2001.
Sproul, Barbara C., *Primal Myths: Creation Myths Around the World*, New York: HarperCollins, 1991.
Stallings, A. E., trans., *Lucretius—The Nature of Things*, New York: Penguin, 2007, Kindle edition.
Steiner, Rudolf, *Goethe's Conception of the World*, New York: Haskell House Publishers, 1973.
"Stephen Chu: Laser Cooling and Trapping of Atoms," DOE R&D Accomplishments, Research and Development of the U.S. Department of Energy, website (www.osti.gov/accomplishments/chu.html; accessed September 30, 2014).
Stevenson, Robert Louis, "A Plea for Gas Lamps," in *The Works of Robert Louis Stevenson*, vol. 6, Philadelphia: John D. Morris & Co., 1906.
Stewart, Susan, *Poetry and the Fate of the Senses*, Chicago: University of Chicago Press, 2002, 291.
Suh, H. Anna, ed., *Leonardo's Notebooks*, New York: Black Dog &

Leventhal Publishers, 2005.

Swenson, Lloyd S., Jr., *The Ethereal Aether: A History of the Michelson-Morley-Miller Aether-Drift Experiments, 1880–1930*, Austin and London: University of Texas Press, 1972.

Sykes, Christopher, ed., *No Ordinary Genius: The Illustrated Richard Feynman*, New York: W. W. Norton, 1994.

Teresi, Dick, *Lost Discoveries: The Ancient Roots of Modern Science from the Babylonian to the Maya*, New York: Simon & Schuster, 2002.

Thoreau, Henry David, *Walden, or Life in the Woods*, New York: Library of America, 1985.

Tobin, William, *The Life and Science of Leon Foucault: The Man Who Proved the Earth Rotates*, Cambridge, UK: Cambridge University Press, 2003.

Tolstoy, Ivan, *James Clerk Maxwell: A Biography*, Edinburgh: Canongate Publishing, 1981.

Tomkins, Calvin, "Profiles: Flying into the Light," *New Yorker*, January 13, 2003 (www.newyorker.com/magazine/2003/01/13/flying-into-the-light; accessed September 25, 2014).

Toomer, G. J., trans., *Diocles: On Burning Mirrors—The Arabic Translation of the Lost Greek Original*, Berlin, Heidelberg, and New York: Springer-Verlag, 1976.

Townes, Charles H., *How the Laser Happened: Adventures of a Scientist*, Oxford, UK, and New York: Oxford University Press, 1999.

Turnbull, H. W., ed., *The Correspondence of Isaac Newton, Volume I, 1661–1675*, Cambridge, UK: Cambridge University Press, 1960.

Turner, Howard R., *Science in Medieval Islam: An Illustrated Edition*, Austin: University of Texas Press, 1995.

U.S. Patent 208,252 A, "Improvement in Electric Lamps" (www.google.com/patents/US208252; accessed May 19, 2014).

U.S. Patent 223,898, Thomas Edison's Incandescent Lamp (http://americanhistory.si.edu/lighting/history/patents/ed_inc.htm;accessed May 19, 2014).

Valarino, Evelyn Elsaesser, *On the Other Side of Life: Exploring the Phenomenon of the Near-Death Experience*, New York and London: Insight Books, 1997.

Valkenberg, Pim, *Sharing Lights on the Way to God: Muslim-Christian Dialogue and Theology in the Context of Abrahamic Partnership*, Amsterdam and New York: Rodopi, 2006.

Van de Wetering, Ernst, *Rembrandt: The Painter at Work*, rev. ed., Berkeley: University of California Press, 2009.

Van Helden, Albert, trans., *Galileo Galilei, Sidereus Nuncius, or The Starry Messenger*, Chicago and London: University of Chicago Press, 1989.

———, *The Invention of the Telescope*, Philadelphia: American Philosophical Society, 1977.

von Franz, Marie, *Creation Myths*, Zurich, Switzerland: Spring Publications, 1972.

von Simson, Otto, *The Gothic Cathedral: Origins of Gothic Architecture and the Medieval Concept of Order*, New York: Pantheon Books, 1956.

Wallace, Robert, *The World of Rembrandt 1606–1669*, New York: Time-Life Books, 1968.

Walshe, Maurice, trans., *The Long Discourses of the Buddha: A Translation of the Dīgha Nikāya*, Boston: Wisdom Publications, 1995.

Wardrop, David, ed., *Arabic Treasures of the British Library: From Alexandria to Baghdad and Beyond*, London: Friends of the Alexandria Library in Association with the British Library, 2003.

Wechsler, Lawrence, "L. A. Glows," *New Yorker*, February 23, 1998 (www. newyorker. com/magazine/1998/02/23/l-a-glows; accessed September 25, 2014).

Weiss, Richard J., *A Brief History of Light and Those That Lit the Way*, Singapore: World Scientific Publishing Company, 1996.

Westfall, Richard S., *Never at Rest: A Biography of Isaac Newton*, Cambridge, UK: Cambridge University Press, 1983.

White, Michael, *Isaac Newton: The Last Sorcerer*, Reading, MA: Addison-Wesley, 1997.

Widengren, Geo, *Mani and Manichaeism*, London: Weidenfeld & Nicolson, 1961.

Wilk, Stephen R., *How the Ray Gun Got Its Zap: Odd Excursions into Optics*, Oxford, UK: Oxford University Press, 2013.

Willach, Rolf, *The Long Invention of the Telescope*, Philadelphia: American Philosophical Society, 2008.

Williams, John R., *The Life of Goethe: A Critical Biography*, Oxford, UK: Blackwell, 1998.

Williams, L. Pearce, *Michael Faraday: A Biography*, New York: Da Capo Press, 1965.

Wogan, Tim, "Controlling Ferro-Magnetic Domains Using Light," *IOP Physics World*, online journal, August 21, 2014 (http://physicsworld.com/cws/article/news/2014/aug/21/controlling-ferromagnetic-domains-using-light; accessed May 12, 2015).

Wootton, David, *Galileo: Watcher of the Skies*, New Haven and London: Yale University Press, 2010.

Wordsworth, William, *The Complete Poetical Works*, Lexicos Publishing, 2012, Kindle edition.

Wrege, Charles D., and Ronald G. Greenwood, "William E. Sawyer and the Rise and Fall of America's First Incandescent Light Company," *Business and Economic History*, 2nd series, 13 (1984): 31–48.

Wright, M. R., ed. *Empedocles: The Extant Fragments*, New Haven and London: Yale University Press, 1981.

Yonge, C. D., trans., *Diogenes Laertius: The Lives and Opinions of Eminent Philosophers*, Oxford, UK: Acheron Press, 2012, Kindle edition.

Young, Thomas, "Classics of Science: Young on the Theory of Light," *Science Newsletter* 16, no. 447 (November 2, 1929): 273–75.

Zaehner, R. C., *Hindu Scriptures*, London: J. M. Dent, 1966.

Zajonc, Arthur, *Catching the Light: The Entwined History of Light and Mind*, New York: Bantam Books, 1993.

Zaleski, Philip, and Carol Zaleski, *Prayer: A History*, Boston and New York: Houghton Mifflin, 2005.

**图书在版编目（CIP）数据**

光：从万物之始到量子时代的灿烂史 /（ ）布鲁斯·沃森（Bruce Watson）著；钮跃增，代晨阳译．北京：中国人民大学出版社，2025.4. -- ISBN 978-7-300-33640-4

Ⅰ．O43－091

中国国家版本馆 CIP 数据核字第 2025ZD9615 号

**光：从万物之始到量子时代的灿烂史**

布鲁斯·沃森（Bruce Watson）　著

钮跃增　代晨阳　译

GUANG：CONG WANWU ZHI SHI DAO LIANGZI SHIDAI DE CANLANSHI

| | | | |
|---|---|---|---|
| **出版发行** | 中国人民大学出版社 | | |
| **社　　址** | 北京中关村大街 31 号 | **邮政编码** | 100080 |
| **电　　话** | 010－62511242（总编室） | | 010－62511770（质管部） |
| | 010－82501766（邮购部） | | 010－62514148（门市部） |
| | 010－62515195（发行公司） | | 010－62515275（盗版举报） |
| **网　　址** | http://www.crup.com.cn | | |
| **经　　销** | 新华书店 | | |
| **印　　刷** | 涿州市星河印刷有限公司 | | |
| **开　　本** | 890 mm×1240 mm　1/32 | **版　　次** | 2025 年 4 月第 1 版 |
| **印　　张** | 10.5 插页 4 | **印　　次** | 2025 年 4 月第 1 次印刷 |
| **字　　数** | 248 000 | **定　　价** | 89.00 元 |